2022年版
2022 EDITION

中国光纤通信年鉴

YEARBOOK OF CHINA OPTICAL FIBER COMMUNICATION

主　编　韩馥儿
副主编　胡卫生　陈　伟　储九荣　杜　城
　　　　兰小波　贺作为　王晓锋　陈　伟（江西大圣）

上海大学出版社
·上海·

图书在版编目（CIP）数据

中国光纤通信年鉴：2022年版 / 韩馥儿主编. —上海：上海大学出版社，2022.12
ISBN 978-7-5671-4577-1

Ⅰ.①中… Ⅱ.①韩… Ⅲ.①光纤通信-中国-2022-年鉴 Ⅳ.①TN929.11-54

中国版本图书馆CIP数据核字（2022）第210158号

责任编辑　邹西礼
美术编辑　柯国富
技术编辑　金　鑫　钱宇坤

中国光纤通信年鉴：2022年版
YEARBOOK OF CHINA OPTICAL FIBER COMMUNICATION: 2022 EDITION
韩馥儿　主编
上海大学出版社出版发行
（上海市上大路99号　邮政编码 200444）
（http://www.shupress.cn　发行热线 021-66135112）
出版人　戴骏豪
*
上海世纪嘉晋数字信息技术有限公司印刷　　各地新华书店经销
开本889×1194　1/16　印张 21　字数 435千字
2022年12月第1版　2022年12月第1次印刷
ISBN 978-7-5671-4577-1/TN·21　　定价 580.00元

版权所有　侵权必究
如发现本书有印装质量问题请与印刷厂质量科联系
联系电话：021-69214195

《中国光纤通信年鉴》编委单位

编委会主任单位

烽火通信科技股份有限公司

长飞光纤光缆股份有限公司

江苏亨通光电股份有限公司

富通集团有限公司

中天科技股份有限公司

四川汇源塑料光纤有限公司

编委会单位

深圳市特发信息股份有限公司	南京大学
江苏法尔胜光通信科技有限公司	上海大学
江西大圣塑料光纤有限公司	电子科技大学
中化高性能纤维材料有限公司	北京邮电大学
宝胜长飞海洋工程有限公司	太原理工大学
上海交通大学	中科院半导体研究所
区域光纤通信网与新型光通信系统国家重点实验室	中科院微系统与信息技术研究所 传感技术联合国家重点实验室
吉林大学	中科院上海光学精密机械研究所
集成光电子学国家重点实验室	中科院西安光学精密机械研究所
浙江大学	中科院长春光学精密机械与物理研究所
华东师范大学	
复旦大学	上海市浦东新区光电子行业协会

《中国光纤通信年鉴》编委会

高级顾问	邬贺铨	中国工程院院士　中国工程院秘书长　教授
	褚君浩	中国科学院院士　中国科学院学部主席团成员　复旦大学光电研究院院长
	赵梓森	中国工程院院士　武汉邮电科学研究院高级技术顾问　教授
	王启明	中国科学院院士　中国科学院半导体研究所研究员　厦门大学教授
	王立军	中国科学院院士　中国科学院长春光学精密机械与物理研究所研究员
	徐至展	中国科学院院士　中国科学院上海光学精密机械研究所学术委员会主任　研究员
	简水生	中国科学院院士　北京交通大学　教授
	李乐民	中国工程院院士　电子科技大学　教授
	干福熹	中国科学院院士　中国科学院上海光学精密机械研究所研究员　复旦大学教授
	侯洵	中国科学院院士　中国科学院西安光学精密机械研究所研究员
	余少华	中国工程院院士　中国通信学会光通信委员会主任　中国信息通信科技集团总工程师
	王建宇	中国科学院院士　中国科学院上海分院院长　研究员
	唐雄燕	中国联通网络技术研究院首席科学家　教授级高工　博士后
	毛谦	中国通信学会光通信委员会名誉主任　原武汉邮电科学研究院总工　教授级高工
	赵卫	中国光学学会集成光学与纤维光学专业委员会主任　西安光机所所长　研究员
	于荣金	中国光学学会纤维光学与集成光学专业委员会名誉主任　燕山大学教授　博士生导师
	庄丹	长飞光纤光缆股份有限公司总裁　博士后
	宋数宾	中化高性能纤维材料有限公司董事长　研究员级高级工程师
名誉主任	邬贺铨	中国工程院院士　中国工程院秘书长　教授
	褚君浩	中国科学院院士　中国科学院学部主席团成员　复旦大学光电研究院院长
主　任	韩馥儿	上海图书馆上海科学技术情报研究所　研究员
副主任	张雁翔	长飞光纤光缆股份有限公司高级顾问
	杨建义	浙江大学信息与电子工程学院院长　教授　博士生导师
	张大明	吉林大学吉林市研究院院长　教授　博士生导师
	罗文勇	烽火通信科技股份有限公司线缆产品线创新中心总经理　教授级高工
	杜城	锐光信通科技有限公司总经理，兼任烽火通信科技股份有限公司线缆产品线光纤产品线副总监
	周金凯	长飞光纤光缆股份有限公司战略与市场部经理
	周瑜	亨通集团市场策划部主任
	张立永	富通集团技术研究院副院长　教授级高工　博士
	叶振华	中天科技集团首席品牌官　战略研究所所长　文化品牌部部长
	李俊杰	中国电信光传输技术首席专家　博士　教授级高工
	高军诗	中国移动规划设计院有线所所长　教授级高工
	贺永涛	中国联通中讯设计院国际传输总监
	周震华	江苏法尔胜光通信科技有限公司总经理
	迟楠	复旦大学信息科学与通信工程学院院长　教授　博士生导师
	杜柏林	上海市通信学会光通信专业委员会原主任　教授
	相正键	烽火海洋网络设备有限公司生产制造部总经理
	方胜	重庆世纪之光科技实业有限公司副总经理　博士
	孙继光	上海网讯新材料股份有限公司总工程师
	王寿泰	上海交通大学教授
	林振荣	上海电缆研究所　高级工程师
	马汝亮	《电线电缆报》主编　高级工程师
委　员	王曰海	浙江大学信息与电子工程学院　教授
	贺志学	光纤通信技术和网络国家重点实验室光系统研究室副主任　博士
	王亚辉	世纪之光新材料研究开发有限公司总经理　高级工程师
	应志忠	浙江汉维通信器材有限公司总工程师
	安俊明	中国科学院半导体研究所　研究员　博士生导师
	张洪森	江苏永鼎公司顾问　高级工程师
	施庆麟	中国科学院上海硅酸盐研究所　高级工程师
	杨易	中国科学院上海微系统研究所　研究员
	施社平	中兴通信股份有限公司　高级工程师　北京邮电大学兼职教授

编委会名誉主任和高级顾问介绍

邬贺铨 光纤传送网与宽带信息网著名专家。教授、中国工程院院士、中国工程院秘书长。曾任中国工程院副院长、信息产业部电信科学技术研究院副院长兼总工程师、大唐电信集团副总裁。现任新一代无线宽带移动通信科技重大专项总师，中国互联网协会理事长，国家信息化专家组咨询委员会委员、中国通信学会理事长。多年连续参加ITU-T网络标准研究组会议，参与了国家重要领域技术政策研究和国家中长期科技发展规划纲要的起草，多次参与了国家通信发展的决策。

2006年起担任《光纤通信信息集锦》和《中国光纤通信年鉴》高级顾问、编委会名誉主任。

褚君浩 半导体物理和器件著名专家。中国科学院学部主席团成员，中国科学院院士。现任中国科学院上海技术物理研究所研究员、科技委副主任，复旦大学光电研究院院长。长期从事红外光电子材料和器件的研究，开展了用于红外探测器的窄禁带半导体碲镉汞（HgCdTe）和铁电薄膜的材料物理和器件研究。提出了HgCdTe的禁带宽度等关系式，被国际上称为CXT公式。

2006年起担任《光纤通信信息集锦》和《中国光纤通信年鉴》高级顾问、编委会名誉主任。

高级顾问介绍

赵梓森 光纤通信著名专家。教授、中国工程院院士。我国光纤通信技术的主要奠基人和公认的开拓者，被誉为"中国光纤之父"。1997年被IEEE电机电子工程师协会选为Fellow会士荣誉称号。曾任邮电部武汉邮电科学研究院副院长兼总工程师，现任该院高级技术顾问、国家光纤通信技术工程研究中心技术委员会主任；兼任中国通信学会会士、信息产业部科技委常委、湖北省科协副主席、武汉·中国光谷首席科学家。

2006年起担任《光纤通信信息集锦》和《中国光纤通信年鉴》高级顾问。

李乐民 通信技术著名专家。教授、中国工程院院士。任成都电子科技大学信息与通信工程博士后流动站导师、宽带光纤传输与通信系统技术国家重点实验室学术委员会主任、塑料光纤国家工程实验室技术委员会主任。从事通信技术领域科研和教学50余年，发表论文200余篇，出版专著4部，为多项工程研制了数字传输关键设备。研究领域包括通信网性能优化、光交换网、IP网和光网结合、无线网中的资源管理等。

2006年起担任《光纤通信信息集锦》和《中国光纤通信年鉴》高级顾问。

干福熹 光学材料、非晶态物理学家。研究员、中国科学院院士。曾任中国科学院上海光学精密机械研究所所长，现任该所研究员，复旦大学教授。对光学玻璃材料、材料光谱和非晶态物理有研究，是我国激光技术的开拓者之一。已在国内研制成功激光钕玻璃材料，并领导了我国激光玻璃的扩大试制工作。著有《光学玻璃》《无机玻璃物理性质计算和成分设计》等。担任《大辞海》副主编。

2006年起担任《光纤通信信息集锦》和《中国光纤通信年鉴》高级顾问。

高级顾问介绍

王立军 激光与光电子技术专家。中国科学院院士，长春光学精密机械与物理研究所研究员。长期从事高功率半导体激光技术等领域的基础与应用研究。2004年在国际上首次研制出瓦级垂直腔面发射激光器。在国内率先研制出无铝量子阱长寿命边发射激光器。提出了多种半导体激光合束结构及方法，研制出高光束质量高功率密度半导体激光系列光源，此技术成果在多领域获得重要应用。

2016年6月起担任《中国光纤通信年鉴》高级顾问。

王启明 光电子学著名专家。中国科学院院士，中国科学院半导体研究所研究员，曾任所长。参与筹建中国半导体测试基地，建立了一系列材料测试系统。致力于半导体光电子学研究，在中国首次研制成功连续激射的室温半导体激光器，并研制成功量子阱激光器、调制器和光双稳激光器及开关器件，对发展光信息处理、光开关、光交换技术以及新一代光电子器件作出了贡献。目前主要从事半导体光电子器件物理、光子集成及其在光网络通信中的应用，尤其关注Si基光子器件和Si基光电子集成的发展。

2006年起担任《光纤通信信息集锦》和《中国光纤通信年鉴》高级顾问。

徐至展 著名物理学家。中国科学院院士，中国科学院上海光学精密机械研究所研究员，曾任该所所长，现任该所学术委员会主任。主要研究领域为激光物理和强光光学，特别是在激光核聚变、强激光与物质相互作用、高功率激光和X射线激光等方面作出了杰出贡献。在开拓与发展新型超短超强激光及强场超快物理等方面取得重大创新成果。

2006年起担任《光纤通信信息集锦》和《中国光纤通信年鉴》高级顾问。

高级顾问介绍

侯　洵　光电子著名专家。中国科学院院士，中国科学院西安光学精密机械研究所研究员，曾任该所所长。他是瞬态光学和光电子学领域的杰出代表，从事光电发射材料及快速光电器件研究40多年，先后作为主要参加者、学术带头人和主持人研制出一系列电光与光电子类高速摄影机，成功用于中国首次核试验、地下核试验以及激光核聚变研究等。

2006年起担任《光纤通信信息集锦》和《中国光纤通信年鉴》高级顾问。

简水生　光纤通信和电磁兼容著名专家。教授、中国科学院院士，曾任北京交通大学光波技术研究所所长。他首创了对称电缆消除螺旋效应的屏蔽理论，主持研制了异型钢丝超强型、蜂窝型等一系列束管式新型通信光缆。研制成功3万～30万像素的石英传像光纤、平滑低色散光纤、宽带光纤光栅色散补偿器等光电子产品。从事的国家重大课题有：利用漏泄波导综合光缆和光纤陀螺实现高速铁路列车实时追踪系统的研究、OTDM光孤子通信关键技术的研究、光纤光栅色散补偿的研究。

2006年起担任《光纤通信信息集锦》和《中国光纤通信年鉴》高级顾问。

毛　谦　光纤通信著名专家。原武汉邮电科学研究院副院长兼总工程师、教授级高级工程师、博士生导师，现任武汉邮电科学研究院高级顾问，兼任国际电联ITU-TSG15中国专家组成员，信息产业部通信科技委委员，中国通信学会会士，中国通信学会常务理事、光通信委员会主任、学术委员会副主任，中国通信标准化协会专家咨询委员会委员、技术管理委员会委员、传送网与接入网技术工作委员会主席。

2006年起担任《光纤通信信息集锦》和《中国光纤通信年鉴》高级顾问。

高级顾问介绍

余少华 著名光纤通信技术专家。中国工程院院士，中国信息通信科技集团有限公司总工程师，教授级高工，博士生导师。长期从事通信网络和光纤通信技术研究，负责并完成了"973""863"、下一代互联网等10多项国家重要项目，担任国际电信联盟（ITU-T）第15研究组（光和其他传送网络）副主席（2004年至今）、国家"863"计划信息领域网络与通信主题专家（2012～2014）、国家"973"项目"超高速超大容量超长距离光传输基础研究"首席科学家、中国通信学会光通信委员会主任委员、光纤通信技术和网络国家重点实验室主任、光纤接入产业联盟秘书长、《光通信研究》杂志主编。

2013年起担任《光纤通信信息集锦》《中国光纤通信年鉴》高级顾问。

王建宇 光电技术专家。中国科学院院士，中国科学院上海分院院长。主要从事空间光电技术和系统的研究，主持国际首个量子科学实验卫星系统的设计和研制，解决了星地量子科学实验中光束对准、偏振保持和单光子探测等多项核心技术难题，提出了超光谱成像与激光遥感相结合的探测新方法，主持研制了多种超光谱遥感系统，提出了空间远距离激光高灵敏度单元和阵列探测方法，实现了我国激光遥感的首次空间应用。

2018年6月起担任《中国光纤通信年鉴》高级顾问。

赵 卫 中国科学院西安光机所所长、研究员、博士生导师，中国光学学会光纤与集成光学专业委员会主任。主要从事高功率激光技术、超快激光技术和超快光电子学等领域的研究，负责并承担了国家"863"计划、国家重点/重大自然科学基金、中国科学院重点及创新等课题多项，取得了多项具有重要科学价值的研究成果。曾先后获得中国科学院科技进步一、二、三等奖各1项，为首批"新世纪百千万人才工程"国家级人选。在国内外学术刊物上发表学术论文100多篇，申请国家发明专利数十项，合著《非线性光学》研究生教材1部。

2016年起担任《光纤通信信息集锦》和《中国光纤通信年鉴》高级顾问。

历届报告会掠影（2009年）

2009年11月为庆祝中华人民共和国成立60周年，由井冈山市人民政府和亨通集团承办，在革命圣地井冈山举行的中国光纤通信发展报告会暨《中国光纤通信年鉴》2009年版首发，参会专家、学者、领导等有200余位，工业和信息化部特为大会发来贺信。

《中国光纤通信年鉴》2009年版首发

时任中国工程院副院长邬贺铨教授
在《中国光纤通信年鉴》首发仪式上致辞

《中国光纤通信年鉴》编委会韩馥儿主任
主持会议

历届报告会掠影（2010年）

2010年12月11～13日在上海举办的"2010'海峡两岸光通信论坛暨《光纤通信信息集锦》2010年版首发仪式和国际光纤通信发展报告会"，与会嘉宾近250人。邬贺铨、黄宏嘉、简水生、李乐民、厉鼎毅、干福熹、徐至展、赵梓森、褚君浩等9位两院院士光临并作报告。图为美国 CoAdna Photonics, Inc. Jim Yuan 董事长、博士在报告会上作报告。

2010'海峡两岸光通信论坛

Firecomms 公司首席科学家约翰·兰
博金博士在报告会上作精彩报告
（图左为约翰·兰博金博士）

承办单位长飞光纤光缆有限公司举办招待晚宴
——"长飞之夜"欢迎晚宴

历届报告会掠影（2011年）

2011'海峡两岸光通信论坛暨《中国光纤通信年鉴》2011年版首发仪式和中国光纤通信发展报告会于2011年11月12～13日在苏州工业园区举行。出席大会的来宾、学者计250余人。大会主题："以海峡两岸光通信产业自主创新成就为主线，加强海峡两岸光通信产业界交流与合作，铸就中华民族光通信产业辉煌的明天"。图为出席大会的院士、领导、专家、企业家合影。

2011'海峡两岸光通信论坛

苏州工业园区领导致辞

2011'海峡两岸光通信论坛主会场

历届报告会掠影（2012年）

2012'国际光纤通信论坛于2012年8月10日上午在内蒙古自治区呼和浩特市举行，出席本届论坛的专家、学者有350余人。论坛主题："宽带战略：迎接光纤通信发展第二春"。论坛开幕式由中共呼和浩特市委副书记、市长秦义主持。论坛吸引了包括新华社、人民日报社、中央电视台、内蒙古电视台、呼和浩特电视台等中央、自治区、呼和浩特市等28家媒体的广泛关注。

2012'国际光纤通信论坛

中共内蒙古自治区党委常委、呼和浩特市委书记那仁孟和在开幕式上致欢迎词

中国工程院秘书长邬贺铨院士在论坛上作特邀报告

历届报告会掠影（2012年）

中共内蒙古自治区党委、呼和浩特市委书记那仁孟和代表时任中共内蒙古自治区党委书记胡春华同志亲切会见出席论坛的邬贺铨、干福熹、赵梓森、侯洵、李乐民、褚君浩等两院院士

《通信产业报》辛鹏骏总编在论坛访谈间采访中国工程院赵梓森院士

《通信产业报》辛鹏骏总编和特约记者李殊敏在论坛访谈间采访韩馥儿秘书长

历届报告会掠影（2013年）

2013'光纤通信发展报告会暨《光纤通信信息集锦》2013年版首发和颁奖仪式于2013年11月28日上午在广州市举行，出席大会的来宾、学者有250余人。大会主题："'宽带中国'战略的光网络机遇"。

与会人员合影
左三：刘颂豪院士；左五：邬贺铨院士；左六：干福熹院士；左七：赵梓森院士；
左八：孙玉院士；左九：李乐民院士；左十：简水生院士；右二：褚君浩院士

大会执行主席中国科学院干福熹院士致开幕词

历届报告会掠影（2013年）

中国光学学会纤维光学与集成光学专业委员会副主任、
时任吉林大学电子科学与工程学院副院长张大明教授主持开幕式

中国工程院秘书长邬贺铨院士（左一）向优秀作品作者颁奖

历届报告会掠影（2014年）

2014'国际光纤通信论坛暨《光纤通信信息集锦》2014年版首发和颁奖仪式于2014年12月5～7日在重庆市举行。论坛主题："发展光纤通信，建设网络强国"。出席本届论坛的专家、学者有200余位。

全国人大常委会委员、重庆市人大常委会杜黎明副主任和与会院士及论坛秘书长韩馥儿研究员等亲切合影（左起：褚君浩院士、侯洵院士、潘君骅院士、干福熹院士、杜黎明副主任、李乐民院士、孙玉院士、赵梓森院士、韩馥儿研究员）

本届论坛执行主席干福熹院士致开幕词　《光纤通信信息集锦》2014年版首发和颁奖仪式

历届报告会掠影（2014年）

中国工程院赵梓森院士作报告

中国通信学会光通信委员会主任、时任武汉邮电科学研究院副院长余少华教授作报告

本届论坛承办单位重庆世纪之光科技实业有限公司杨学忠董事长和与会代表合影留念

历届报告会掠影（2015年）

为纪念光纤通信发明50周年，2016年6月17～19日"光纤通信50年高峰论坛"在河南鹤壁举行，出席论坛大会的两院院士、领导、专家、学者共计250余名。

出席"光纤通信50年高峰论坛"的院士、专家、领导在开幕式进场

王立军院士在开幕式上致词　　　　　　　　　河南省政府王梦飞副秘书长致欢迎词

河南省鹤壁市委书记范修芳致欢迎词　　　　　院士、专家、领导参观承办单位
　　　　　　　　　　　　　　　　　　　　　河南仕佳光子科技股份有限公司

历届报告会掠影（2015年）
颁奖仪式

中国科学院学部主席团成员、全国人大代表褚君浩院士宣读荣膺中国光纤通信业界风云人物等奖项名单

褚君浩院士向荣膺杰出科学家奖的赵梓森院士颁奖

侯洵院士向荣膺杰出科学家奖的王启明院士颁奖

褚君浩院士、侯洵院士与获奖专家、企业家、学者合影留念

李乐民院士为《中国光纤通信年鉴》2015年版优秀论文作者颁奖，并合影留念

历届报告会掠影（2016年）
企业家论坛

烽火通信总经理李诗愈演讲

长飞光纤副总裁张穆演讲

亨通集团执行总裁钱建林演讲

富通集团执行总裁肖玮演讲

华为总工张德江演讲

中兴通信总监王会涛演讲

历届报告会掠影（2016年）
特约演讲嘉宾、主持嘉宾

中国科学院上海分院党组书记、副院长
王建宇演讲

中国通信学会光通信委员会名誉主任
毛谦演讲

中国科学院半导体所学术委员会副主任
黄永箴演讲

山东大学信息学院院长黄卫平演讲

吉林大学电子科学与工程学院副院长张大明
主持企业家论坛

上海交通大学胡卫生教授
主持闭幕式

历届报告会掠影（2018年）

"海洋强国""网络强国""一带一路"是国家意志，亦是中国光纤通信业界的战略责任，2018年12月11～12日在亚洲最大的海底光缆产业基地珠海市高栏港举办的"2018'中国海洋通信发展论坛暨《中国光纤通信年鉴》2018年版首发、颁奖和学术报告会"，受到业界的高度重视和广泛关注。

中国光学学会纤维光学与集成光学专业委员会常务委员、吉林大学吉林市研究院院长张大明教授主持2018届开幕式

烽火通信线缆产出线副总裁耿皓出席2018届论坛

承办单位烽火海洋网络设备有限公司总经理余次龙致欢迎词

珠海市高栏港开发区主任张戈致词

历届报告会掠影（2018年）
首发、颁奖仪式

中国通信学会光通信委员会名誉主任
毛谦教授级高工宣读优秀作品
获奖名单、优秀版面获奖名单

中国光纤之父、中国光纤通信业界
杰出科学家赵梓森院士和主办方领导
韩馥儿研究员、毛谦教授级高工、张大明教授
向优秀作品获奖作者颁奖

中国光纤之父、中国光纤通信业界杰出科学家
赵梓森院士和主办方领导韩馥儿研究员、毛谦教授
级高工、张大明教授向优秀版面获奖单位颁奖

出席本届论坛的专家、
嘉宾合影留念

历届报告会掠影（2018年）
特邀报告

烽火锐光信通科技有限公司总经理
罗文勇教授级高工主持特邀报告

中国联通研究院首席专家、中组部"千人计划"
引进人才唐雄燕教授级高工作特邀报告

浙江大学信息与电子工程学院、中组部
"千人计划"引进人才储涛教授作特邀报告

重庆世纪之光科技实业有限公司副总经理
方胜博士对第27届国际塑料光纤会议作热点解读

历届报告会掠影（2018年）
2018'中国海洋通信发展论坛

中国光纤之父、中国光纤通信业界杰出科学家
赵梓森院士在论坛上作高屋建瓴的演讲

中国电信国际有限公司总经理
常卫国在论坛上演讲

中天科技海缆有限公司总经理
吴晓伟在论坛上演讲

中国联通中讯设计院国际传输总监
贺永涛在论坛上演讲

历届报告会掠影（2019年）

为庆祝中华人民共和国成立70周年、传承红色基因，2019年12月13～14日在革命红船起航地——嘉兴南湖举办中国光纤通信学术报告会暨《中国光纤通信年鉴》2019年版首发和颁奖仪式，参会的院士、专家、学者、企业家约80多人。

开 幕 式

承办单位长飞光纤光缆股份有限公司
战略市场部肖畅品牌主任致词

承办单位江苏亨通光纤有限公司
总经理陈伟教授级高工致词

中共一大山东代表王尽美嫡孙、浙江大学王明华教授介绍王尽美生平事迹

嘉兴市人民政府蔡山林副秘书长致词

历届报告会掠影（2019年）
颁 奖 仪 式

中国光学学会集成光学与纤维光学专业委员会委员
吉林大学技术研究院张大明教授主持开幕式

锐光信通科技有限公司总经理
罗文勇教授级高工主持特邀报告

主办单位领导韩馥儿主任、毛谦总工、张大明院长、上海大学出版社邹西礼副总编向获得优秀版面奖的单位代表颁发荣誉证书

主办单位领导韩馥儿主任、毛谦总工、张大明院长、上海大学出版社邹西礼副总编向获得优秀作品奖的作者颁发荣誉证书

历届报告会掠影（2019年）
特邀报告

中国科学院学部主席团成员、
《年鉴》编委会名誉主任褚君浩院士作特邀报告

中国联通工匠、中国联通研究院首席科学家
唐雄燕教授级高工作特邀报告

《年鉴》编委会副主任兼副主编、上海交通大学
胡卫生教授作特邀报告

《年鉴》编委会副主任、浙江大学信息
与电子工程学院杨建义院长作特邀报告

历届报告会掠影（2020年）

2020年
中国光纤通信创新合作
网络学术交流报告会

主办单位：《中国光纤通信年鉴》编委会
中国光学学会纤维光学专委会
中国通信学会光通信专委会

时　　间： 2021年1月16日

会议主题

主题："十三五"我国光纤通信发展回顾和展望
时间：2021年1月16日 13:30-16:30
主持：胡卫生，上海交大教授　博士后，《年鉴》编委会副主任兼副主编

接入方式：

点击链接入会，或添加至会议列表：
https://meeting.tencent.com/s/QqTc3ATa0nUh
会议 ID：432 130 397（或者手机直接进入"腾讯会议"小程序，复制会议ID,参加会议）

会议议程

一、《年鉴》编委会主任兼主编韩馥儿研究员介绍参会院士、专家及企业家

二、中国光学学会集成光学与纤维光学专委会、吉林大学技术研究院院长张大明教授宣读《年鉴》2020年版优秀作品和优秀版面奖名单

三、会议邀请报告

四、中国通信学会光通信委会名誉主任毛谦教授级高工作会议总结

历届报告会掠影（2020年）

报告会特邀报告

1. 光电传感技术的发展趋势

褚君浩

中国科学院院士

中国科学院学部主席团成员

全国人大代表

《年鉴》编委会名誉主任

报告会特邀报告

2. 光纤通信创新永远在路上

邬贺铨

中国工程院院士

国家移动通信专项总师

全国政协委员

《年鉴》编委会名誉主任

报告会特邀报告

3. "十三五"中国光网络发展观察

唐雄燕

中国联通工匠

中国联通研究院首席科学家

教授级高工 博士后

报告会特邀报告

4. 硅基光电子学进展回顾

杨建义

浙江大学信息与电子工程学院

院长 教授 博导 博士后

历届报告会掠影（2020年）

报告会特邀报告

5. 应用于5G前传的色散平坦新型光纤

兰小波

长飞光纤光缆股份有限公司
国重与创新中心
总经理

报告会特邀报告

6. "十三五"期间我国通信光纤技术取得重大发展

陈 伟

江苏亨通光纤有限公司
总经理 教授级高工 博士

报告会特邀报告

7. 细径保偏光纤技术研究

罗文勇

锐光信通公司
总经理 教授级高工

报告会特邀报告

8. 塑料光纤最新研究进展及应用

储九荣

塑料光纤制备与应用国家地方联合
工程实验室
四川汇源塑料光纤有限公司
主任 总经理 教授级高工 博士后

历届报告会掠影（2020年）

报告会特邀报告

9. 基于中高功率光纤激光器及放大器用有源光纤研究进展

赵 霞

江苏法尔胜光电科技有限公司
总经理 教授级高工 博士

报告会特邀报告

10. 国际海缆工程建设的当前格局

贺永涛

中讯邮电咨询设计院有限公司
国际总监

历届报告会掠影（2021年）

庆祝中国共产党百年华诞
"十四五"中国光纤通信发展论坛

2021年12月25日上午9时，四川省崇州市，主持嘉宾李亚淇宣布"十四五"中国光纤通信发展论坛大会正式开幕

四川省崇州市副市长张小林致欢迎词并介绍崇州市电子信息产业

四川汇源塑料光纤公司储九荣总经理致欢迎词

《年鉴》编委会副主任 上海交通大学胡卫生教授主持论坛大会特邀报告

历届报告会掠影（2021年）

庆祝中国共产党百年华诞
"十四五"中国光纤通信发展论坛

开 幕 式

一、2021年12月25日上午9时，四川省崇州市，主持嘉宾李雅淇女士宣布"十四五"中国光纤通信发展论坛正式开幕，线上同步直播

二、中国科学院西安分院赵卫院长致开幕词

三、《中国光纤通信年鉴》编委会主任韩馥儿研究员介绍出席会议的领导和嘉宾

四、中国科学院侯洵院士致祝贺词

五、中国科学院王启明院士讲话

六、四川省崇州市副市长张小林致欢迎词

七、承办单位四川汇源塑料光纤公司储九荣总经理致欢迎词

八、中国光学学会纤维光学与集成光学专业委员会常务委员、吉林大学吉林市研究院张大明院长讲话

九、中国通信学会光通信委员会名誉主任毛谦总工程师宣读《中国光纤通信年鉴：2021年版》优秀作品奖和优秀版面奖名单

历届报告会掠影（2021年）

庆祝中国共产党百年华诞
"十四五"中国光纤通信发展论坛

特邀报告会议程

主持：胡卫生 《中国光纤通信年鉴》编委会副主任
　　　　　　 上海交通大学教授　博士后
　　　 储九荣 《中国光纤通信年鉴》编委会副主任
　　　　　　 四川汇源塑料光纤有限公司总经理　博士后

报告主题	报告嘉宾	嘉宾介绍
1 算力时代的光网络	邬贺铨	中国工程院院士　曾任中国工程院副院长　中国互联网协会理事长《中国光纤通信年鉴》编委会名誉主任
2 智能化社会与光电传感技术发展	褚君浩	中国科学院院士　中国科学院学部主席团成员　复旦大学光电研究院院长《中国光纤通信年鉴》编委会名誉主任
3 拥抱千兆时代发展机遇 迎接光产业新周期	闫长鹍	长飞光纤光缆股份有限公司高级副总裁
1 抓"十四五"机遇，促高质量发展	袁　健	江苏亨通光纤科技有限公司董事长　教授级高工
2 创新光纤光缆技术，赋能数字经济发展	罗文勇	烽火通信科技股份有限公司线缆产出线研发中心总经理　教授级高工
3 新基建下的光通信发展趋势	唐雄燕	中国联通光网络首席科学家　博士后
4 光纤预制棒工艺发展趋势	兰小波	光纤光缆制备国家重点实验室暨长飞光纤光缆股份有限公司创新中心总经理　《中国光纤通信年鉴》编委会副主任
5 C+L 波段超大容量通信单模光纤的研究	陈　伟	博士　《中国光纤通信年鉴》编委会副主任

历届报告会掠影（2021年）

庆祝中国共产党百年华诞
"十四五"中国光纤通信发展论坛

特邀报告会议程

报告主题	报告嘉宾	嘉宾介绍
6 高环境稳定性空心光子带隙光纤的制造工艺研究与性能分析	杜 城	锐光信通科技有限公司总经理 烽火通信线缆产出线光纤产品线副总监
7 塑料光纤的研究进展与工业智能化应用	储九荣	塑料光纤研究和制备国家重点实验室主任 崇州人才学院院长 博士后
8 硅基光子器件研究进展与发展趋势	杨建义	浙江大学信息与电子工程学院院长 教授 博士后
9 RODAM 全光网的应用及研究发展	胡卫生	上海交通大学教授 博士后
10 800G+ 数据中心光互联技术发展趋势	诸葛群碧	上海交通大学副教授 博士 国际 OFC 会议分会主席
11 光纤传感技术在长距离输水隧洞结构监测中的应用	赵 霞	江苏法尔胜光电公司总经理 博士
12 面向 6G 的可见光通信关键技术	迟 楠	复旦大学信息与通信工程学院院长 教授
13 论坛大会总结	储九荣	塑料光纤研究和制备国家重点实验室主任 崇州人才学院院长 博士后
	毛 谦	中国通信学会光通信委员会名誉主任 教授级高工
	韩馥儿	《中国光纤通信年鉴》编委会主任 研究员

序

当前新一轮科技革命和产业变革加剧，算力作为数字经济的核心生产力，已成为全球战略竞争的新焦点。随着数字经济的蓬勃发展，我国对算力的需求迅猛增长，未来几年，预计数据中心机架规模增速每年将超过 20%。但我国数据中心目前大多分布在东部地区，由于土地、能源等资源日趋紧张，在东部大规模发展数据中心难以为继；而西部地区资源充裕，特别是可再生能源丰富，具备发展数据中心、承接东部算力需求的良好基础条件。

2021 年 5 月，国家发改委发布《全国一体化大数据中心协同创新体系算力枢纽实施方案》，提出构建数据中心、云计算、大数据一体化的新型算力网络，布局建设全国一体化算力网络国家枢纽节点，加快实施"东数西算"工程。

"东数西算"工程是我国从宏观战略、技术发展、能源政策等多方面出发，在新基建大背景下启动的一项重大国家工程，是算力网络现阶段的关键着力点。

2021 年以来，国内信息通信行业掀起了算力网络研究热潮。算力网络是中国信息通信业积极倡导的新兴技术概念，反映了我国运营商向通信与计算服务融合转行的愿望和趋势。

基于全光底座构建高品质的全光算力网络具有超广覆盖、超大带宽、低时延、超高可靠、智能调度等五大关键能力，可为千行百业数字化带来动力，这将为光通信行业开拓广阔市场，为我国光纤通信产业带来新的发展机遇和挑战。强大的全光算力网络发展离不开光通信技术的创新赋能：一是通过基础传输技术创新提升高速泛在的全光传送能力，包括发展新一代光纤技术，加快光通信向着更高速率和更大带宽方向演进，同时通过推动波分向城域和接入下沉来实现全光传送和接入的泛在化；二是增强光网络的服务能力，实现全光业务的智能敏捷提供，推动光网络由基础网络向业务网络方向发展。

1. 布局新型光纤和开发新一代光纤技术

（1）布局新型光纤

近年来中国企业如长飞光纤光缆、亨通光电、烽火通信等公司都开发成功 G.654.E 光纤。G.654.E 光纤兼具超大截面和低损耗，是支持陆地运营的长途骨干网用新型光纤，并经过运营商的标准化和示范应用，现已商用于国内长途骨干网工程。基于对 G.654.E 光纤的研究，2021 年 3 月，长飞公司的远贝超强超低衰减大有效面积 G.654.E 光纤就助力中国移动完成了 1100km 的 800G 光传输测试，2022 年长飞公司再度助力中国移动刷新了这一高水平纪录，首次实现了单通道电域多子载波 800G 超 2000km 的极限传输突破，有效提升了 800G 长距离传输性能，对布局下一代超高速信息网络具有里程碑式的重要意义。

（2）开发新一代光纤技术

为应对单模光纤传输容量愈来愈高的需求，基于空分复用 SDM 理念开发新一代多芯光纤技术，即在普通单模光纤的包层内包含多个传输光信号的纤芯，以实现数倍于传统单芯光纤容量的信息传输。

中国企业如长飞光纤光缆、亨通光电、烽火通信等公司都已开发成功新一代多芯光纤（MCF）。其中，亨通光电已研发成功并发布弱耦合四芯光纤、弱耦合七芯光纤两款典型产品。

亨通光电基于空分复用设计理念，在一根光纤中同时传输多路光信号，可极大地提高通信容量。光纤的串扰水平达到 -50dB/100Km，并且串扰及直径等参数可根据需求进行设计，可以满足长距离大容量传输系统、传感及激光等领域应用需求；是面向未来超宽带光纤通信技术的新一代光纤产品，目前已入选长三角国家技术创新中心常设展品。

当前，多芯光纤面临的最大挑战是制造成本非常昂贵，这是阻碍多芯光纤大规模商用的主要因素。

2. 攻坚硅光芯片核心技术

2022 年 3 月 8 日在美国加州圣地亚哥举办的 OFC 展上，中国企业亨通洛克利科技公司发布面向下一代数据中心网络的 800G QSFP-DD800 2xFR4 光模块，同时正按计划开发基于硅光子技术的 800G 光模块，以提高产品的竞争力。

面向下一代超级数据中心的高速以太网交换机需要 800G 光 I/O 速率，针对预期的调制带宽、功耗、成本等若干瓶颈问题，浙江大学与之江实验室合作，研发了基于硅光集成收发芯片技术的 1310nm 800G 以太网光学引擎，包括基于 MOCVD 生长多量子阱材料的大功率 DFB 激光器阵列芯片、为 800G 光学引擎提供多波长光源、采用八波长 50Gbaud PAM4 数据模式、8x100G 硅光集成 Tx/Rx 芯片以及硅光模块封装技术等内容，在攻坚硅光芯片技术方面取得了重要成果。

3. 开发新一代光通信系统

近年来，光纤通信系统逐步向硬件多样化、系统灵活化、网络虚拟化的方向发展。为了对日益庞大且复杂的光网络进行高效管控，学术界及产业界近几年在智慧光网络领域投入了大量研究。由于数字孪生技术能够依托物理层的数据，对光通信物理系统进行实时数字化建模，从而达到实时监测、实时调控、实时优化的目的，因而成为智慧光网络的关键技术与研究热点。

光通信数字孪生系统作为新一代光通信控制系统，近几年来被广泛研究。光通信数字孪生系统依托物理层数据及各类模型与算法，尝试将真实的物理光通信系统映射到数字空间，在数字空间实时建模并监测物理系统的各种状态，以预测真实系统中可能发生的各类情况或故障，从而即时优化和调整真实的物理系统。

2022年是我国实施"东数西算"工程的元年，《中国光纤通信年鉴：2022年版》即以"东数西算"工程为重点选题进行组稿，于7月29~31日在著名历史文化名城扬州举办了筹备会，确定了10篇稿件和26项重磅大事。稿件涉及光纤通信各个专业领域的前沿和热点，内容充实，数据翔实；26项重磅大事均具有产业及行业里程碑意义，望能引起业界广大同仁的关注和重视。

《中国光纤通信年鉴：2022年版》涵盖2021~2022中国光纤通信业界取得的重大科研成果和学术成就、重大工程项目建设、产业界核心技术进展以及国际前沿技术发展，图文并茂地生动展示了我国光纤通信发展的创新成就；它的出版，具有史册意义和前瞻引领作用，必将为促进我国光纤通信事业更好地发展做出贡献！

《中国光纤通信年鉴》本着行稳致远的原则，以促进我国信息通信业高质量发展为宗旨，携手中国光纤通信业界全体同仁共同努力，助推全光算力网络发展，为创造我国信息通信业更加辉煌的明天而不懈奋斗！

中国工程院院士、中国工程院秘书长
《中国光纤通信年鉴》编委会名誉主任

中国科学院院士、中国科学院学部主席团成员
《中国光纤通信年鉴》编委会名誉主任

2022年9月

前　言

《中国光纤通信年鉴》（以下简称"《年鉴》"）是具有史册意义和前瞻引领作用、经国家新闻出版署核准出版的重要科技文献。《年鉴》的编纂出版严谨缜密，每年都要通过举办筹备会的形式，集思广益、群策群力共同讨论确定编纂事项；包括稿件选题、重磅大事、成就展示等内容，都是在反复讨论与行业共识的基础上形成的。

《年鉴》2022年版编辑出版筹备会由《中国光纤通信年鉴》编委会、中国光学学会纤维光学与集成光学专委会、中国通信学会光通信委员会等三家单位主办，中化高性能纤维材料公司承办，于7月29～31日在我国历史文化名城扬州举办。共有来自长飞光纤光缆、亨通光电、烽火通信、深圳特发、江苏法尔胜、江西大圣以及上海交通大学、复旦大学、浙江大学、吉林大学、上海大学、中国联通研究院、中联邮电设计咨询院、上海大学出版社等单位的30余位教授、专家、企业家与会；中科院院士、《年鉴》编委会名誉主任褚君浩教授特到会致词，中科院院士、《年鉴》编委会高级顾问侯洵研究员致贺词，寄语编委会行稳致远办好年《年鉴》，以促进我国光纤通信事业的高质量发展。

筹备会上经过专家充分的交流和认真讨论，最终确定《年鉴》2022年版收入反映一年来光纤通信科技进展的稿件10篇、重磅大事26项、成就展示8大家。编辑部于9月上旬完成编纂工作，定稿后于9月中旬交付上海大学出版社进行审读和编辑加工、组织出版。

《中国光纤通信年鉴：2022版》的出版是在广大业界同仁的大力支持下完成的，在此谨向为《年鉴》编纂做出重要贡献的诸位院士、专家、学者以及企业家等致以衷心的感谢和崇高的敬意！

因时间仓促、水平有限，书中不足之处敬请批评指正！

《中国光纤通信年鉴》编委会

2022年9月

目 录

一 中国光纤通信业界2021～2022年重磅大事记 ········· 1

二 国家重点实验室 ········· 45
 区域光纤通信网与新型光通信系统国家重点实验室 ········· 47
 光纤通信技术和网络国家重点实验室 ········· 50
 集成光电子学国家重点实验室吉林大学实验区 ········· 53
 信息光子学与光通信国家重点实验室（北京邮电大学） ········· 57
 光纤光缆制备技术国家重点实验室 ········· 59
 塑料光纤制备与应用国家地方联合工程实验室 ········· 61
 光纤传感与通信教育部重点实验室 ········· 63
 传感技术联合国家重点实验室 ········· 66
 新型传感器与智能控制教育部山西省重点实验室 ········· 69
 上海大学特种光纤与光接入网重点实验室 ········· 73

三 重大科学技术成果 ········· 77
 国家科学技术成果奖 ········· 79
 光纤通信领域主要学会、协会科学技术成果奖 ········· 79
  （一）中国通信学会科学技术奖 ········· 79
  （二）中国电子学会科学技术奖 ········· 80
  （三）中国光学工程学会科技创新奖 ········· 81

四 光纤通信科学技术发展 ········· 83
 光网络
 面向东数西算的全光算力网络 ········· 唐雄燕 85

 光纤光缆
 空芯光纤长距离通信的机遇与挑战 ········· 陈 伟 李 萍 许青向等 92
 纤缆新技术在电力领域的探索与实践 ········· 罗文勇 胡国华 祁庆庆等 100
 新型光纤助力国家算力网络建设 ········· 王铁军 108

光器件
面向未来超大规模数据中心的800G硅基光收发
　　芯片和光引擎 ············· 余　辉　尹　坤　杨建义 119

数据中心
数据中心智慧光网络关键技术 ············· 诸葛群碧　胡卫生 131

海底光缆
基于SDM的新一代海底光缆技术研究 ······ 许人东　王　畅　胥国祥 138
国际海底光缆建设展望 ····································· 贺永涛 144

6G
面向F6G/6G的未来智能融合光子无线融合接入 ······ 张俊文　迟　楠 150

激光通信
"二龙戏珠，众星拱月"
　　——全球卫星激光通信发展综述 ······················· 胡卫生 159

五　《中国光纤通信年鉴：2021年版》获奖优秀作品选登 ············· 167
光纤预制棒工艺发展趋势 ····································· 兰小波 169
C+L波段超大容量通信单模光纤的研究 ········ 陈　伟　张功会　李永通等 174
高环境稳定性空心光子带隙光纤的
　　制造工艺研究与性能分析 ············ 杜　城　李　伟　罗文勇等 183
塑料光纤的研究进展与工业智能化应用 ········ 储九荣　孔德鹏　张海龙等 192
硅基光子器件研究进展与发展趋势 ············ 杨建义　张肇阳　叶立傲等 206
新基建下的光通信发展趋势 ··································· 唐雄燕 216
ROADM全光网的应用与研究进展 ····························· 胡卫生 222
800G+数据中心光互联技术发展趋势 ················ 诸葛群碧　胡卫生 229
面向6G的可见光通信关键技术 ······················· 迟　楠　王　杰 236
光纤传感技术在长距离输水隧洞结构监测中的
　　应用 ······························· 赵　霞　陆骁旻　方　玄等 245

六　中国光纤通信业界2021～2022年成就展示 ····················· 253

Contents

A. Important Recordation of Essential Subjects for Chinese Optic Fiber Communication Profession at 2021~2022 ……………………………… （1）

B. National Major Laboratory ………………………………………………… （45）
    State Key Laboratory of Advanced Optical Communication Systems & Networks … （47）
    State Key Laboratory of Optical Communication Technologies and Networks … （50）
    State Key Laboratory of Integrated Optoelectronics, JLU Region …………… （53）
    State Key Laboratory of Information Photonics and Optical Communications …… （57）
    State Key Laboratory of Optical Fiber and Cable Manufacture Technology ……… （59）
    National-Local Joint Engineering Laboratory of Plastic Optical Fiber Preparation and Application ……………………………………………………… （61）
    Key Laboratory of Optical Fiber Sensing Communications （Education Ministry of China） ……………………………………………………………… （63）
    State Key Laboratory of Transducer Technology ………………………… （66）
    Key Laboratory of Advanced Transducers and Intelligent Control System （ShanXi Province & Education Ministry of China） …………………… （69）
    Key Laboratory of Specialty Fiber Optics and Optical Access Networks, Shanghai University …………………………………………………………… （73）

C. The Major Achievements of Science & Technology ………………………… （77）
    National Science & Technology Achievement Prize……………………………… （79）
    Science and Technology Award of Institute and Association in the Field of Optical Communication ………………………………………………………… （79）
    1. Science & Technology Prize of China Institute of Communication …………… （79）
    2. Science & Technology Prize of China Communication Standardization Association … （80）
    3. Technical Invention Award and Science & Technology Innovation Award of China Optical Engineering Society ………………………………………… （81）

D. Development for Science & Technology of Optical Fiber Communication ………… （83）
  1. Optical Network
    All-Optical Computing Power Network for National Project on East Data to West Computing ……………………………………………… Xiongyan Tang （85）

  2. Optical Fiber & Cable
    Opportunity and Challenge for Hollow-Core Optical Fiber in the Long-Distance Telecommunication ……………………… Wei Chen, Ping Li, Qingxiang Xu etc. （92）
    Exploration and practice of novel fiber cable technology in power field.
    ………………………………… Wenyong Luo, Guohua Hu, Qingqing Qi etc. （100）

Novel optical fiber assisting China's computing power network construcion
.... Tiejun Wang （108）

3. Optical Device
800G silicon-based optical transceiver chips and optical engines for future
　　hyperscale data centers .... Hui Yu, Kun Yin, Jianyi Yang （119）

4. Data Center
Key Technologies of Intelligent Optical Network for Data Center
.... Qunbi Zhuge, Weisheng Hu （131）

5. Submarine Optical Cable
A new generation of submarine cable research based on SDM for submarine
　　networks .... Rendong Xu, Chang Wang, Guoxiang Xu etc. （138）
Prospects for international submarine optical cables construction ...... Yongtao He （144）

6. 6G
Towards F6G/6G with Future Intelligent Optical and Wireless Integrated
　　Network .... Junwen Zhang, Nan Chi （150）

7. Laser Communication
Progress of Satellite Laser Communication in the World .... Weisheng Hu （159）

E. Selection of Excellent Composition Prize in 2021 Year Book .... （167）
Development Trend of Optical Fiber Preform Technology. .... Xiaobo Lan （169）
Research on C+L Super-capacity communication Single-mode Fiber
　　................ Wei Chen, Gonghui Zhang, Yongtong Li etc. （174）
Fabrication and performance analysis of hollow photonic band gap fiber with high
　　environmental stability .... Cheng Du, Wei Li, Wenyong Luo etc. （183）
Research progress and industrial intelligent application of plastic optical
　　fiber .... Jiurong Chu, Depeng Kong, Hailong Zhang etc. （192）
Progress and development trend of silicon photonic
　　devices .... Jianyi Yang, Zhaoyang Zhang, Li ao Ye etc. （206）
Development Trends of Optiacal Communications for New Digtal Infrastructure
　　Construction .... Xiongyan Tang （216）
Recent progress of ROADM all-optical network: application and
　　research .... Weisheng Hu （222）
Trend of Optical Transmission for 800G+ Data Center
　　Interconnect .... Qunbi Zhuge, Weisheng Hu （229）
Key technologies of visible light communication fo 6G .... Nan Chi, Jie Wang （236）
Application of optical fiber sensing technology in structure monitoring of water conveyance
　　tunnel with long distance .... Xia Zhao, Xiaomin Lu, Xuan Fang etc. （245）

F. Archievement Show for China Optical Fiber Communication Profession at
　　2021～2022 .... （253）

中国光纤通信业界
2021~2022年重磅大事记

- 1. 绿色冬奥 | 长飞公司助力"张北的风点亮北京的灯"
- 2. 打造湖北企业创新标杆 长飞入选湖北科技领军企业
- 3. 长飞以最大份额连续中标中国电信、中国移动 2022 年 G.654.E 光纤光缆集中采购
- 4. 长飞首次披露"双碳"目标践行绿色可持续发展
- 5. 长飞公司发明专利荣获中国专利银奖
- 6. 喜报！长飞公司荣获中国移动优秀供应商（A级）
- 7. 再获客户认可 | 长飞公司荣获中国电信采购供应链四项大奖
- 8. 长飞公司被授予"互联网域名注册机构"许可证并获得标识创新应用大赛中部赛区金奖
- 9. 全国人大代表崔根良认真履行职责积极建言献策
- 10. 卓昱光子亮相 OFC 展，发布面向下一代数据中心网络的 800G QSFP-DD800 2×FR4 光模块
- 11. 中国移动国际、中国联通国际携手华海通信宣布建设 SEA-H2X 国际海缆使能亚洲互联新时代
- 12. 亨通海洋荣获 2021 年度中国光学工程学会科技进步一等奖
- 13. 中国再次主导 IEC 国际标准
- 14. 烽火荣获 2021 年中电元协科技进步奖二等奖
- 15. 中国电信再次携手烽火建设 G.654E 超高速骨干网
- 16. 烽火助力菲律宾群岛海底通信网络建设
- 17. 崇州智能大厦正式投入运行
- 18. 乘风破浪中的激光光纤
- 19. 携手并进，加速综合性国企智慧化转型——腾讯云、特发集团、特发信息达成三方战略合作协议
- 20. 特发信息盛装亮相第 23 届中国高速公路信息化大会
- 21. 特发信息 5G 前传 WDM 系列解决方案入选《人民邮电报》"5G 技术创新"案例
- 22. 云媒共融 智领 5G | 特发信息精彩绽放 CCBN 2021
- 23. 风雨同行 共克时艰 | 特发信息紧急调配万芯光缆驰援河南灾区
- 24. 特发信息携七大主题解决方案及产品精彩亮相深圳光博会
- 25. 中老铁路正式通车！特发信息助力"一带一路"重点工程建设
- 26. 特发信息获 2021 年度全国企业标准"领跑者"证书

1. 绿色冬奥 | 长飞公司助力"张北的风点亮北京的灯"

北京冬季奥运会自 2022 年 2 月 4 日开幕以来,精彩赛事不断。长飞光纤光缆股份有限公司(以下简称"长飞公司")助力绿色冬奥,为冬奥会重点配套工程——±500 千伏张北可再生能源柔性直流电网试验示范工程,提供了全贝®超强超低损耗 G.652 光纤、柔直阀塔、断路器、耗能设备以及风电光伏中使用的特种光缆与组件,并为客户提供现场服务,为确保"绿色奥运"贡献了长飞力量。

绿色冬奥是北京 2022 年冬奥会的重要理念之一;其三大赛区的 26 个场馆,历史性地首次实现了 100% 绿色电能供应。

中都换流站俯瞰图

(图片来源:新华网)

俗话说，"张北一场风，从春刮到冬"，张北的风能年均利用小时数超过 2400 小时。正是基于丰富的绿色资源，国家规划并投入建设张北可再生能源柔性直流电网试验示范工程（以下简称"柔直工程"）。把张家口张北地区的风能转化为清洁电能并入冀北电网，再输向北京、延庆、张家口三个赛区；这些电力不仅点亮了一座座奥运场馆，也点亮了北京的万家灯火。

在张北柔直工程中，长飞公司提供了全贝®超强超低损耗 G.652 光纤，该光纤打破了国外超低损耗光纤在电力通信领域的垄断，经过多个项目的应用实践证明，运行 2 年多后，光纤性能稳定，其所承载的业务运行可靠，应用状况良好。

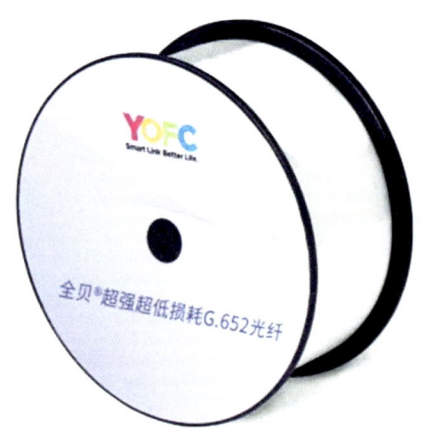

长飞全贝®超强超低损耗G.652光纤

- 累计申请专利**80**余项
- 已授权专利**19**项
- 完全实现了原理设计、制备设备、制备工艺、原材料等各环节的全国产化

除了全贝®超强超低损耗 G.652 光纤，长飞公司推出了覆盖从接入网到骨干网，从陆地到海洋的全场景、优品质的各类光纤产品，并形成了以易贝、超贝、亮贝、全贝、强贝等自有光纤品牌为代表，具有自主知识产权、质量竞争力强的全系列光纤品牌产品家族，为光传输夯实了基础。其中，远贝®超强超低衰减 G.654.E 光纤也在特高压工程中多次使用。

此外，在张北柔直工程中，长飞公司提供了柔直阀塔、断路器、耗能设备以及风电光伏中使用的特种光缆与组件，可实现控制柜与阀塔之间的信号低损耗传输，为确保"绿色奥运"贡献了长飞力量。

长飞公司为特高压直流输电系统提供的智能工控解决方案，还服务过锦苏 - 苏南 ±800 千伏特高压直流输电工程、昌吉 - 古泉 ±1100 千伏特高压直流输电工程、巴西美丽山水电站 ±800 千伏特高压直流送出工程等。

2. 打造湖北企业创新标杆　长飞入选湖北科技领军企业

2022年，长飞公司等11家企业入选湖北科技领军企业培育计划。湖北省从优先牵头承担科技重大专项、开展基础研究和应用基础研究、高标准建设重大创新平台、建设引智创新示范基地、转化重大科技成果、开展国际创新合作等6个方面对这11家企业予以重点支持，旨在打造湖北科技企业创新标杆，培育国家战略科技力量湖北梯队。

企业是创新的主体，是推动创新创造的生力军。2022年1月1日起施行的《中华

人民共和国科学技术进步法》，首次突出"科技领军企业"是重要的"国家战略科技力量"。根据《湖北省科技领军企业培育实施方案》，纳入培育的科技领军企业，必须是在湖北注册的创新能力强、引领作用大、研发水平高、发展潜力好、对经济社会贡献大，符合湖北省"51020"产业集群发展方向，且企业销售规模过 50 亿元、研发投入占比超过 3%、研发人员占比超 10%、拥有核心自主知识产权 100 项以上的骨干高新技术企业。

长飞公司自成立 30 多年来，始终聚焦核心技术、坚持自主创新，成功走出了一条有自身特色的"引进、消化、吸收、创新"的技术发展道路，不仅掌握了光纤预制棒、光纤、光缆全部关键生产技术，还自主生产制造设备，真正做到了关键核心技术完全自主可控，带动了行业整体技术进步和产业发展。目前，针对下一代光传输网络，长飞公司自主研发的远贝®超强超低衰减 G.654.E 光纤与中国联通、中国移动、中国电信以及国家电网等单位合作，创造了多项"世界第一"和典型工程应用场景，未来将强有力地支持国家"双碳"战略和"东数西算"工程中的网络互联。

3. 长飞以最大份额连续中标中国电信、中国移动 2022 年 G.654.E 光纤光缆集中采购

2022 年 4 月，中国电信、中国移动陆续完成 2022 年 G.654.E 光纤光缆产品集中采购，长飞公司以最大份额中标。

长飞公司远贝®超强超低衰减 G.654.E 光纤具有更低的衰减系数，可延长传输距离、减少中继站数量、降低建设成本；具有更大的有效面积，可提高入纤光功率、降低非线性效应，适用于长距离、高速率、大容量骨干网应用，并兼容未来技术发展。

在 2021 年举办的武汉光博会长飞专场论坛上，多位专家表示，G.654.E 光纤是 400G 及未来 Tbit/s 超高速传输技术的首选光纤。2022 年，"东数西算"工程正式启动，多位专家预测，G.654.E 光纤是构建算力网络枢纽高速互联互通的最佳选择。长飞远贝®超强超低衰减 G.654.E 光纤将为 5G 时代的国际及国内骨干网扩容、云化数据中心互联发展和"东数西算"运力大动脉建设提供最佳的光纤光缆解决方案。

作为全球领先的光纤预制棒、光纤、光缆及综合解决方案提供商，长飞公司专注于前沿创新；早在 2010 年便开始自主研发和推进国际标准的制定，并从实验室测试验证到工程应用均做了部署。

自主研发并推进国际标准制定
● 2010 年开始新型超低损耗大有效面积光纤的研发攻关；
● 2013 年积极推进 G.654.E 国际标准制定，为 G.654.E 光纤的产业化规模应用奠定了坚实的基础；
● 2015 年在美国 OFC 大会期间，面向全球正式发布了远贝®超强超低损耗大有效面积光纤，成为国内首家、全球第三家拥有该项光纤产品的厂商，也是国内唯一一家掌握该项产品生产技术的企业，填补了我国在这项技术上的空白；
● 2018 年以远贝®超强超低衰减 G.654.E 光纤为标志性产品，申报的"新型光纤制备技术及产业化"项目荣获 2017 年度国家科学技术进步二等奖。

实验室验证测试
● 2018 年 3 月成功实现 10G 系统 665.7km 和 2.5G 系统 713.2km 的单跨距无中继

实验室传输测试，分别刷新了原单跨距 2.5G 和 10G 系统无中继光传输的世界纪录；
- 2021 年 3 月助力中国移动研究院完成 1100km 800G 光传输测试，在大容量、长距离光传输技术研究领域有了新的突破；
- 2021 年 9 月助力中国移动完成骨干传送网单载波 400G 关键技术研究验证，为骨干网由 100G 向 400G 的代际演进积累了宝贵的数据并提供了重要参考。

工程应用
- 2016 年应用于中国联通新型光纤陆地应用项目，开创了 G.654.E 光纤在陆地实际部署和应用的先河；
- 2018 年应用于中国移动京津济宁项目，充分展现了 G.654.E 光纤在超长跨段应用场景以及超 100G 高速率传输系统上具有超强的传输性能；
- 2019 年中标中国电信上海金华河源广州干线光缆线路工程项目，这是全球首次最大规模正式商用 G.654.E 光纤的超长距离省际干线；同年中标中国联通 G.654.E 干线光缆集中采购；
- 2020—2021 年应用于雅中—江西 ±800kV 特高压直流输电工程，为国网特高压工程首例；再次应用于国家电网陕北—湖北 ±800 千伏特高压直流工程，实现了单跨距 467km 的无中继长距离传输的突破；应用于中国电信上海—广州陆地干线，实现了超过 1900km 的无中继传输；
- 2022 年在中国电信干线光缆建设工程（第一批）光缆及配套采购项目中，以最大份额中标 G.654.E 干线光缆标包；以最大份额中标中国移动 2022—2023 年 G.654.E 光纤光缆产品集中采购。

与常规光纤相比，G.654.E 光纤制造技术难度高、环节复杂，对材料体系的优化配方与制棒工艺及拉丝要求也非常高。随着不断攻坚克难，长飞公司的 G.654.E 光纤产品已完全实现从制造设备、生产工艺到关键原材料及相关知识产权的自主可控，技术水平已经赶超国际先进水平。从打破国外技术垄断到部分技术领跑全球，长飞公司始终牢记习总书记的殷殷嘱托，将核心技术牢牢掌握在自己手中，稳稳保持着全球领先的技术实力。

4. 长飞首次披露"双碳"目标践行绿色可持续发展

在已发布的 2021 年度长飞社会责任报告中,长飞公司首次提出"力争到 2028 年实现万元产值温室气体排放量在 2021 年的基础上降低 50%,并争取在 2055 年前实现碳中和"的目标,以实际行动引领光通信产业的可持续发展和绿色转型。

近年来，随着全球范围内应对气候变化问题的共识不断加深，这场涉及经济社会发展全面系统性绿色转型的变革，已成为各行各业面临的共同挑战。长飞公司作为全球光通信行业领军企业，积极践行国家"碳达峰、碳中和"战略，坚持贯彻"节能低碳、科学管理、绿色可持续发展"的宗旨，以"客户、责任、创新、共赢"的核心价值观践行企业的初心与使命，以积极、笃定的行动力紧跟时代发展、彰显社会担当，争当"双碳时代"绿色发展的先行者。

聚焦节能降碳　完善绿色运营管理

长飞以能效提升为优先，通过技术节能和管理降碳双管齐下，以降低生产运营全过程的能源消耗；持续挖掘厂区重点耗能设备、生产工艺等的节能潜力，针对生产、暖通空调、工艺冷却水、压缩空气、照明等系统，制订针对性的技术改造方案并落地实施；同时利用以能源和碳排放管控为核心的信息化管理系统，依托物联网、大数据等先进技术手段，实现能源消耗及碳排放过程的全面监测，对能耗和碳排放状况进行分析统计、对能效水平进行评估对标等，完善能源管理体系，提高能源利用效率，降低碳排放水平，持续加强绿色低碳运营。

打造绿色产品　助力绿色通信网络建设

长飞公司在产品设计之初即引入绿色生态设计理念，以减少产品对环境的污染，降低生产能源消耗，提高产品和包装材料的回收、再生、循环或重新利用；同时基于ISO14067:2018开展产品全生命周期的碳足迹研究，深入探索产品的原材料选择、生产和加工流程，以及产品包装材料选定、上下游交通运输、回收利用等环节对资源的消耗和环境的影响，探索并落实产品设计层面的绿色改进方案，提升产品的生态友好性，以助力国家通信网络绿色建设。

长飞公司已有百余种产品和原材料通过了欧盟RoHS2.0测试，多款光缆产品凭借优越的环境属性、资源属性和产品性能，作为"绿色产品"被列入了国家工业和信息化部绿色制造名单。

建设绿色工厂　推动绿色清洁智能制造

长飞公司以绿色发展为主基调，全面推行绿色制造模式，建立碳排放管理机制，以生产提质和降碳增效为抓手，在各个生产基地开展"绿色工厂"建设活动；同时提高设备电气化、智能化水平，减少化石燃料的使用；积极采购绿色电力，参与绿电/绿证交易，通过建设分布式光伏项目等，提高工厂可再生能源占比，优化工厂能源结构，最终实现清洁能源替代。长飞公司旗下子公司长飞光纤潜江有限公司与长飞光纤光缆兰州有限公司已率先入选了由国家工业和信息化部公布的绿色制造名单之"绿色工厂"。

未来，秉持"智慧联接，美好生活"的使命，面对"双碳"机遇与挑战，长飞公司将紧抓绿色产业快速发展的机遇，持续助力新一代 5G 绿色通信网络的建设，并在此基础上实现多元化布局，聚焦 5G+ 工业互联网、电力特高压、数据中心、海上风电等重点领域，坚定不移地向碳中和目标迈进，为助力国家和全球温室气体减排与碳中和做出贡献。

5. 长飞公司发明专利荣获中国专利银奖

在第二十三届中国专利奖评审中，长飞公司的发明专利"ZL201410708948.2 一种 VAD 法制备光纤预制棒的装置及方法"荣获中国专利银奖（预获奖）。这是长飞公司第三次荣获中国专利奖，体现了国家和社会对长飞公司科技创新的又一次肯定，同时也是对企业知识产权高质量发展的高度认可。

一种 VAD 法制备光纤预制棒的装置及方法
以该项专利技术为代表，长飞公司开发出了具有自主知识产权的高效、稳定、低成本的 VAD 沉积系统，沉积速率远超国际先进水平，实现了该领域中国制造的技术、效率、质量、成本的全球领先，成功确立了中国自主光纤预制棒及光纤的国际竞争优势，在此领域树立了新的世界标杆。

长飞公司高度重视知识产权，为此较早地制定了企业知识产权战略，建立健全知识产权管理制度和规程、优化知识产权布局，在企业知识产权的创造、运用、保护、管理等方面不断深耕、沉淀，形成了可持续发展的技术创新竞争优势，推动行业科技进步、技术创新和产业发展。目前，长飞公司在全球的专利申请逾 1300 件，获得国内外专利 800 余项，已布局 56 个国家/地区；在全球 127 个国家/地区注册商标 290 余件。回顾长飞公司知识产权的发展历程，以下大事值得记录：
√ 1990 年申请注册第一件商标
√ 1998 年申请第一件专利
√ 2013 年获批首批国家知识产权优势企业
√ 2014 年"长飞"商标获驰名商标认定
√ 2016 年获批国家知识产权示范企业、荣获中国专利优秀奖
√ 2017 年荣获中国商标金奖——创新奖（提名）
√ 2021 年荣获首届湖北专利金奖、中国专利优秀奖
√ 2022 年荣获中国专利银奖

未来，长飞公司将坚持创新驱动发展，持续加大在先进技术方面的投入，突破"卡脖子"难题，研发出更多具有自主知识产权的产品与解决方案，为知识产权强国建设做出新的更大贡献。

6. 喜报！长飞公司荣获中国移动优秀供应商（A级）

2022年4月26日下午，中国移动采购共享中心组织召开了"合作共赢　共做阳光采购"主题供应商服务日暨中国移动供应链党建联建试点启动会线上会议，会议发布了2021年度中国移动优秀供应商名单，长飞公司入选，为最高级别（A级），充分彰显了长飞公司的行业领先地位及客户对长飞公司企业综合实力的高度认可。

此次会上，长飞公司执行董事兼总裁庄丹作为优秀供应商代表发言。他从长飞公司与中国移动党建和创、互为业务、合同履约、质量管控等方面作了介绍，指出在党建引领下，长飞公司将继续与中国移动合作共赢、共同发展，为建设集约高效、阳光透明的现代化供应链体系贡献力量。

中国移动是长飞公司多年的重要客户和战略合作伙伴。早在2008年，长飞公司就荣获过中国移动优秀供应商的称号；2009年，成为中国移动五大战略合作伙伴之一，在移动集团的光缆集采方面，长飞公司的供货总量位居第一，实现31省市全覆盖；2018年起，与中国移动集团及各省移动共同开展供应链协同项目；2019年、2020年，与湖北移动先后两次签署5G+工业互联网应用合作协议，协同推进产业融合创新；2021年，与中国移动采购共享服务中心签署了"党建和创"共建协议，谱写了双方党建与业务融合发展的新篇章。

7. 再获客户认可 | 长飞公司荣获中国电信采购供应链四项大奖

2022年5月，中国电信采购供应链年度奖项发布。凭借在中国电信供应链生态中的突出贡献，长飞公司荣获2021年度中国电信A级-产品供应商（室外光缆、引入光缆）称号及2021年度供应保障贡献奖（室外光缆）、2021年度乡村振兴合作伙伴奖、2021年度抢险救灾贡献奖等4大奖项，充分彰显了公司的行业领先地位及客户对长飞公司企业综合实力的高度认可。

中国电信是长飞公司的重要战略客户及合作伙伴。一直以来，长飞公司致力于持续提升产品与服务质量。2021年，入选中国电信A级-产品供应商；2022年，以最大份额中标中国电信2022年G.654.E光纤光缆集中采购；积极参与中国电信云监造、云厂验、云检测的试点工作，未来将通过供需协同、系统协同、发展协同和创新协同，实现产业生态的共赢。

8. 长飞公司被授予"互联网域名注册机构"许可证并获得标识创新应用大赛中部赛区金奖

2022年6月8日，由湖北省通信管理局、中共湖北省委网络安全和信息化委员会办公室、湖北省发展和改革委员会、湖北省经济和信息化厅、中国信息通信研究院共同主办的"2022中国工业互联网标识大会（中部）"在湖北武汉举行；本届会议主题是"标识向实，融创未来"。工业和信息化部副部长张云明发表视频致辞，湖北省人民政府副省长赵海山、武汉市东湖高新区管委会主任张勇强出席会议并讲话，湖北省通信管理局局长吴俊主持会议。

会上，长飞公司被授予面向工业互联网标识注册服务机构的"互联网域名注册机构"许可证，成为湖北省首批获得该许可证的企业，充分体现了长飞公司在工业互联网标识解析体系建设方面的成就。

在工业互联网标识服务许可证颁发仪式上,湖北省通信管理局为长飞公司颁发了面向工业互联网标识注册服务机构的"互联网域名注册机构"许可证,准许长飞公司按照许可证载明的内容设立互联网域名注册服务机构,在全国从事域名注册活动。

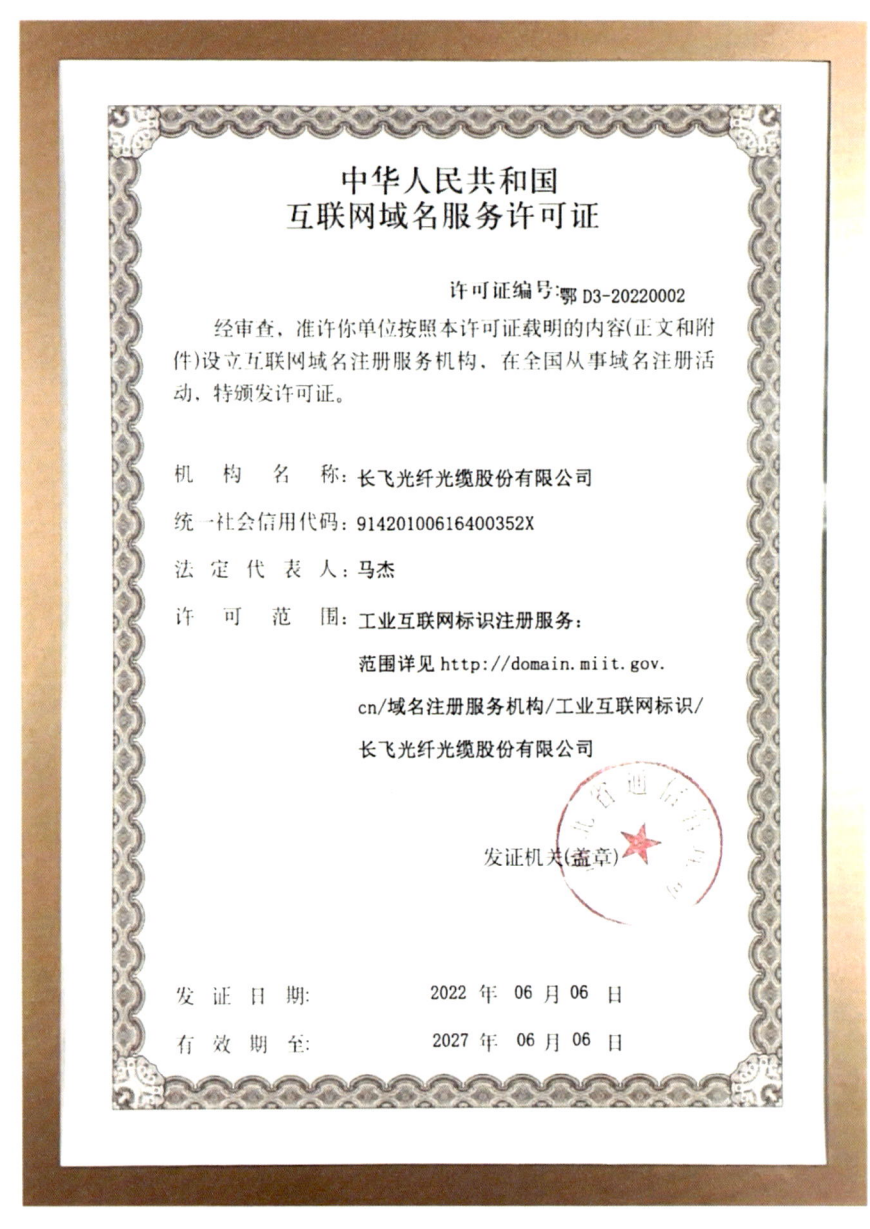

会上,长飞公司副总裁郑昕代表公司作了"基于场景驱动的标识解析应用探索"的主题报告,详细介绍了长飞公司"场景驱动、体系融合、生态重构、长效培育"的数字化转型路径及标识解析体系应用探索。2019年12月,长飞公司在中国信息通信研究院的大力支持下,建立了中国光通信行业首家标识解析二级节点。目前,长飞公司标识解析二级节点共有1700余家企业接入,注册标识量11亿以上,日均解析量超过150万。在会议现场,郑昕副总裁还分享了长飞公司标识解析在有色金属延压行业的质量追溯系统、锂电铜箔行业的精细化能源管理、输变电装备行业的数字化交付等跨行业应用中取得的成效。

大会同期还进行了首届中国工业互联网标识创新应用大赛中部赛区决赛。长飞公司作为进入决赛的10支队伍之一,以"标识+精细化能源管理"主题方案参赛,经过现场路演和答辩,最终获得中部赛区金奖。

参赛主题方案介绍

长飞公司的"标识+精细化能源管理"方案,是通过建立区域能源模型,利用物联网平台及主动标识载体采集数据并与计量装置标识码关联,通过二级节点接口实现自动注册与解析,实现异构能源子系统间的信息共享和全景实时监测,帮助用户针对各种能源需求及用能情况,分析区域产业结构、产值、能源消费和生产以及碳排放强度之间的关系,为用户加强能源管理、提高能源利用效率、挖掘节能潜力、实施节能评估提供基础数据和支持。

9. 全国人大代表崔根良认真履行职责积极建言献策

2022年全国"两会"期间，全国人大代表、亨通集团董事局主席崔根良指出："今年总理的政府工作报告既有高度又有深度，既有力度又有温度，听后让我深受鼓舞！更加坚定了我们民企的发展信心。下一步，我们要按照中央的决策部署，坚定不移地坚持科技自立自强、加大科技创新、加快产业数字化来赋能制造业，在办好企业的同时，积极履行社会责任，用实际行动促进共同富裕，不断开辟事业发展新高度。"

就长三角生态绿色一体化发展示范区而言：

1. 建议支持创建跨省域"一区多园"的国家级高新区。支持示范区三地联合创建国家级高新区，以汾湖高新区为主体，采取"一区多园"的模式，率先打造创新驱动、绿色发展的国际一流创新生态系统，为全国科技和产业创新探路。

2. 建议支持示范区科技创新共同体建设。发挥示范区"一体化制度创新试验田"优势，推动江、浙、沪三地在创新资源、科技政策、平台载体等方面的互融互通，加快构建科技创新共同体，打造科技协同创新高地。

3. 建议支持更多高端科创要素在示范区集聚。结合上海建设国际科技创新中心战略，加快推进G60科创走廊及长三角双创示范基地联盟建设。推动优质企业和顶尖高校及科研院所共建创新联合体，创建一批高水平国家级、省市级企业技术中心、工业设计中心，进一步提升示范区创新策源功能。

之前，国家工业和信息化部、中国工业经济联合会在全国范围内评选出的制造业单项冠军企业（产品）名单中，亨通海底光缆系统成功入选，标志着亨通海底光缆系统在制造业领域取得的成绩获得国家部委与权威机构的认可。

制造业单项冠军评选是工信部为引导制造业企业专注创新和质量提升、在更多细分产品领域形成全球市场及技术等方面的领先地位、促进我国产业整体迈向全球价值链中高端而特别开展的。制造业单项冠军企业是指长期专注于制造业某些特定细分产品市场、生产技术或工艺国际领先、单项产品市场占有率位居全球前列的企业。工业和信息化部从2016年开始实施"制造业单项冠军企业培育提升专项行动"，面向全国开展制造业单项冠军示范企业遴选工作，其入选要求高、评选程序严格。

荣膺制造业单项冠军示范企业，是社会对亨通在行业地位、品牌价值和综合实力方面的高度认可，可谓实至名归。亨通将继续把科技创新作为激发企业高质量发展的内生动力，坚持走"专精特新"发展之路。

10. 卓昱光子亮相 OFC 展，发布面向下一代数据中心网络的 800G QSFP-DD800 2×FR4 光模块

2022 年 3 月 8 日，卓昱光子发布面向下一代数据中心网络的 800G QSFP-DD800 2×FR4 光模块，并于 2022 年 3 月 8 日至 3 月 10 日在美国圣地亚哥举办的 2022 年 OFC 展 5025 展位上进行了现场演示。同期现场演示的还有在 2021 年 6 月 OFC 线上发布的 800G QSFP-DD800 DR8 光模块。自此，亨通洛克利进一步丰富了其 400G、800G 高速光模块系列.

800G QSFP-DD800 2×FR4 与 800G QSFP-DD800 DR8 均采用 QSFP-DD800 的封装形式，被认为是最具挑战性的 800G 模块设计；特别是在信号完整性和热管理方面，其设计与实现均具有相当的难度。两款 800G 光模块均采用最新一代集成 Driver 的 7nm DSP、制冷型 EML 以及基于与 400G 共用的 COB 封装平台。两款模块总功耗均约 16W，满足数据中心低功耗的要求。加上已经量产的 400G QSFP-DD DR4 和 400G QSFP-DD FR4 光模块，亨通洛克利已经具有完整的高速光模块产品组合，广泛支持数据中心应用。同时，亨通洛克利正在计划开发基于硅光子技术的 800G 光模块，以提高产品的竞争力。

11. 中国移动国际、中国联通国际携手华海通信宣布建设 SEA-H2X 国际海缆使能亚洲互联新时代

2022年5月12日，中国移动国际有限公司（CMI）、中国联通国际有限公司（CUG）、Converge Information and Communications Technology Solutions, Inc.（Converge）以及 PPTEL SEA H2X Sdn. Bhd（PPTEL SEA H2X）共同宣布，计划合作铺设 SEA-H2X 国际海缆系统，为亚洲及全球数字化转型扩容提速。SEA-H2X 由国际海缆联盟成员共同运营，由华海通信技术有限公司（HMN Tech）承建。

SEA-H2X 将连接中国、菲律宾、泰国、马来西亚及新加坡等地，进一步可延伸至越南、柬埔寨以及印度尼西亚，建成后将极大提升亚洲区域内的网络连接性。

SEA-H2X 国际海缆全长将达到 5,000 公里，采用高规格光纤布线，其设计容量高达 160Tbps，新加坡和中国香港两地间线路将采用至少 8 对光纤部署。SEA-H2X 海缆计划于 2024 年投入使用，届时将有效满足亚洲地区对网络带宽和高速连接日益增长的需求，助力共建 5G 演进的网络新生态，为全球数字经济蓬勃发展提供更大助推力。

SEA-H2X 国际海缆由华海通信提供海缆系统的端到端解决方案，包含海缆系统及水上水下设备的设计、生产、建设和施工。该系统应用了先进的 Open Cable 技术，使其可灵活地选择最优的海底线路终端设备（SLTE），达到传输能力最大化。此外，该项目还应用了全球领先的海底线路分支器（BU）和海底线路动态光分插复用器（ROADM），将为 SEA-H2X 海缆系统提供超高的可靠性和光电线路的高灵活性。

华海通信技术有限公司首席执行官毛生江先生表示："我们很荣幸为 SEA-H2X 项目组提供端到端的海缆解决方案，携手全球领先的电信运营商，建设重要的通信基础设施。该项目总长度超过 5,000 公里，应用了全球领先的 Open Cable 技术和超高灵活性的水下设备。建成后，SEA-H2X 海缆系统将有效提高亚洲内部互联的网络能力，为亚洲数字经济蓬勃发展贡献力量，助力客户构建更安全、更智能、更高效的全球网络。"

12. 亨通海洋荣获 2021 年度中国光学工程学会科技进步一等奖

在第二届世界光子大会（AOPC 2021）暨第七届中国光学工程学会科技创新奖颁奖典礼上，亨通两项科技成果获奖：

"超长距大容量深海海底光缆系统关键技术与产业化"项目荣获科技进步一等奖；

"大功率掺镱光纤关键技术及产业化"项目荣获科技进步二等奖。

海底光网系统被誉为通信领域"金字塔的塔尖"；海洋光电传输产品和系统是全球公认的一项技术难度高、产业领域覆盖面广的大型系统工程。本次荣获科技进步一等奖，是亨通海底光缆系统在获得国家制造业单项冠军产品和国家"专精特新小巨人"称号之后，再次获得国家级荣誉及行业肯定！

亨通"超长距大容量深海海底光缆系统关键技术与产业化"项目攻克了关键核心技术，实现了深海通信系统关键技术的自主研制，形成成套装备，为国家构建自主可控安全的海缆通信系统、为实施"海洋强国"战略打下了坚实基础。

随着 5G 技术的不断发展成熟，广连接、高速率、低延时的网络需求对网络底座提出了更高要求。任何关键技术的创新和产业链优化升级都将成为企业竞相追逐的赛场，也是中国通信产业实现弯道超车的关键因素。

亨通海洋以技术创新不断优化产品关键性能指标、完善系统产业链，多项产品技术指标达到国际领先水平；在不断破解"卡脖子"难题的同时，为国家科技强国、海洋强国战略的实施贡献了亨通力量。

13. 中国再次主导 IEC 国际标准

IEC 即国际电工委员会（International Electro technical Commission）英文简称，成立于 1906 年，是世界上成立最早的非政府性国际电工标准化机构，为联合国经社理事会（ECOSOC）的甲级咨询组织，是光纤光缆行业最核心的两大国际标准组织之一。

2021 年，由烽火通信牵头修定的 IEC 60794-1-34《光纤第 1-34 部分：测量方法和试验程序——光纤翘曲》国际标准正式发布。这是继 IEC 60793-1-40《光纤第 1-40 部分：测量方法和试验程序——衰减》和 IEC 60793-1-45《光纤第 1-45 部分：测量方法和试验程序——模场直径》之后，由中国主导的第 3 个光纤光缆试验方法 IEC 标准。

随着社会的飞速发展，人们对光通信的需求与日俱增。光通信网络容量越来越大、速率越来越高，使配套的光纤光缆技术也向高密度、大芯数、大容量方向发展。带状光纤光缆因其芯数大、尺寸小、密度高、可快速接续、便于维护等优点，已成为现代

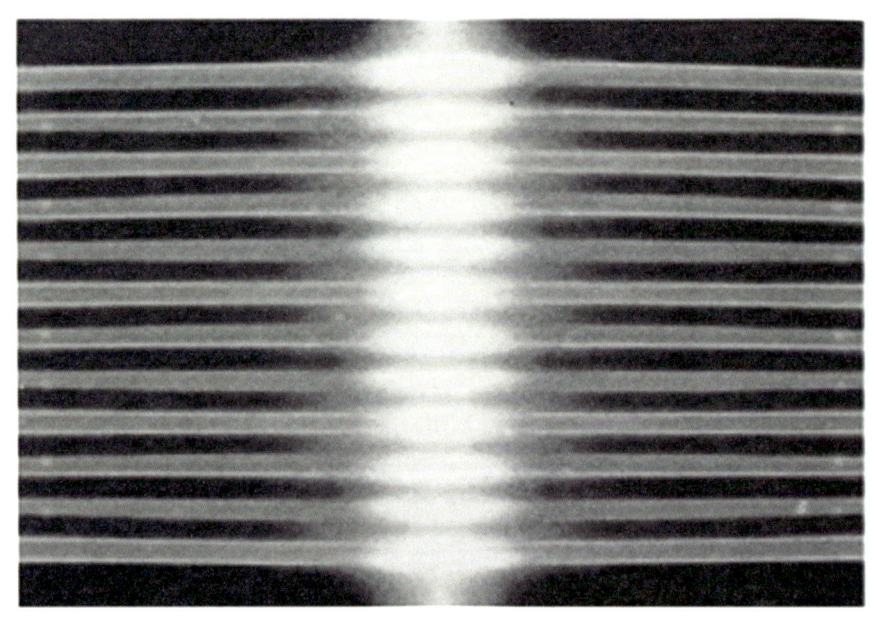

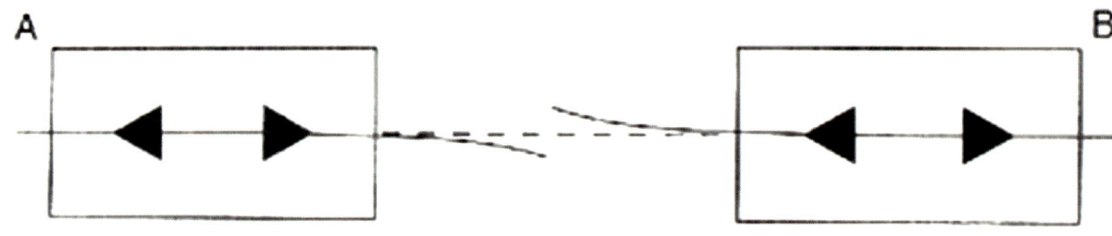

带状光纤对接示意图

大容量光通信传输线路的常用产品。带状光纤在施工时，可一次性同时进行多组光纤的熔接，从而大幅提高效率、缩短施工时间。由于光纤并非完全平直而是具有一定弯曲度（即翘曲度），多组光纤同时接续时容易产生不完全对准的情况，带来的误差将增加光纤通信线路熔接损耗，严重影响光通信质量甚至导致线路不通，因此必须控制光纤翘曲度。

翘曲度测试是有效控制光纤翘曲性能的必要手段，其测试结果为依据光纤检测的数据源取值、利用圆模型拟合公式推导计算而得到。由于原标准中公式推导存在不合理之处，致使计算结果存在一定偏差。本次 IEC 60794-1-34 标准的修订，修正了公式的算法，使测试结果更为准确，也为国内供应商在进行测试设备开发时，提供了更合理的理论依据。

本次 IEC 60794-1-34 标准的发布，意味着我国光纤光缆行业的产品和试验方法标准工作，已经逐步摆脱由国外完全主导的局面，在国际上的话语权和影响力进一步扩大。未来，烽火也将与国内同行紧密合作、不懈努力，为世界光通信产品的标准化工作继续贡献中国力量。

14. 烽火荣获 2021 年中电元协科技进步奖二等奖

2021 年年底，中国电子元件行业协会（简称中电元协）公布了"2021 年中国电子元件协会科学技术奖"获奖名单，由烽火通信牵头申报的"多场景用大芯数、高可靠长寿命光纤光缆及成套装置关键技术"获得科技进步奖二等奖。

随着 5G 新基建、工业互联网等技术的快速发展，诸多特殊新场景及其衍生环境的信息传递需要光纤光缆作为介质；但由于环境特殊，普通光纤光缆难以保障。例如，普通光缆的使用温度最高为 70℃，而高温场景如高压变电站、煤矿、油井等，要求光缆使用温度达 120℃甚至更高，且阻燃耐火性能远高于通常光缆；高辐射场景如医疗检

测场所等，常规光纤受辐照影响产生"色心"缺陷，无法保证正常光通信；长期耐疲劳场景如射电望远镜用反复运动型光缆，动态反复弯曲次数要求高达 6.6 万次以上，而常规光缆仅为 0.1 万次。特殊场景用光缆，由于使用环境各异、要求高且特殊，因而技术开发难度大，绝大部分产品长期被欧美少数国际巨头企业垄断。

烽火自 2009 年开始多场景高可靠长寿命光纤光缆项目的布局，经数年攻关，围绕关键工艺、核心装备和产品开发等关键技术创新，相继在光纤掺杂、光缆材料及结构设计方案、寿命模型及在线测试平台等高端领域取得以下突破：

（1）解决了高温环境下光缆的材料老化及子单元粘连难题，将光缆的耐高温性能从 70℃提升至 120℃以上，产品寿命可达 60 年，达到国际水平；

（2）针对光纤本征缺陷问题，提出氟硅光纤设计方案，采用 PCVD 深掺氟工艺，实现了国内先进的耐辐照光纤和超强抗弯光纤及国际先进水平的耐辐照 1E 级光缆；

（3）研制出耐 10 万次反复弯曲、扭转等复合工况的抗疲劳动光缆，将光缆从静态使用范围拓展到动态应用的全新领域。

项目获授权发明专利 15 项，其中 PCT 专利 4 项，授权国家包括美国、欧洲、俄罗斯等；提交国际标准文稿 3 篇，主持起草了光纤伽玛辐照试验等 5 项国家标准，引领了行业发展方向。

截至目前，烽火多场景用大芯数、高可靠长寿命光纤光缆产品已满足了我国部分前沿科学和重大项目的需求，形成了规模应用。例如，国家大科学工程——500 米口径球面射电望远镜（FAST）项目中，烽火动光缆作为随望远镜"眼球"不断往复运动的"视神经"，历经风吹、雨淋、紫外辐照等恶劣自然环境考验，从 2016 年开始使用，至今依然稳定维持着海量数据传输；在国家科技重大专项——大型先进压水堆项目中，烽火耐辐照光纤光缆实现了不同辐照环境下的光信号稳定传输，经权威部门认证，产品具有完全自主知识产权，性能达国际先进水平，具有较好的社会、经济效益和广泛的推广应用前景。

烽火的多场景高可靠长寿命光纤光缆项目，形成了集光纤技术、光缆工艺及成套装置开发到前沿高端光缆产品于一体的产业化平台，满足了我国高温、辐射、长期耐疲劳等多场景用高可靠光纤光缆关键核心技术的前沿需求，支撑了 5G 新基建相关产业的发展，实现了上下游全产业链自主化；产品不仅在国内广泛应用，还远销海外市场。未来，烽火将持续服务国家战略需求，不断在重大科技领域努力创新，服务人民和社会，持续为我国信息产业发展贡献力量。

15. 中国电信再次携手烽火建设 G.654E 超高速骨干网

2022 年 4 月，中国电信 2022 年干线光缆建设工程（第一批）光缆及配套采购项目 G.654E 干线光缆标包的中标结果出炉，烽火通信中标武汉—长沙—广州光缆建设工程项目，这是继国内首条全 G.654E 陆地干线光缆项目——"中国电信 2017 年上海—广州干线光缆线路工程"后，双方再次携手建设 G.654E 超高速骨干网项目。

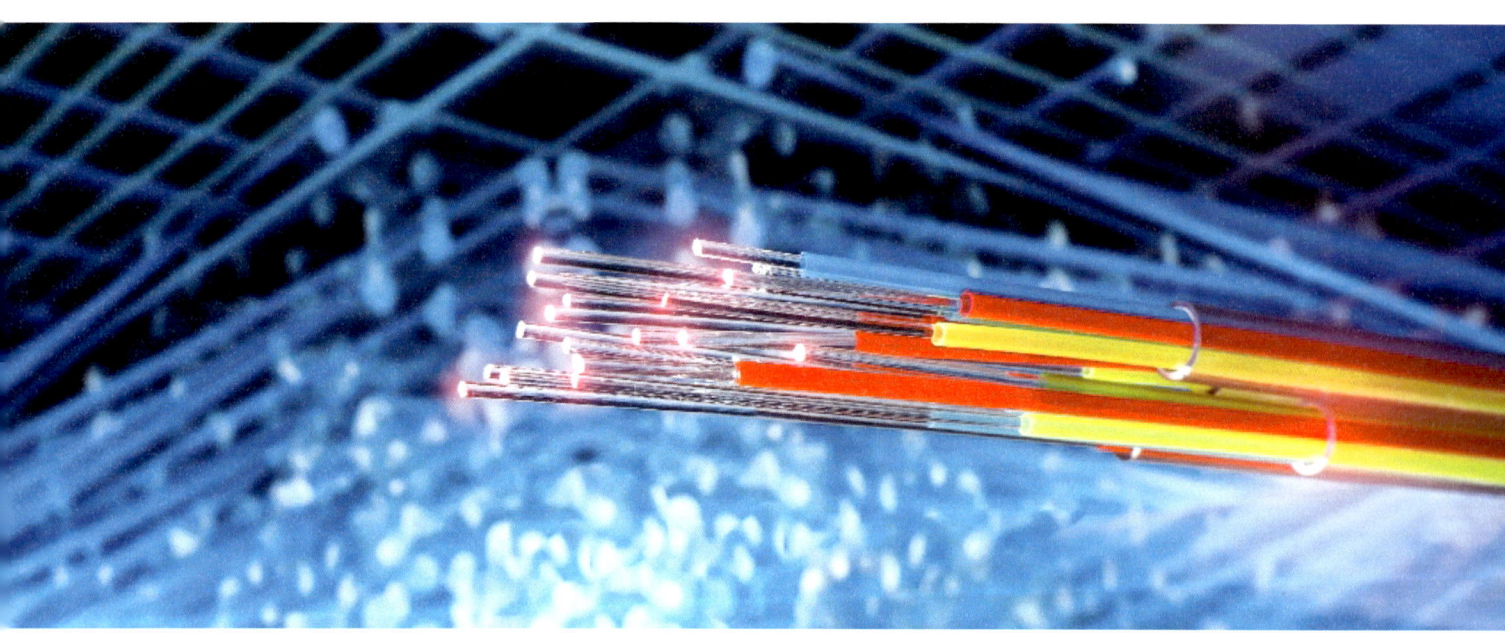

目前，G.652 光纤是通信长途干线中所使用的主流光纤，其占比超过 95%。随着全球互联网流量快速持续增长、海量 5G 设备互联并以视频业务为主的迅猛发展，信息传输不断朝更大容量、更高速率、更长中继与传输距离方向迈进，传统的 G.652 光纤已逐渐无法满足通信干线需求，特别是在 400G 甚至更高级别的通信系统中，其非线性效应和链路损耗成为主要限制因素；而新型的 G.654E 光纤因具有超大有效面积、超低损耗、超强抗弯性能成为超高速骨干传送网的新选择。2021 年 9 月 17 日，全长 1970km

的中国电信上海—广州的 G.654E 项目工程正式建成，在测试阶段 400G 系统实现了全程无电中继传输，推动了 G.654E 产业链的成熟发展，引领骨干网从 G.652 时代迈入 G.654E 时代，对建设绿色低碳全光网络具有积极重要的示范意义。本次中国电信继续携手烽火建设 G.654E 长途干线项目，将进一步推进全光网络建设。

近年来，经过运营商、研究机构、企业以及行业机构的共同努力，中国的 G.654E 产业链条已日趋完善，核心技术已达到国际先进水平，在产品标准、商业应用、知识产权等方面成果显著。2015 年，烽火参与了中国联通在新疆哈密、山东青岛同步开展的低损耗大有效面积光纤光缆陆地试验网工程，验证了新型光纤传输能力的提升和不同地区的普适性；2017 年，烽火利用独创的 VAD+PCVD+OVD 三步法开发出超低损耗大有效面积光纤；2018 年 1 月，光纤通信技术和网络国家重点实验室组织对烽火的超低损耗光纤进行网络系统验证试验，结果与普通单模光纤相比，传输距离提升超过 50%；2019 年 9 月，烽火中标中国电信上海—广州干线光缆项目（上海、浙江段），同年 12 月，又中标中国联通干线光缆项目，携手中国联通建设北京—上海、天津—淄博、蒙阴—连云港 G.654E 长途传输网项目。

随着国内骨干线路向全光网的深化发展，G.654E 必将逐步迎来需求高峰。秉承"最大限度挖掘数字连接价值，造福人类社会"的使命，烽火也将继续创新，持续加大研发投入，继续深挖光纤潜力，为我国和全球光通信网络的发展建设做出新的贡献。

16. 烽火助力菲律宾群岛海底通信网络建设

2022年5月26日，烽火自有海缆施工船"丰华21"轮在菲律宾锡亚高岛（Siargao）北部顺利完成海底光缆的登陆施工，标志着烽火圆满完成"菲律宾 PLDT DSCPA2 海缆项目"中第二批总长为230km 的5段路由的施工交付。

当天，烽火携手 PLDT&Smart、锡亚高政府在锡亚高登陆站点举行了隆重的庆典。典礼上，PLDT&Smart 的 Deputy Network Head SANTIAGO、Roderick S. 先生和规划部 First Vice President BELICENA、Patrick E. 先生分别发表讲话，对烽火在项目中取得的进展表示了肯定，也对烽火提供的优质、高效海洋网络总包服务表示赞赏；锡亚高政府对 PLDT&Smart 及烽火为当地通信建设所做的工作表示由衷的感谢，认为该项目将大幅提升当地的数字通信，带动就业并推动当地的经济发展。随后，PLDT&Smart 代表登上"丰华21"轮进行参观。

PLDT&Smart Deputy Network Head SANTIAGO、Roderick S. 携规划部高层同锡亚高当地政府代表为海缆登陆活动剪彩

烽火海缆 EPC 总包项目，涉及海洋路由近 20 段，连接岛屿 10 余个，登陆站点近 30 个，建成后的通信骨干网络将覆盖菲律宾全境岛群大部分区域。

烽火海洋产业依托烽火通信在光通信全产业链的能力，已成为集岸端传输设备、水下系统设备、海底光缆、核心器件全系列研发设计与生产制造能力于一体的，具有自主知识产权的海洋网络系统供应及总包集成商，可提供仿真设计、桌面研究、海洋勘察、准证办理、产品供货、安装施工、维护支持七大服务。

"丰华 21"轮是中国广东省第一艘用于海底光缆信通工程施工的铺设船，该铺缆船排水量近 7000 吨，配置了技术先进的 DP2 动力定位系统，配有国内领先的 A 架起重机、海底埋设犁、双通道线性铺缆机，以及 Makailay 软件系统等专业化装备和软件系统，可进行高精度埋设和深海埋设作业。

依托自主知识产权和研发技术实力，以及国际化多场景的项目实践，烽火海洋将继续迈向下一个征程，深化与全球产业价值链的互利合作，在建设全球海洋网络之路上扬帆远航。

17. 崇州智能大厦正式投入运行

2022年6月1日，由四川汇源世纪智能科技有限公司投资建设的崇州智能大厦正式投入运行。为庆祝智能大厦正式投运，汇源塑料光纤与崇州中山小学在智能大厦举行了以"快乐童心、启程智能新时代"为主题的庆六一活动，让孩子们亲身体验了智能大厦智能音影大厅的震撼效果！

崇州智能大厦位于崇州市世纪大道与唐安路交叉口，大厦占地10余亩，总投资2亿元，按照甲级写字楼标准建设和打造，总建筑面积超4万平方米，总体建筑高度88米，包括19层地面建筑及1层地下空间，是目前崇州工业建筑高度第一高楼。

崇州智能大厦主要定位于服务智能制造、电子信息、大数据产业以及工业服务业等高端新经济产业,着力打造"家居＋家电＋智能网联＋健康美学"融合创新的未来生活科创空间,配备了人脸识别、智能办公、智能无人停车系统、能源智能管理等设备,特别是配置的三菱智能电梯采用了人工智能控制系统,根据人群需要到达的楼层,为工作人员自动匹配最佳的电梯,大大减少了上下楼层的时间,提高了电梯的运行效率。

崇州智能大厦为入驻企业提供了全流程的智能办公服务，配备了高端会议室、智能音影视培训教室。目前入驻的企业主要有：致力培养创新性人才的崇州市人才学院、力丸科技等新经济企业。

四川汇源依托智能大厦、塑料光纤制备与应用国家地方联合工程实验室，引进培育塑料光纤、光缆、光器件应用和研发、生产、销售的创新企业；围绕产业链两端提升，引进培育 5G 应用、AI、AR、VR 等新经济项目。引入项目将对塑料光纤通信链路配套产品及系统的全面国产化、实现替代进口起到积极的推动作用，将使国产工控智能塑料光纤通信链路产品最终打破国外垄断、走向世界，为崇州地方经济发展做出贡献。

18. 乘风破浪中的激光光纤

被誉为"21世纪激光技术"的光纤激光器,是发展新一代激光智能制造技术的关键;而作为光纤激光器"心脏"部分的有源光纤,因其制备工艺复杂,目前国内少有生产厂家能够突破它的技术难关,形成商用的稳定产品。自2017年起,法尔胜为积极响应国家创新规划及中国制造发展战略、加快光纤激光器核心部件的国产化步伐,开启了中高功率光纤激光器用有源光纤重点研发项目,并于2019年实现了批量化生产,满足了国内激光器厂家的需求。

随着国内激光器技术的快速发展,对激光器单纤功率的要求不断提升。为继续攻克光纤激光器单纤功率低的技术难关,在公司团队共同努力下,2021年研发取得了重大创新性成果:①更新迭代有源光纤产品,目前法尔胜20/400有源光纤单纤激光功率可达3000W,25/400有源光纤单纤激光功率可达5000W;②实现了中高功率掺镱有源光纤的产业化,每年完成近千公里的销售;③开发了有源光纤及无源匹配光纤系列化产品;④开发了20/400、25/400掺镱保偏有源光纤,经过国内多家科研院所验证,光纤产品性能与同类进口光纤一致;⑤成功申请并承担了ZFB替代项目《某型号掺铒有源光纤的研发》。

未来,公司团队将对产品进行进一步优化升级,力争使单纤激光功率能达到万瓦量级,继续扩充有源光纤系列产品,积极研发其他掺稀土(掺铥、掺钬等)有源光纤、掺稀土微结构光纤等,加快光纤激光器核心部件的国产化步伐。

19. 携手并进，加速综合性国企智慧化转型——腾讯云、特发集团、特发信息达成三方战略合作协议

2021年4月，特发集团、特发信息与腾讯云在特发信息港举行了战略合作协议签约仪式。本次战略合作，三方将依托各自资源、技术优势和建设经验，围绕数据新基建、建设科技赋能产业发展的数字化企业模式，建立大数据平台，在云计算、数据中心等领域开展产业生态合作，共同推动企业数字化和智慧化转型。

20. 特发信息盛装亮相第 23 届中国高速公路信息化大会

2021 年 4 月 22 日，第 23 届中国高速公路信息化大会暨技术产品展示会在苏州国际博览中心隆重开幕，千年古城苏州迎来备受瞩目的交通盛宴。特发信息聚焦 5G、物联网、云计算等与交通运输的深度融合，以"赋能智慧高速，共享信息交通"为主题盛装亮相本次大会，推出公路综合监测解决方案、隧道综合监测解决方案、公路地表沉降监测解决方案、数据中心解决方案、全光网络解决方案、一站式微数据中心、"智慧公路+"特种光缆等多样化产品和解决方案，集中展示特发信息在智慧公路、数据中心、5G 全联接等领域的规划设计、建设服务能力和综合技术实力。

21. 特发信息 5G 前传 WDM 系列解决方案入选《人民邮电报》"5G 技术创新"案例

近年来，我国 5G 规模商用如火如荼地展开，新基建加持的 5G 正在驶向发展的快车道。为加速 5G 领跑新基建，赋能行业数字化转型，2021 年 5 月 17 日，《人民邮电》5·17 典型示范案例征集正式揭晓，特发信息 5G 前传 WDM 系列解决方案荣获"5·17 典型示范案例——5G 技术创新"奖。

特发信息 5G 前传 WDM 系列解决方案包括无源 WDM 解决方案、半有源 L/C/MWDM 解决方案等，采用光纤波分复用技术，使用 1 芯或 2 芯光纤承载多路独立业务传输，有效提升了光纤的传输容量、提高了光纤资源的利用效率，充分节省了光纤资源；提供 eCPRI 的大带宽、低时延、高速率的数据传输，兼容多场景下的无线设备，满足运营商基站建设的多种方案需求，对加速 5G 网络部署具有重要价值。

22. 云媒共融 智领 5G | 特发信息精彩绽放 CCBN 2021

2021年5月28日，以"智慧全媒体，5G新视听"为主题的第二十八届中国国际广播电视信息网络展览会（CCBN 2021）在北京·中国国际展览中心（静安庄馆）盛大开幕。本届 CCBN 吸引了来自30个国家及地区的超过1000家企业及机构参展，全方位、多维度地展示了广播电视科技领域与移动通信领域融合创新的技术成果。

特发信息以"云媒共融，智领5G"为主题参展，聚焦智慧广电、广电5G网络建设、媒体融合、云计算与大数据、物联网等方面，展示了智能机顶盒、智能网关、智能投影仪等品类丰富的智能终端产品及5G前传WDM系列解决方案、数据中心解决方案、新型智能防外力破坏在线监测系统等多元解决方案，旨在打造深度契合广电业务发展创新需要的产业链，加速广电700MHz建设，助力广电行业高质量融合转型。

23. 风雨同行 共克时艰 | 特发信息紧急调配万芯光缆驰援河南灾区

2021年7月下旬，特大暴雨造成河南省多地区通信基站大面积停电，多条通信光缆受损。灾情牵动人心，救援迫在眉睫。特发信息快速反应召开紧急会议，部署安排驰援河南防汛救灾工作。通过紧急调配，特发信息从山东、重庆、广东生产基地调拨多批次抢险救灾光缆，驰援河南受灾地区。同时迅速组织力量，排产排单，确保后续河南区域订单的优先生产和运输，为保障河南通信线路畅通贡献了一份力量。

24. 特发信息携七大主题解决方案及产品精彩亮相深圳光博会

2021年9月16日，第23届中国国际光电博览会（CIOE 2021）在深圳国际会展中心盛大开幕。作为国内具有规模及影响力的光电产业综合性展会，此次CIOE深圳光博会展示面积达16万平方米，参展企业超3000家，吸引了众多行业内外专业人士的参与和关注。

特发信息携5G承载、下一代智能数据中心、光模块、智能电网、智慧终端、全光网络、物联网在线监测等7大主题解决方案及产品精彩亮相，面向光电及通信应用领域多维度展示了特发信息的创新技术及综合解决方案。

25. 中老铁路正式通车！特发信息助力"一带一路"重点工程建设

2021年12月3日，中国、老挝两国元首通过视频连线共同出席中老铁路通车仪式，随着两国领导人共同下达"发车"指令，中方及老方客运列车同时从昆明和万象发车，作为"一带一路"和中老友谊标志性的中老铁路全线开通运营。特发信息为此工程的供电项目提供了光缆产品。本次特发信息供应光缆约500km，分为国内段和国外段，产品出厂检验、客户到货检测和第三方抽样检验均100%合格。

中老铁路是我国"一带一路"倡议与老挝"变陆锁国为陆联国"战略对接的重要项目，也是"一带一路"倡议提出后，首条全线采用中国标准、使用中国设备的国际铁路。对此，特发信息高度重视，将"以质量为生命线，满足客户需求"的理念贯穿于订单执行过程中：在订单下达阶段，多次召开订单评审，逐条解读技术协议，并制定专用的订单质量策划，对该订单的人、机、法、环、测各环节实行定制管控；在启动生

产阶段,每次生产前均召开生产启动会,对订单的管控重点再次重审,做到各岗位会操作、懂要求、明职责;在产品发货阶段,安排专线物流进行点对点运输;在现场施工阶段,安排专业的工程技术人员进行现场工程服务,保证光缆的到货质量和施工熔接质量。最终按时、保质、保量完成了订单生产和现场施工技术支持。

26. 特发信息获 2021 年度全国企业标准"领跑者"证书

2022 年 1 月 18 日，以"领跑标准·领跑产品·领跑企业·领跑品牌"为主题的 2021 年度全国企业标准"领跑者"会议在广东清远举行。此次大会由中国技术经济学会、广东省连接器协会、广东省线缆协会联合主办，国内各知名电线电缆、光纤光缆、设备及材料等企业共 50 余名专家出席会议。特发信息光网科技公司作为"室内光缆团体标准"的第一起草单位，应邀参加此次"领跑者"会议。

会上公布了企业标准"领跑者"名单，特发信息光网科技公司的《室内光缆系列第 8 部分：高性能多芯室内光缆》获得企业标准"领跑者"证书。

国家重点实验室

区域光纤通信网与新型光通信系统国家重点实验室
State Key Laboratory of Advanced Optical Communication Systems & Networks

实验室主任：何祖源

上海交通大学讲席教授、电子工程系主任。国家特聘专家，日本东京大学博士，原任东京大学教授。2013～2018年任区域光纤通信网与新型光通信系统国家重点实验室主任，现任实验室上海实验区主任。主要研究领域为光传感与光互连。

学术委员会主任：李儒新

光学专家、中国科学院院士。中科院上海光学精密机械研究所研究员。主要从事超高峰值功率超短脉冲激光与强场激光物理研究，曾获国家自然科学二等奖、国家科技进步一等奖。曾任上海光学精密机械研究所所长、强场激光物理国家重点实验室主任。

作为我国第一个光纤通信国家重点实验室，自1989年6月批准成立以来，致力于光通信与光电子相关领域的基础研究和应用研究，开展原创性核心技术攻关，为国家光通信领域的科技发展和基础设施建设提供核心技术支撑和示范引领。为国内外光通信及光电子领域最重要的研究机构之一。

上海实验区现有固定研究人员53名，其中正高级人员32名，45岁以下科研骨干人员占56%。实验室拥有国家特聘专家1人、中组部"万人计划"1人、国家青年特聘专家5人、教育部长江特聘教授1人、青年长江学者2人、杰出青年基金获得者3名、优秀青年基金获得者4名等一大批高层次科研人才。

主要科研成果

近5年来，本实验区共承担各类科研项目313项，科研经费累计到款2.4亿元，其中国家级项目和课题137项，包括国家自然科学基金重大项目1项、重大科研仪器研制项目4项、重点项目15项、优秀青年科学基金项目4项、重点国际合作项目1项、国家重点研发计划项目和课题18项、"973"计划项目和课题2项、"863"计划项目和课题2项；省部级项目52项，横向项目96项。

2015～2019年间，本实验区共发表期刊论文1 274篇，其中SCI收录论文927

篇；在 Nature Photonics、Light: Science & Applications、Optica、Physical Review Letters、Advanced Materials、Optics Letters、Journal of Lightwave Technology 等本领域一流国际期刊上发表论文363篇。在国际学术会议上发表论文437篇，其中特邀报告227篇。获得授权发明专利178项、实用新型专利18项、国际专利8项、软件证书2项。

主要研究方向
- 光传输
- 光网络
- 光电子集成
- 光传感与信号处理
- 光子学前沿

代表性研究成果

1.逼近香农极限的相干光传输调制技术

提出一种基于开行二分结构实现概率整形的方法，有望在实际系统中大幅降低概率整形实现算法的复杂度和时延，支撑相干光通信系统进一步逼近香农理论极限。该成果获得2020年OFC会议康宁杰出学生论文大奖（中国高校首次）。

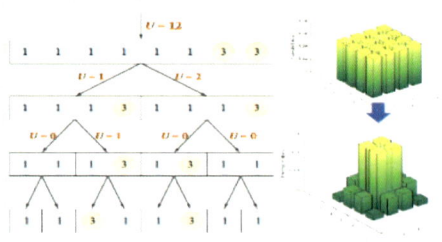

2.超长距离大范围高精度光纤时间传递

提出"双向时分同纤同波时间传递"方法，原理上解决了高精度与长距离时间传递相互制约的难题。在实验室环境下，传递距离已经突破13 200公里，远超国际上报道的最长传输距离，核心技术指标处于国际领先水平。

3. 大规模可调硅基光延迟线

提出超薄硅波导结构抑制侧壁散射损耗，利用载流子吸收效应克服硅基光开关有限消光比带来的串扰问题，首次在硅基光电子集成平台上实现了纳秒量级的 7 比特光延迟线，为全光交换和光控相控阵雷达发展奠定了重要技术基础。入选 2017 年中国光学十大进展。

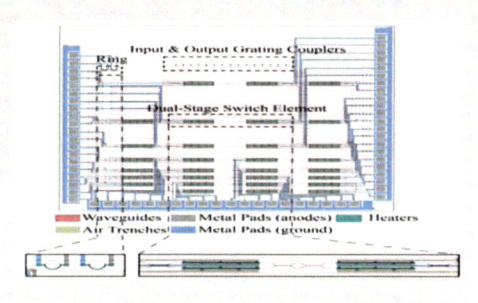

4. 超快光纤激光器智能锁模技术

提出光纤激光器智能锁模技术，突破超快光纤激光器稳定性和可重复性的技术瓶颈，入选美国光学学会 2019 年度光学进展（"Optics in 2019"）及 2019 中国光学十大进展。

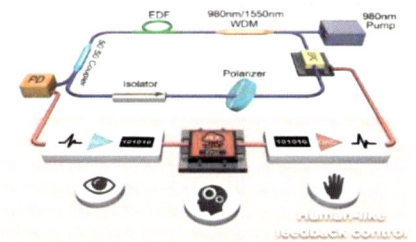

5. 高性能分布式光纤声波传感器技术

攻克了分布式声波传感器在传感距离、空间分辨率、响应频率、可靠性等方面的一系列世界难题，相关成果获得美国光学学会优秀论文奖和多项国际专利授权，并实现向国外技术转让及在油气、安防等行业的产业化应用。

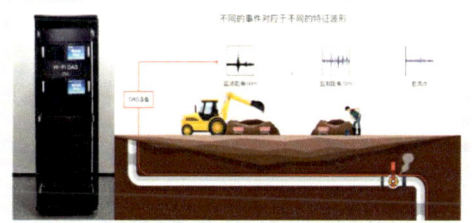

6. 宽带微波光子信号处理关键技术及应用

针对雷达看得更清的发展需求，发明了微波光子宽带信号测量、收发和调控方法，在多种平台的雷达中进行应用验证，为新型雷达创新发展做出了重要贡献，获 2019 年上海市技术发明一等奖。

光纤通信技术和网络国家重点实验室
State Key Laboratory of Optical Communication Technologies and Networks

实验室主任：余少华
教授级高级工程师
中国工程院院士
中国信息通信科技集团有
限公司总工程师

学术委员会主任：赵梓森
教授级高级工程师
中国工程院院士
IEEE Fellow

光纤通信技术和网络国家重点实验室是2008年4月国家科技部首批批准筹建的企业国家重点实验室之一，依托单位是中国信息通信科技集团武汉邮电科学研究院有限公司。2010年7月正式通过科技部的验收，是目前国际上唯一同时对光通信系统、光纤光缆、光电器件等三大主体技术方向进行系列研究的研究基地。2017年信息领域首次企业级国家重点实验室评估中，被评为优秀实验室。

人员队伍

光纤通信技术和网络国家重点实验室目前拥有一支以中国工程院余少华院士与赵梓森院士为首、年龄结构合理、专业搭配得当的172人的研究队伍，其中中国工程院院士2名、"973"首席科学家1名、"百千万人才工程"国家级人选1名、全国杰出专业技术人才1名、全国优秀科技工作者2名、国家级杰出工程师1名、湖北省最高科学技术奖获得者2名、中国青年科技奖获得者4名、享受国务院政府特殊津贴者10名、中国工程院光华工程科技奖获得者1名。在4个研究方向上共有32名学术带头人，人才梯队包括研究人员、技术人员和管理人员，其中研究人员比例占90%以上，40岁以下研究骨干比例超30%，是各研究方向技术攻关的中坚力量。

研究方向

实验室确定的四个重点研究方向包括：

1. 光网络和光接入技术。重点开展超高速超大容量超长距离光传输技术（3U光传输）、智能光网络、高速光接入等研究。

2. 光纤光缆技术。重点开展新型、特种光纤光缆、光纤预制棒装备及工艺技术、光子晶体光纤等研究。

3. 光电子技术。重点开展光通信系统及光模块用集成电路、光无源/有源芯片、器件及集成工艺技术等研究。

4. 应用基础和前沿技术。重点开展新型高速光传输技术、新型材料芯片、器件研制，应对未来多样发展应用的新型棒纤缆技术以及多学科光通信领域融合应用的前沿技术等研究。

主要科研成果

成立以来，实验室共承担了 100 余项国家"973""863"和国家重点研发计划等科研项目（课题），先后获得包括国家技术发明二等奖在内的省部级以上科技奖励 20 余项；共申请专利 1562 项，授权发明专利 985 项；获得全国信息产业重大技术发明 3 项、中国专利金奖 1 项、中国专利优秀奖 5 项；发表论文 260 篇，其中 SCI 收录 78 篇、EI 收录 130 篇、影响因子超过 3 的 28 篇、OFC/ECOC 光通信国际顶级会议文章 52 篇，在国内出版专著 3 部；牵头起草标准 125 项，其中国际标准 5 项、国家标准 15 项、行业标准 105 项，参与起草标准 200 余项。面向科技发展前沿和国家战略发展需求，在 3U 光传输、硅基光电集成等宽带高端光电子芯片及器件、新型光纤光缆和海缆工程等方面取得了丰硕的成果，夯实了我国在该领域的话语权。核心技术突破对依托单位起到了很好的引领带动作用，相当一部分科技成果已成功在依托单位下属企业转化为产品，产品已出口全球 90 余个国家和地区；助力依托单位在光传输设备领域全球市场份额排名前五、光接入设备领域全球市场份额排名前四、光电器件全球市场份额排名前三、光纤光缆全球市场份额排名前四。

2019 年科研情况

➤ 超 20Mrad/s 偏振跟踪超长跨距光传输系统

为解决闪电雷击造成电网超长跨距光通信系统闪断的问题，提出了基于 Jones 矩阵的快速偏振态补偿算法，实现了偏振态跟踪速率超 20Mrad/s 的 10G 超长跨距光传输系统，保障了雷雨天电网超长跨光通信系统稳定运行；目前该技术已成功应用在光迅公司的超长跨距光通信产品中。

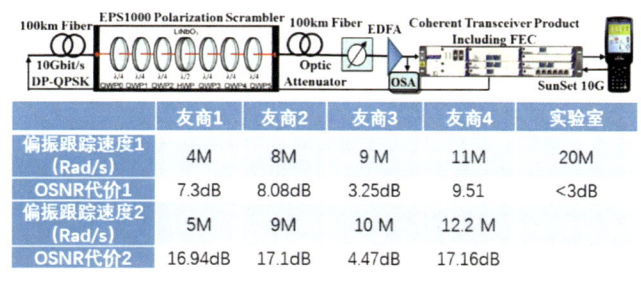

➢ 超 200G 高速铌酸锂调制器

基于 56GHz 带宽的 $LiNbO_3$ 薄膜行波调制器，结合自主开发的奈奎斯特整形和自适应均衡算法，成功演示了单通道 120Gb/s NRZ 和 220Gb/s PAM4 高速光信号的产生，实现了目前国际上基于 $LiNbO_3$ 材料的最高调制速率（中国境内光芯片领域首篇 ECOC PDP 论文）。

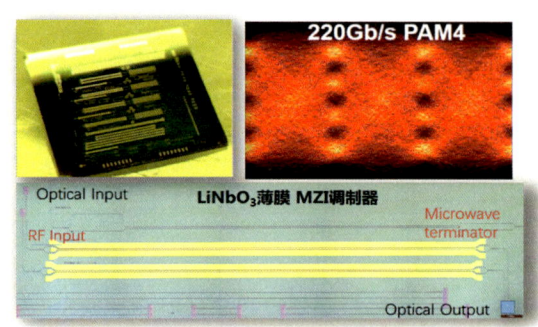

➢ 新学材料、新物理机制重要进展

空间-频率复用型光学超材料
ACS Nano (IF=13.9)

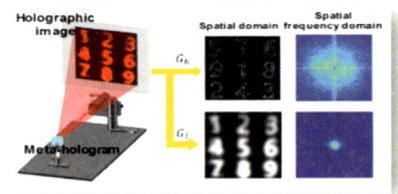

二维材料中的表面极子激发机制
Carbon (IF=7.47)

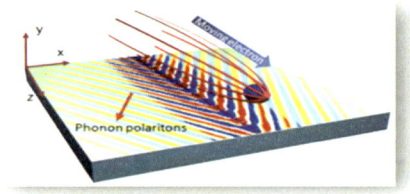

新型PAM4光电集成芯片架构
集成电路顶刊 *IEEE JSSC*
［IF=5.17，国内累计仅40篇（不包括港澳台地区数据）］

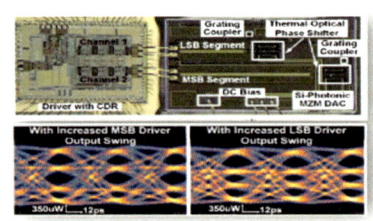

集成光电子学国家重点实验室吉林大学实验区
State Key Laboratory of Integrated Optoelectronics, JLU Region

实验室主任：卢革宇
教授
国家杰出青年基金获得者
教育部创新团队负责人

学术委员会主任：黄永箴
研究员
国家杰出青年基金获得者
国家重点研发计划首席科学家

集成光电子学国家重点实验室成立于1987年，1991年正式对外开放，现由吉林大学和中科院半导体所两个实验区联合组成。在1994年、2004年国家重点实验室建立10周年以及20周年总结表彰大会上，被评为"国家重点实验室先进集体"，并获"金牛奖"。在2002年、2007年、2012年信息领域国家重点实验室评估中，连续3次被评为优秀实验室，2017年被评为良好实验室。

人员队伍

集成光电子学国家重点实验室吉林大学实验区现有固定人员35人，其中正高级职称33人、副高级职称2人；研究人员33人，管理人员1人，技术人员1人；拥有博士学位者32人。

实验区高度重视人才队伍建设，现拥有国家高层次人才特殊支持计划入选者2人、青年项目1人，国家杰出青年科学基金获得者6人，科技部中青年科技创新领军人才1人，国家优秀青年科学基金获得者6人，中科院"百人计划"1人，教育部新世纪优秀人才10人；吉林省长白山学者特聘教授3人，香江学者3人；教育部创新团队1个，科技部重点领域创新团队1个。

2015～2019年期间，实验区培养博士研究生148人，硕士研究生377人。获国家级学会优秀博士论文优秀奖9人次、提名奖3人次，省级优秀博士论文获奖9人次；获国家级学会优秀硕士论文优秀奖3人次，省级优秀硕士论文获奖12人次；获国家奖学金奖励72人次，宝钢、CASC、华为、三星、苏州工业园等各类社会奖学金35人次。

研究方向

实验区重点研究基于半导体光电子材料、有机光电子材料、微纳光电子材料的各种新型光电子器件以及光子集成器件和芯片,研究上述器件及芯片在光纤通信系统与网络、信息处理与显示中的应用技术,主要研究方向有:

1. 高速及特殊应用光电子集成器件
2. 硅基光子学及光子器件集成
3. 光电器件物理及微纳集成新工艺
4. 微纳光电子与光电集成芯片
5. 光电集成新材料和新器件

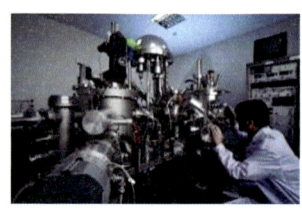
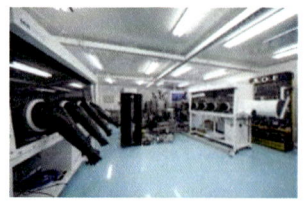
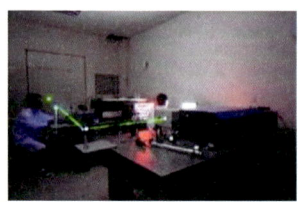
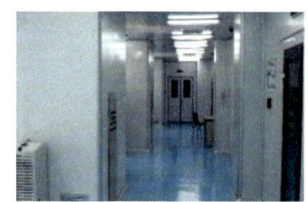

主要科研成果

2015～2019年期间,吉林大学实验区共承担各类科研项目231项,科研经费累计到款1.4亿元,其中国家级项目或课题126项,包括国家自然科学基金重大项目1项、重大科研仪器研制项目6项、重点项目12项、杰出青年科学基金项目4项、重点国际合作项目3项、优秀青年科学基金项目7项,国家重点研发计划项目或课题14项,"973"计划项目或课题7项,"863"计划项目或课题2项,省部级项目55项,横向项目31项。

2015～2019年期间,吉林大学实验区共发表论文1 995篇,包括以第一单位发表高水平论文1 488篇,其中影响因子大于10.0的文章54篇、大于6.0的文章260篇、大于3.0的文章771篇。实验区获得吉林省科学技术一等奖5项(每年1项);获得授权发明型专利189项,授权实用新型专利10项。

承担国家重大科技项目情况

类别	项目名称	执行期	负责人	合同金额（万元）
基金委重大项目	飞秒激光直写真三维结构拓扑与玻色采样	2016.01～2020.12	孙洪波	1 977.5
国家重点研发计划	多层交叉结构的光子集成芯片	2020.01～2022.12	张大明	2 716
国家重点研发计划	典型硬脆构件的超快激光精密制造技术及装备	2017.07～2021.06	陈岐岱	1 801
国家重点研发计划	光电子集成全固态激光雷达系统关键技术的合作研究	2017.09～2020.08	宋俊峰	675
国家重点研发计划	分等级结构半导体氧化物的可控制备及功能改性	2016.07～2019.06	孙　鹏	132

➢ 基金委重大项目：飞秒激光直写真三维结构拓扑与玻色采样

本项目通过研究飞秒脉冲非线性传输和界面失配造成的点扩展函数畸变过程等关键技术，建立国际领先的飞秒直写工艺平台，实现了复杂截面片上波导、片上任意波片及超低双折射波导、动态可调光芯片、极低损耗波导的制备，实现了定向耦合器高精细调控的目标；激光打印片上三维聚合物基跳线和光波导阵列拓扑结构等系列先进器件，为量子信息技术在芯片化集成方面奠定了基础。

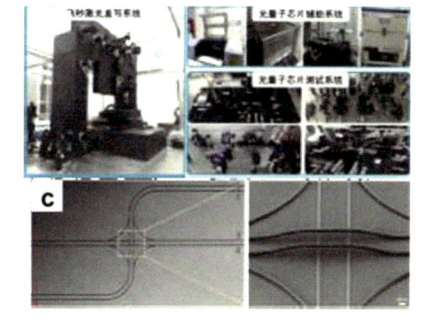

➢ 国家重点研发计划：多层交叉结构的光子集成芯片

本项目对CMOS兼容的多层可快速重构交叉硅光集成芯片开展系统研究，通过解决任意层间高效、低串扰波导耦合、层内低损及高迁移率相互矛盾制约下的可多层集成硅薄膜制备技术、多参量约束下三维光交叉连接的协同优化、大规模三维可重构光交叉模块中光端口高效耦合及电端口引线协同封装和高效测试等关键问题，研制成功多层交叉结构的光子集成芯片。

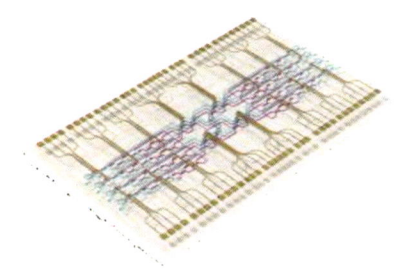

➢ 国家重点研发计划：典型硬脆构件的超快激光精密制造技术及装备

本项目开展石英玻璃、蓝宝石和金刚石等材料的超快激光精密加工技术和装备的系列研究。通过探索飞秒激光诱导硬脆材料的多光子电离和雪崩电离机制，在不同的材料表面实现了微米到亚20纳米尺度的结构大面积快速制备。开发了激光"超净"隐形切割、硅材料激光精细去除以及碳化硅内部微导通孔超快激光加工的技术和工艺；研发了具有自主知识产权的典型硬脆材料超快激光高效制造装备。

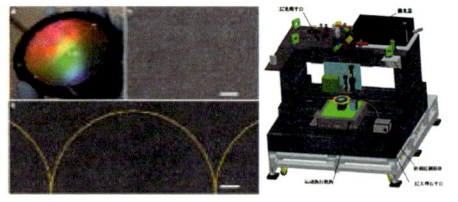

➢ 国家重点研发计划：光电子集成全固态激光雷达系统关键技术的合作研究

本项目针对光学相控阵横向旁瓣的问题，提出了非等间距波导阵列的设计方法，理论上可以实现180度内无旁瓣的窄发散角扫描；其次，针对纵向扫描角度小的问题，提出多个光学相控阵的集成，实现了50nm波长范围内纵向扫描28.5度，同时该结构可以实现单波长单芯片、4线和8线的扫描功能；再次，提出单芯片实现360度扫描的光学相控阵结构，同时将裸光学作为微柱透镜镶嵌在芯片上。目前共申请国家发明专利12项，其中3项得到授权。

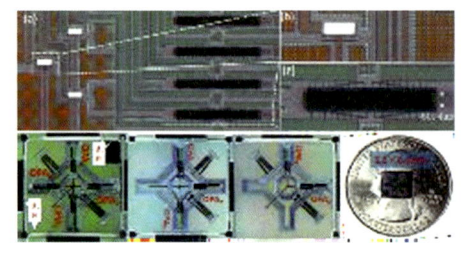

➢ 国家重点研发计划：分等级结构半导体氧化物的可控制备及功能改性

本项目融合纳米结构氧化物半导体制备及集成技术、MEMS加工技术和传感器智能化技术，研制出了高性能丙酮和甲苯传感器，并利用所开发的传感器组建了检测上述气体的便携式检测仪，确立了系统的关键技术，取得独创性的自主知识产权。

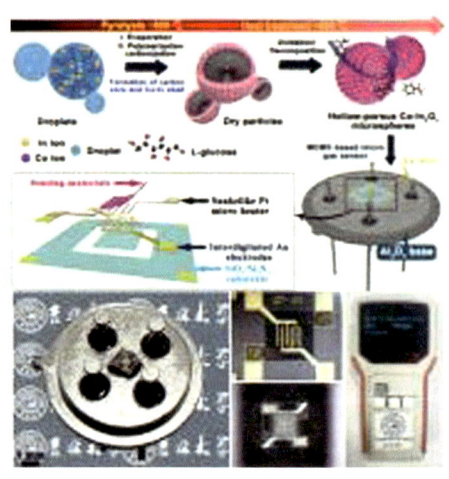

信息光子学与光通信国家重点实验室（北京邮电大学）

State Key Laboratory of Information Photonics and Optical Communications（Beijing University of Posts and Telecommunications）

实验室主任：任晓敏
教授
国家杰出青年科学基金获得者
IET Fellow

学术委员会主任：周炳琨
院士
光电子学家
中国科学院院士

信息光子学与光通信国家实验室（北京邮电大学）初创于20世纪60年代，是在"光信息科学与技术"学科领域主要从事应用基础研究的科技创新和人才培养基地。依托"电子科学与技术"和"信息与通信工程"两个国家一级重点学科，坚持基础探索和工程技术相辅相成、光子学与光通信"驱""牵"互动、光通信与光信息处理交叉融合的发展模式，在国内外本领域的科学研究和我国创新人才培养方面发挥着重要作用。

人员队伍

信息光子学与光通信国家重点实验室创始人是我国著名微波通信和光通信科学家叶培大院士。实验室主任为国家杰出青年科学基金获得者、IET Fellow 任晓敏教授。实验室学术委员会主任为周炳琨院士。

实验室现有固定研究人员129人，其中院士1人（加拿大皇家科学院/工程院院士）、"万人计划"科技创新领军人才1人、国家杰出青年科学基金获得者4人、国家优秀青年科学基金获得者5人、"新世纪百千万人才工程"国家级人选2人、教育部新（跨）世纪优秀人才17人、科技部中青年科技创新领军人才1人、"科技北京"百名领军人才1人、IEEE Fellow 1人、IET Fellow 4人，教授54人，副教授44人，在站博士后27人。

研究方向

先进光通信系统与光子网络：
◇宽带融合光接入与光传感网络技术
◇超高速超长距离高效光传输理论与技术
◇低能耗自适应光子交换/路由机制与技术
◇动态灵活智能光联网架构与技术
◇微波光子学与光载无线通信技术
◇空天地融合光网络技术
◇量子（保密）光通信技术及其系统应用
◇光子网络中的信息获取、处理与显示技术

信息光子学相关基础研究：
◇非线性光子学与复杂系统
◇低维结构半导体光子学理论
◇量子光学与量子调控

新型光子学材料与器件：
◇新型半导体材料与异质兼容晶格——带隙工程
◇半导体纳异质结构与新型功能微结构
◇新型半导体光子学器件与集成技术
◇基于特殊功能结构的信息器件及系统集成
◇新型光纤波导器件与微结构光纤光子学
◇光纤光缆设计、检测与应用技术

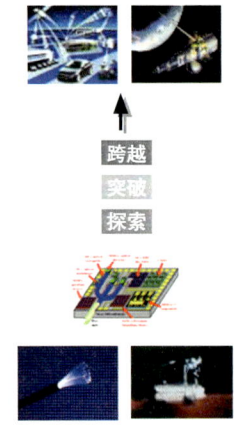

主要科研成果

2015～2019年期间，实验室承担了国家级重大（重点）科研项目30余项，发表SCI检索论文1 400余篇。代表性成果主要有：低维结构光子学及电子态系理论的研究进展与弥聚子论；基于光纤非线性的新型超短脉冲光源及相关基础理论研究；高性能裸眼三维光显示技术的创新与突破；高度线性、精细灵活的智能光载无线系统与应用；高弹性、高精细、高谱效的灵活带宽光网络技术创新。研究成果获得国家级科技奖励4项、省部级和全国性科技学会奖励37项。

光纤光缆制备技术国家重点实验室
Stake Key Laboratory of Optind Fiber and Cable Manufacture Technology

光纤光缆制备技术国家重点实验室，是国家科技部于 2010 年 12 月批准、由湖北省科技厅主管、依托长飞光纤光缆股份有限公司建设的企业国家重点实验室。2013 年 7 月通过科技部组织的建设验收，2018 年 6 月通过科技部组织的企业国家重点实验室评估验收，获评优秀。

实验室以国家战略需求和光纤光缆行业发展为导向，实行"开放、流动、联合、竞争"的运行机制，以应用基础研究、关键技术研究和共性技术研究为主要研究重点，以解决预制棒、光纤（含特纤）、光缆及其制造设备自制，光纤光缆应用与检测技术问题为主要研究内容，设立了光纤技术、光缆技术、设备技术、光纤应用技术和检测技术 5 个研究室或中心。

依托长飞公司建设的光纤光缆制备技术国家重点实验室，在制棒、拉伸、拉丝、成缆、光纤光缆测试、光纤应用以及关键装备技术等方面，拥有齐全、先进的科研平台和系统。

制棒　拉伸　拉丝　成缆
光纤光缆测试　光纤应用　关键装备技术

实验室现有固定研究人员 120 余人，其中高级技术职称 / 博士 40 位，硕士 60 余位。实验室建设面积超 7 000 平方米，建立健全了预制棒技术、光纤技术（含特纤）、光缆技术、检测技术等多个科研创新平台。实验室检测中心通过了中国合格评定国家认可委员会认可和国际权威机构 Telcordia 实验室认可，为实验室长期发展、满足国家重大战略需求提供了有力的人才和平台支撑。

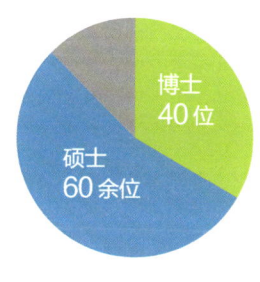

实验室人员配备表

实验室以长飞公司研发中心为基础，广大科技人员经过多年努力和传承发展，科研成果丰硕。截至 2019 年底，获国家重点新产品和国家自主创新产品 4 项；获国家科技进步奖二等奖 3 项，中国电子信息科学技术奖和湖北省科技进步奖一、二等奖等 10 余项；承担、参与了国家"973"计划、"863"计划、科技重大专项、重大科仪专项、科技支撑计划、国际科技合作项目、国家电子发展基金专项等国家及省部委项目 / 课题 40 余项；牵头 / 参与制 / 修订国际、国家和行业标准 160 余项；申请中国专利 850 余项，获得授权 490 多项；申请海外专利 170 多项，获得授权 70 多项。2010 ～ 2019 年间，发表科技论文 290 余篇。

实验室建立了良好的运行机制，开放与交流广泛。通过产业联盟、联合实验室、产学研、国际合作项目等方式，分别与以北京大学、华中科技大学、武汉大学、北京邮电大学、上海交通大学、武汉理工大学、新加坡南洋理工大学、英国南安普顿大学、中国联通、中国电信、中国移动、烽火通信、意大利 Prysmian、德国 Heraeus、芬兰 Nextrom 等为代表的国内外著名高校或企业建立了广泛合作；多次承办、协办国际国内学术会议或研讨会，参加系列学术会议或研讨会，举办全国开放日等科普活动，推动了我国光纤光缆制备技术的发展与进步，显著提升了行业影响力。

长飞公司国家重点实验室通过开展高水平的应用基础研究、核心关键技术和共性技术研究，显著提升了长飞公司的自主创新能力；通过创新驱动，助力长飞发展成为行业内市场占有率全球第一；增强了光纤光缆技术辐射能力，引领和带动了行业技术快速进步。未来，长飞公司将进一步大力促进国家重点实验室的建设和发展，落实国家中长期发展规划，服务通信运营商建设需要，围绕"自主创新、差异化、国际化和成本领先"的发展战略，大力发扬自主创新精神，开展产业应用技术和原创性技术研究，支撑信息通信产业快速发展。

塑料光纤制备与应用国家地方联合工程实验室

National-Local Joint Engineering Laboratory of Plastic Optical Fiber Preparation and Application

为了将我国塑料光纤通信系统的主要研发单位联合起来，统筹规划、集中力量、合理分工、促进中国塑料光纤产业快速发展，经国家发改委批准，2009年11月成立塑料光纤制备与应用国家地方联合工程实验室。实验室聘请中国工程院院士李乐民教授为实验室技术委员会主任，聘请四川汇源塑料光纤有限公司总经理储九荣博士后为实验室主任。实验室依托建设与管理单位为四川汇源塑料光纤有限公司。

实验室自成立以来，依托这个优势明显的平台，整合中国科技大学、西安交通大学、成都信息工程大学、中科院西安光学机密机械研究所、中国电科院用电与能效研究所等塑料光纤制备与应用相关行业的国内知名研发团队与技术资源，先后成立低损耗塑料光纤研究室、特种塑料光纤研究室、光器件与系统研究室、电力行业应用技术中心、传感与物联网应用技术中心、测试技术与标准研究室等6个技术研发平台，覆盖了塑料光纤行业从原材料制备、光纤光缆生产、光器件、光系统应用、检测与标准多个方面，为发展和引领新兴的塑料光纤通信产业链奠定了坚实的技术基础。

实验室主要研究发展方向是通过完善相关研发设施设备，提升技术研发水平，立足中国、面向世界，重点研究低损耗高带宽塑料光纤、塑料光纤通信链路配套光器件的产业化关键技术，以尽快实现全面国产化并替代进口；同时与相关上下游行业企业联合开发应用技术及其应用系统，引领中国塑料光纤产业的纵深发展，并带动其上下游产业的技术提升，最终打破国外垄断，走向世界。

实验室运行10余年来，承担国家、省部级项目共计19项，其中国家"863"项目6项、国家自然科学基金项目3项、省级项目7项；制订、修订国家标准5项、行业标准3项；授权专利21项；发表论文102篇，其中SCI、EI论文27篇。通过联合工程实验室培养博士研究生2名、高级工程师和经济师2名。

成果1. 塑料光纤通信链路产业化成果　　成果2. 用于手机屏下指纹识别的塑料光纤面板研制

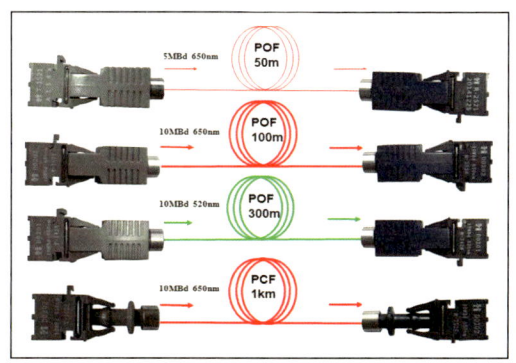
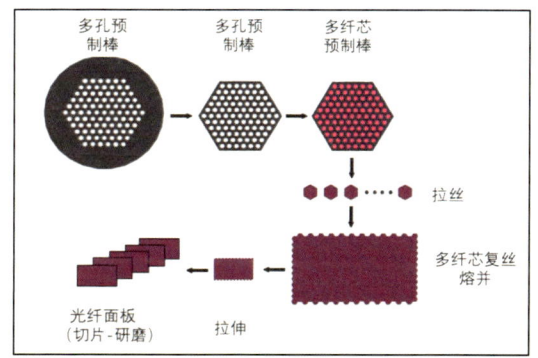

成果3. 全色激光显示项目研发与产业化

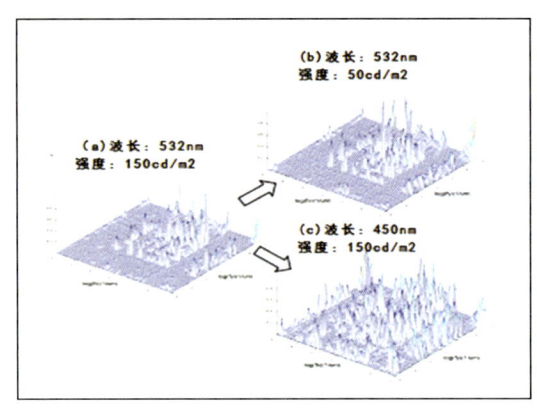

激光散射斑与抑制

聚合物显示芯片

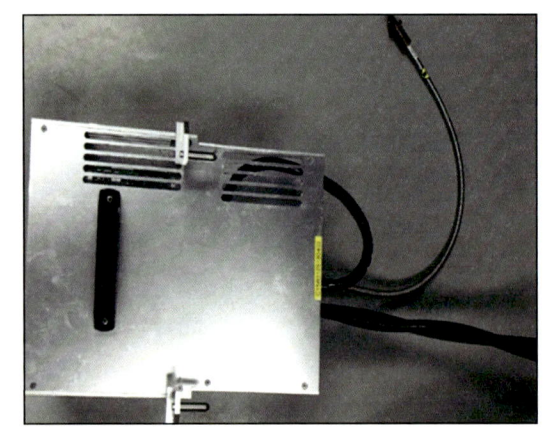

激光光源耦合技术

全色激光显示机

2019年5月25日,李乐民院士、明海教授、储九荣博士后与工程实验室各研究室负责人合影留念

光纤传感与通信教育部重点实验室

Key Laboratory of Optical Fiber Sensing Communications（Education Minisry of China）

实验室主任：饶云江
IEEE/OSA/SPIE Fellow
长江学者、杰青

学术委员会主任：姜德生
院士

叶声华：学术委员会副主任、院士
罗先刚：院士
苏显渝：教授
刘铁根：教授、"973"首席科学家
邱　昆："百千万人才"、教授

李乐民：院士
罗　毅：长江学者、杰青
祝宁华：入选"百人计划"、杰青
童利民：长江学者、杰青
段发阶：教授

赵　卫：中科院西安分院院长、入选"万人计划"
徐安士：教授
胡卫生：杰青
郑建成：入选"千人计划"

主要研究方向

光纤石墨烯传感新技术：在谐振腔上集成单晶石石墨烯，相关成果发表于国际顶尖期刊 *Nature*；基于石墨烯增强型微光纤谐振器实现了单分子灵敏度选择性超敏生化传感器，相关成果被《中国光学》、"两江科技评论"、《中国物理》评论报道。

光纤生化传感新技术：与美国密歇根大学安娜堡分校、澳大利亚新南威尔士大学开展合作，在光纤微流激光及其生化传感子方向，探索了用于高灵敏度生化传感的新技术，为疾病的早期诊断提供了新的技术平台。

分布式光纤传感：采用新型全光分布式放大技术、脉冲编码、正负频复用等手段，打破分布式光纤传感关键参数的制约关系，多次刷新无中继光纤分布式传感距离的世界纪录。相关成果推进了 uDAS 光纤地震仪在油气勘探领域的产业化应用。

激光及其调控研究：从统计分析的角度入手，印证了随机激光器中普遍存在的波动规律，为光纤随机激光器的阈值提供了一种有效的手段；此外，巧妙地将光学 Stark 效应与极化基元的自选极化敏感特性结合，利用两者快速响应的特点，为超快光学调控提供了有效手段。

新型通信光子器件：针对微腔克尔光频梳模式锁定容易受热非线性效应扰动的难点问题，提出并实现了激光辅助加热技术，首次实现了 DKS 锁模光频梳的动态恢复，促进了克尔光梳的实用化。

在研重要项目

1. 111 引智基地"光纤传感与通信"
2. 国家自然科学基金重大科研仪器研制项目"基于新型分布式光纤声波传感器的地震检波仪"
3. 国家自然科学基金重点项目"新型大功率光纤随机激光器研究"
4. 国家重点研发计划"大容量低时延光与无线智能融合接入关键技术"
5. 国家重点研发计划"空分复用光纤新型光放大关键技术研究"
6. 国家重点研发计划"新型空分复用光传输理论模型、架构设计及传输系统验证"
7. 国家自然科学基金面上项目"低维无序波导中的锁模激光脉冲研究"

2019 年建设概况

国家重点项目取得突破：各科研团队获得国家重点研发计划课题 5 项。

国际合作重点项目取得突破：通信网络研究方向，冷甦鹏团队获得国际合作重点项目。

成果转化取得突破：饶云江团队牵头在油气勘探领域实现了产业化应用——uDAS光纤地震仪，产品通过了中石油集团的鉴定，获得高度评价，被东方地球物理列为新一代变革性技术，是中国石油 2019 年在国际发布的标志性产品，开启了高精度井地联合立体勘探和油藏开发地震新时代。

人才培养取得突破：青年教师姚佰承教授入选青年长江学者。

项目研究稳步推进：饶云江团队牵头的国家重大仪器专项"基于新型分布式光纤声波传感器的地震检波仪"研制出超高应变灵敏度的分布式光纤声波传感系统，达到国际领先水平。

科学传播影响力不断增强：饶云江教授创办的光子传感领域的 SCI 学术期刊 *Photonic Sensors* 持续进步，影响因子达到 2.03，提高了我国在国际光子传感领域的学术影响和地位。

研究实力不断增强：在国际光学领域顶级期刊 *Light: Science & Applications*（IF>14）发表论文 2 篇。

科研项目

2019 年在研或立项各类科研项目共 96 项，实到科研经费 4438.8 万元。其中国家自然科学基金项目 21 项（含牵头国家自然科学基金重大仪器专项 1 项、重点项目 1 项，海峡两岸联合基金 1 项、重大仪器专项子课题 1 项，面上 / 青年项目 14 项），国际合作重点项目 2 项，国家重点研发计划 5 项，GF 项目 11 项，省部级 10 项，横向合作项目 47 项。

科技部重点研发计划方面：牵头重点研发计划项目"超大容量广覆盖新型光接入系统研究及应用示范"，课题"大容量低延时光与无线智能融合接入关键技术"（453 万）；参与重点研发计划项目"基于新波段、新光纤、新放大的高速光传输技术及系统验证"的两项子课题"新型空分复用光传输理论模型、架构设计及传输系统验证"和"空分复用光纤新型光放大关键技术研究"。

国际合作重点项目

冷甦鹏教授获得国际合作重点项目"安全高效的协作式汽车智能网联技术"1 项（批准经费 151 万元），加强了实验室在物联网技术方面的研究，也提升了实验室在此方面的影响。

传感技术联合国家重点实验室
State Key Laboratory of Transducer Technology

学术委员会

实验室主任：李昕欣
杰青
入选中科院"百人计划"
九三学社中央委员

学术委员会主任：吴一戎
院士

江　雷：学术委员会副主任、院士
崔大付：学术委员会副主任、中国电子学会高级会员
赵建龙：研究员、上海微系统所副所长
谢志峰：上海矽睿科技有限公司创始人
朱自强：上海师范大学校长、紫江学者
郝一龙：北京大学微电子研究院副院长
蔡新霞：杰青、百千万人才
杨富华：研究员
梅　涛：研究员、中国科学院青年联合会副主席
黄庆安：杰青、长江学者
夏善红：研究员
龚海梅："973"首席科学家、"百千万"人才
刘　明：院士
刘双江：杰青、入选中科院"百人计划"
樊春海：杰青、入选中科院"百人计划"
樊尚春：教授、IEEE 高级会员

研究方向

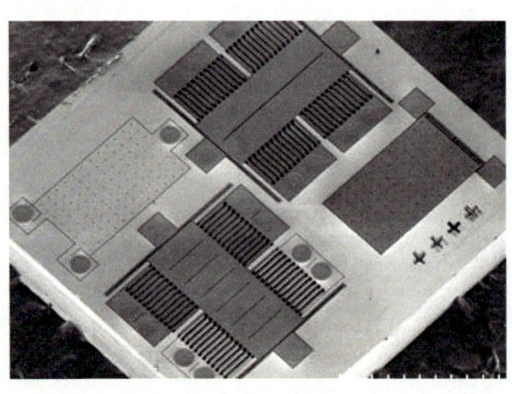

微纳传感器设计与制造技术
　　研究各种物理传感器（包括力学量、运动量、声学、热、电磁、光学以及光纤传感器）；研究各种气体传感器、化学传感器和生物传感器。

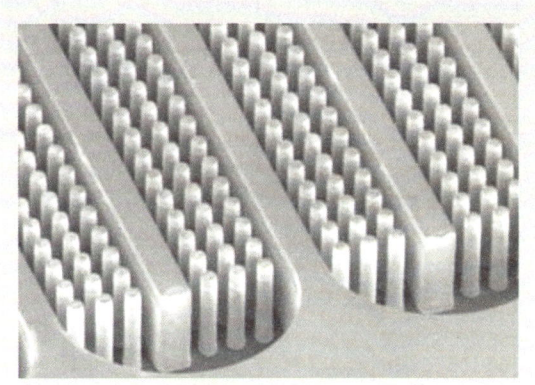

MEMS/NEMS 技术

研究体硅微机械加工、表面微机械加工、准 LIGA 加工技术和各种非硅微加工技术；研究先进封装工艺和纳机械结构制造技术。

敏感效应、机制与材料研究

研究各种先进传感器用纳米敏感材料技术和新敏感效应；研究纳米敏感结构的尺度效应；利用超灵敏传感器研究界面分子热力学与动力学机制。

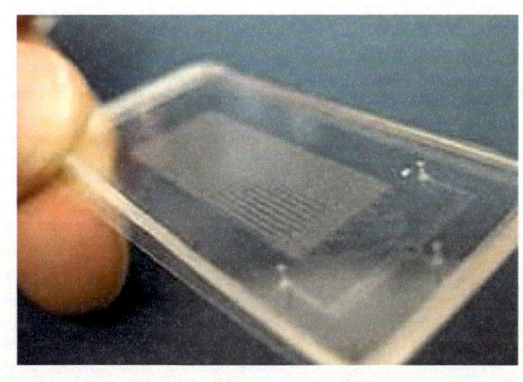

传感微系统芯片技术

基于微纳米集成技术研究各种微纳流控芯片、生化检测芯片及预处理芯片；研究传感微系统技术和阵列多传感器的联合检测技术。

组织架构

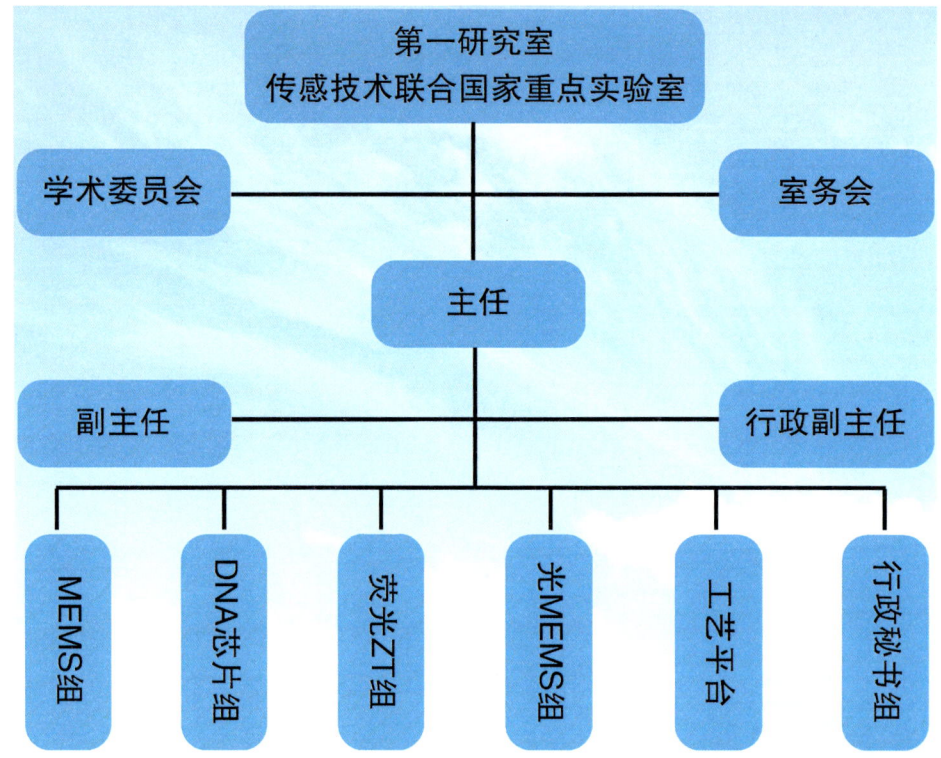

实验室建设

"十三五"期间,实验室面向国家各种安全领域的重要需求,在液体爆炸物检测、痕量重金属分析、水质在线监测、MEMS气相色谱便携式气体检测等微系统技术方面有所突破;同时,实验室先后同先进半导体、中电49所、中电23所、华为、上海工研院以及全球著名芯片企业联发科等多家企业以多种形式开展合作,在MEMS传感器技术推动产业化和重要应用方面取得了一定的进展,在我国传感技术领域的应用基础研究方面发挥了引领和骨干作用。

实验室在微纳制造技术和新型传感器研究方面已经具有一定的国际影响,在多种MEMS传感器、微纳加工与自组装技术、生化检测与分析系统、纳米敏感材料与效应等研究方面,处于国际先进和国内领先水平。在著名学术刊物如 Advance Materials、Biosensors&Bioelectronics 和 Sensors andActuators 等和本领域的国际顶级学术会议如 IEEE MEMS、Transducers 等发表了一批高水平的论文及若干邀请报告。实验室在国内外学术活动中发挥了积极作用,有多名专家在国内外重要学术组织中任职。

实验室南方基地目前有主要固定研究人员近50人,其中研究员12名。实验室拥有一批优秀专家,如科技部首席科学家、国家杰出青年基金获得者和"百人计划"终评优秀获得者等。

新型传感器与智能控制 教育部 山西省 重点实验室

Key Laboratory of Advanced Transducers and Intelligent Control System
（ShanXi Province & Education Ministry of China）

重点实验室领导

熊诗波教授　　马福昌教授　　　　　姜德生教授　　王云才教授

实验室第一届学术委员会主任为熊诗波教授（两次国家科技进步二等奖获得者），主任为太原理工大学马福昌教授（2000年国家技术发明二等奖获得者）。

实验室第二届学术委员会主任为中国工程院院士、武汉理工大学姜德生教授，主任为太原理工大学王云才教授。

重点实验室介绍

2006年，新型传感器与智能控制重点实验室通过教育部组织的验收，列入教育部重点实验室序列。

2007年，通过山西省科技厅验收，进入山西省重点实验室序列。

2013年，当选首届山西省重点实验室联盟理事长单位，蝉联至今。

2017年，当选山西省传感器产业联盟首届理事长单位。

实验室现有永久成员和聘期内固定成员53人，研究人员100%具有博士学位，80%的成员年龄在38岁以下。其中国家优秀青年基金获得者2名、山西省青年拔尖人才4名、"青年三晋学者"特聘教授6名、山西省高等学校优秀青年学术带头人17名。

实验室已组成1个科技部重点领域创新团队、5个山西省科技创新重点团队、4个山西省高等学校优秀创新团队和1个山西省研究生教育优秀导师团队。

实验室与多个国家及地区保持密切的学术交流，有10名海外教授受聘山西省"百人计划"特聘专家。

目前实验室建筑总面积6 700平方米，仪器设备总值5 400余万元。

重点实验室进展

实验室秉持"所有研究在未来 30 年内可以造福人类"的理念，坚持"面向国家重大需求及区域经济发展"的导向，围绕"保密通信与光电检测、光纤与微纳传感、机电装备安全与智能控制"三个方向开展应用基础研究。其中，"感应式数字水位传感器及其系统"获国家技术发明二等奖，"跳汰机多参数自动寻优模糊控制系统"及"带钢轧机运行安全保障和生产环节智能控制"双获国家科技进步二等奖，"纵切割头掘进机振动特性研究"获国家科技进步三等奖。

5 年来，实验室共承担各类项目 345 项，累计科研经费近亿元，其中包括 1 项国家"863"项目、2 项国家自然科学基金重点项目、2 项国家自然科学基金优青项目、2 项"十三五"国家绿色发展基金项目、3 项基金委重大科学仪器研制项目和 1 项科技部国际合作项目等。

5 年来，培养博士及硕士研究生 730 名，发表 SCI 学术论文 613 篇，授权国际及国内发明专利 155 件，出版专著 14 部。

5 年来，实验室多项成果已实现应用与转化，13 项成果相继获得省部级奖励。

重点实验室近 5 年所获代表性奖励

序号	获奖人		奖励名称	奖励类型	合作单位	奖励时间
1	张明江 靳宝全 刘 晓	刘少文 薛晓辉 王云才	新型分布式光纤传感技术及应用	山西省科学技术奖（技术发明类）一等奖	山西省交通科学研究院	2019
2	王云才 张建国 祝世雄	李 璞 王安帮 徐红春	高速物理熵源密码发生器	山西省科学技术奖（技术发明类）一等奖	中国电子科技集团第三十研究所武汉光迅科技股份有限公司	2017
3	王云才 张建国 祝世雄	李 璞 王安帮 徐红春	基于宽带物理熵源的超高速密码产生关键技术	教育部技术发明二等奖	中国电子科技集团第三十研究所武汉光迅科技股份有限公司	2017
4	李 璞 王安帮 梁丽萍	王云才 王文杰	一种 Tbps 码率全光真随机数发生器	中国专科奖优秀奖		2017
5	田振东 魏建军 宋 斌 梁翼龙	靳宝全 杜亚玲 张宏涛 李劲松	矿井巷道水监测、预警及自动控制系统研究	山西省科学技术奖（科技进步类）二等奖	山西晋城无烟煤矿业集团有限责任公司山西晋煤集团赵庄煤业有限责任公司	2016

续表

序号	获奖人	奖励名称	奖励类型	合作单位	奖励时间
6	李晓春 于化忠 张校亮 张玲玲 徐鹏涛 王 乐 薛斌军	基于智能手机技术的食品中有害物质快速定量检测系统	全国科技工作者创新创业大赛银奖		2016
7	郭继保 杨 泽 权 龙 李 波 武 兵	系列化无缝钢管热连轧机组及生产线	山西省科学技术奖（科技进步类）二等奖	太原通泽重工有限公司	2015
8	王安帮 张明江 王云才 王冰洁 张建忠 李 璞	宽带混沌激光的产生机理	山西省科学技术奖（自然科学类）二等奖		2014
9	袁文斌 权 龙 卢文渊 武利生 时慧彬 李新荣 王永进 任智勇	现代钢坯修磨机修磨理论、关键技术及其集成应用	山西省科学技术奖（科技进步类）二等奖	太原市恒山机电设备有限公司	2014
10	桑胜波 张文栋 李朋伟 胡 杰 李 刚 H.Witte	基于表面应力的PDMS微薄膜细胞检测生物传感器研究	山西省科学技术奖（自然科学类）三等奖		2013
11	权 龙 黄家海 武文斌 熊晓燕 程 珩 李 斌	电液控制阀及系统创新工作原理和可视化仿真分析方法	山西省科学技术奖（自然科学类）二等奖		2013

重点实验室代表性成果应用与推广

面向通信安全，利用宽带混沌熵源，研制出世界上实时速率最快达 10 Gb/s 的系列随机密码发生器。

面向周界安全监控，利用常规光纤，研发出长距离震动传感器、声音拾音器。

面向建筑及交通设施安全，研发出分布式光纤温度传感器、应变传感器，实现了燃气管网多参量传感预警。

面向煤机装备升级提质，与山西汾西重工合作，共同研发了刮板机用永磁同步变频一体机。

面向冰情与水情检测，研制出冰水情自动检测传感器，参加了第 29、第 30 次南极科学考察，安装于南极中山站。

面向山西省传感产业的发展，在省经信委的支持下，牵头并组建了山西省传感器产业联盟。

上海大学特种光纤与光接入网重点实验室

Key Laboratory of Specialty Fiber Optics and Optical Access Networks

"上海市特种光纤与光接入网重点实验室"依托上海大学,为省部共建国家重点实验室培育基地、省部共建教育部重点实验室、教育部国际合作联合实验室、科技部学科创新引智基地、上海市先进光波导与智能制造专业技术服务平台。实验室重点聚焦三个方向的科学研究与技术开发:特种光纤理论与先进技术、光接入网与先进通信技术、特种光纤器件与光纤传感技术。实验室聚集上海大学在信息、通信等优势学科领域的最新研究成果,获国家"双一流"学科、"211 工程"、上海市"高原学科与高峰学科""高水平大学一流学科"等的持续重点支持。

上海大学特种光纤与接入网重点实验室的前身由我国著名光纤专家黄宏嘉院士创建,致力于特种光纤、光子器件、通信技术、光电复合光纤光缆与电力电缆传感等方面的科学研究 40 余年,牵头承担国家各级重要科研攻关项目 100 余项。实验室近 5 年承担国家重点研发计划、国家自然科学基金重大仪器专项等重大重点项目 20 余项,获国家科学进步奖二等奖 1 项、国家自然科学奖二等奖 1 项、省部级／学会一等奖 3 项等,形成一批具有国际影响力的科研成果:

- 研制出中国第一根通信单模光纤
- 发明"宽带光纤波片"并被美国贝尔实验室命名为"黄氏波片"
- 研制成功中国第一个"单模光纤四次群通信实验系统"
- 在国际上首次提出并成功研制电力局部放电用石英荧光光纤传感技术
- 在国际上首次提出了硫化铅(PbS)纳米掺杂温敏传感光纤技术,并研制出高灵敏度光纤光栅温度传感器,在智能电力电缆中实现应用
- 在国内率先将光纤在线传感监测应用于 ±1000kV 特高压输变电示范工程
- 出版国内第一部《特种光纤》专著
- 建立上大-华为特种光纤联合实验室

➢ 研制光纤仪表,打破欧美对我国光纤行业测试的技术壁垒

光纤模式分析仪(Mode Analysis of Optical Fibers)

光纤模式分析采用离轴数字全息与时域互相关技术,通过马赫曾德离轴干涉系统记录光纤的模式干涉全息图,利用数字全息再现技术获取模式时域能量波动曲线,基于波动曲线计算光纤模式的能量占比、模式延时差、模式强度和相位分布。该仪器能对多模、熊猫、椭圆以及大芯径特种光纤等进行模式、拍长和带宽分析,精度 0.05ps,动态范围 120ps。

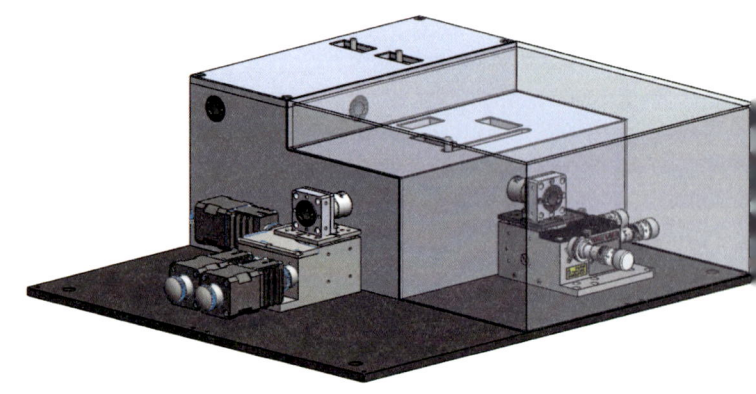

关键指标	
时延精度	0.05ps
时延范围	120ps
光纤直径范围	40—600（μm）
测试模式	Auto

光纤三维折射率测试仪（3D Refractive Index Profiler of Optical Fibers）

光纤三维折射率测试仪采用数字全息显微层析技术，通过马赫曾德显微横向干涉系统记录光纤的数字全息图，利用数字全息再现技术提取光纤相位分布，通过旋转光纤结合CT技术重建光纤三维折射率分布。仪器能对单模、多模、熊猫、椭圆以及大芯径特种光纤和锥型光纤等进行三维折射率分布测量，精度达到 10^{-4}；此外能对有源光纤进行粒子分布测量。具有快速、无损、稳定等优点。

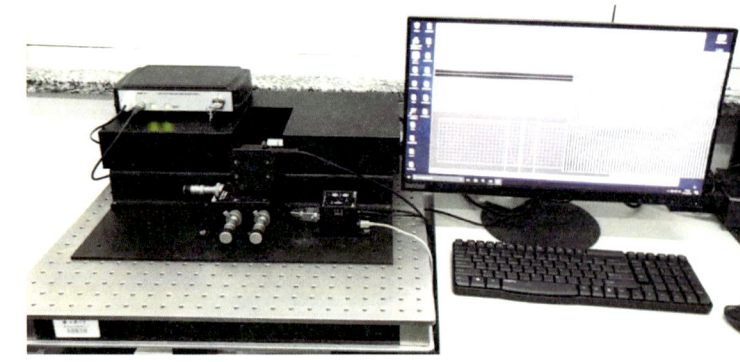

关键指标	
折射率精度	±0.0001
几何分辨率	0.18（μm）
光纤直径范围	40—600（μm）
测试模式	AutoAuto

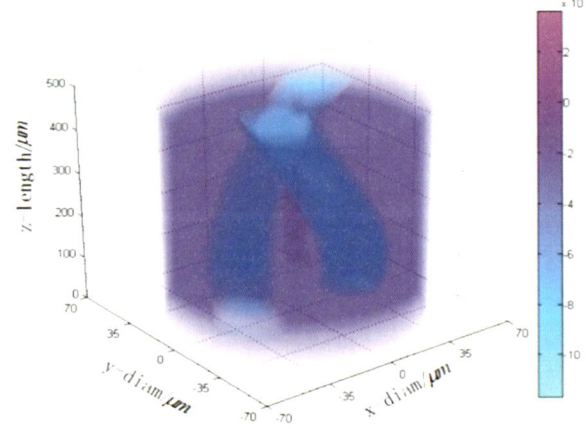

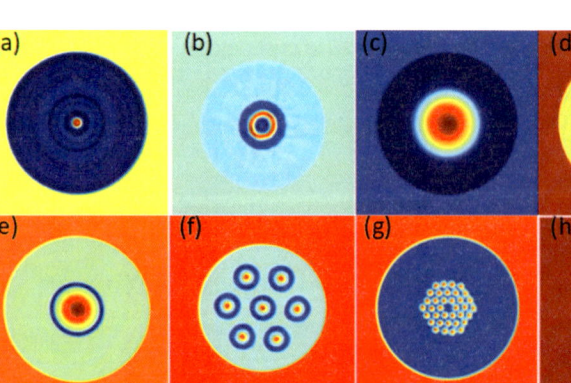

➤ 科技成果证书

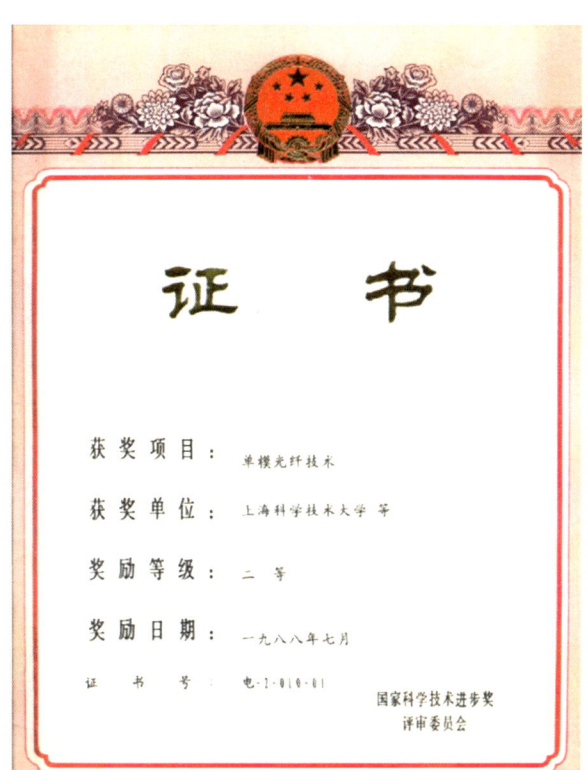

➢ 面向经济主战场的工程化应用

实验室面向新一代信息技术国际前沿和高速宽带通信产业发展的国家重大需求，聚焦关键科学问题和核心技术，构建"一纤两网"研究布局：以新型特种光纤理论和技术（"一纤"）为核心，聚焦并支撑光纤传感网和光接入网（"两网"），形成了理论、技术、工艺和应用为一体的研究基地。实验室以解决共性的科学问题及国内外相关研究领域的技术难点为突破口，形成国际有影响并满足国家战略需求的标志性创新成果，致力于把实验室建成我国在特种光纤、光纤传感网络和光纤通信网络领域科学研究和人才培养的重要基地，为我国特种光纤及相关网络研究占领国际学术制高点和产业的跨越式发展做出重要贡献。

面向世界科技前沿，实现关键核心技术原始创新。研制超宽谱、高增益放大光纤，突破光纤通信容量瓶颈，增益带宽和噪声系数技术指标位居国际领先水平。研制基于量子点特种光纤探针的原位温场检测仪，解决集成电路微纳尺度的温度测量难题。研制芯片级微纳光学频率梳系统，突破了经典系统极限，在 Nature 子刊发表成果 5 篇。

面向国家重大需求，解决"卡脖子"技术难题。研制出光纤折射率三维分析仪，成功打破国外相关产品的技术垄断，支撑龙头企业、国防军工和科研院所的特种光纤研发和制备。研制出并在国际上率先发布高速、长距离、超大容量光互连背板系统，用于宽带网络和国防建设。研发成功轨道交通无线通信技术，保障了国内首条 4G 控制列车武汉 6 号线的实验成功；近 3 年解决了上海、武汉、沈阳、西安、郑州、南宁、长春等城市地铁 LTE 工程关键技术难题。

面向经济主战场，校企协同创新，服务社会发展。签约共建上海大学–华为先进光纤技术创新实验室，已研制成铋铒共掺 C+L 波段石英有源光纤，极大提高了单纤频谱容量。与中兴通讯联合发布业界首台对称 100G-EPON 样机，提交下一代光接入 IEEE 标准提案，为我国下一代智能化光纤接入网技术发展提供了有力支撑。

光电交叉融合，特种光纤服务国家超压与超高压等智能电网建设。在国内率先将光纤在线传感监测应用于 ±1000kV 特高压输变电示范工程。皖电东送 1000kV 淮南至上海输变电工程是国家电网公司特高压主干网架的重要组成部分，是我国首条商业运行的同塔双回特高压交流输电示范线路工程，也是皖电东送的战略通道。上海大学研发的基于铈铽掺杂的石英荧光光纤和光纤法珀腔声发射传感器的高压 GIS 局部放电光纤传感监测系统，在 1000kV 特高压淮南站、芜湖站等超特高压输变电工程中得到了应用。该系统实现了对高压电力 GIS、变压器、电缆接头、开关柜等关键电力设施早期局部放电事故的预报与控制反馈，有效提升了安徽电网运行的安全性、稳定性和可靠性，全力确保超/特高压输变电工程的平稳运行。实验室团队与国家电网联合研发智能电力光纤传感系统，应用于上海世博隧道、江苏 10 余条高压电缆线路，性能指标达到国际先进水平，解决了城市电网安全在线监测难题；并将特种光纤传感与电力电缆融合，研制成功"智能电力电缆"并推向应用。

三

重大科学技术成果

国家科学技术成果奖

（一）2021年度国家自然科学奖

名称和等级：2021年度国家自然科学奖二等奖
获奖项目：基于量子信息技术研究量子物理基本问题
获奖单位：中国科学技术大学
完 成 人：李传锋　　许金时　　黄运锋　　柳必恒　　郭光灿

（二）2021年度国家技术发明奖

名称和等级：2021年度国家技术发明奖二等奖
获奖项目：空间全固态激光器技术及应用
获奖单位：中国科学院上海光学精密机械研究所
　　　　　中国科学院半导体研究所
完 成 人：陈卫标　　侯　霞　　马骁宇　　孟俊清　　刘　源　　辛国锋

光纤通信领域主要学会、协会科学技术成果奖

（一）中国通信学会科学技术奖

名称和等级：2021年度中国通信学会科学技术奖一、二等奖
获奖项目：多维复用弹性光网络中频谱调控理论与资源优化方法
获奖单位：北京邮电大学
完 成 人：赵永利　　杨　辉　　张佳玮　　郁小松　　张　杰

名称和等级：2021年度中国通信学会科学技术奖二、三等奖
获奖项目：粤港澳大湾区全光网技术创新与应用
获奖单位：中国移动通信集团广东有限公司
　　　　　中国移动通信集团有限公司

华为技术有限公司
完 成 人：蔡伟文　　王保启　　罗伟民　　张德朝　　王应波

（二）中国电子学会科学技术奖

名称和等级：2021年度中国电子学会科学技术奖一等奖
获奖项目：无栅格动态调制变速率光传送网关键技术与应用
获奖单位：北京邮电大学
　　　　　中国联合网络通信集团有限公司
　　　　　华为技术有限公司
完 成 人：忻向军　　刘　博　　王光全　　常天海　　张　琦　　孔凡华

名称和等级：2021中国电子学会自然科学二等奖
获奖项目：基于纠缠的量子通信及噪声处理理论与方法
获奖单位：南京邮电大学
　　　　　北京师范大学
　　　　　中国科学技术大学
完 成 人：盛宇波　　周　澜　　邓富国　　丁科生　　史保森

名称和等级：2021年度中国电子学会科技进步二等奖
获奖项目：500kV及以下交联聚乙烯绝缘光纤复合海底电缆系统及产业化
获奖单位：中天科技海缆股份有限公司
完 成 人：胡　明　　赵囯林　　王丽媛　　张洪亮　　张　华
　　　　　叶　成　　张小龙　　王俊勇　　金星宇　　刘　磊

名称和等级：2021年度中国电子学会科技进步三等奖
获奖项目：5G通信光模块物理参数测试关键技术及应用
获奖单位：中电科思仪科技股份有限公司
完 成 人：尹炳琪　　徐玉华　　徐桂城　　张一琪　　刘志明

名称和等级：2021年度中国电子学会科技进步三等奖
获奖项目：多芯单模光纤扩束连接技术及其应用
获奖单位：中国电子科技集团公司第二十三研究所
完 成 人：王　芳　　林传峰　　黄　骏　　张　磊　　吕姣姣

（三）中国光学工程学会科技创新奖

技术发明奖

名称和等级：2021 年度中国光学工程学会技术发明奖一等奖
获奖项目：广角空间激光通信技术
获奖单位：中国科学院半导体研究所
　　　　　山东中科际联光电集成技术研究院有限公司
　　　　　中国电子科技集团公司第三十四研究所
　　　　　长春理工大学北京工业大学

名称和等级：2021 年度中国光学工程学会技术发明奖一等奖
获奖项目：uDAS 分布式光纤传感地震仪及应用
获奖单位：电子科技大学
　　　　　中国石油集团东方地球物理勘探有限责任公司
　　　　　中油奥博（成都）科技有限公司

名称和等级：2021 年度中国光学工程学会技术发明奖二等奖
获奖项目：高功率高性能单频光纤激光器
获奖单位：国防科技大学

名称和等级：2021 年度中国光学工程学会技术发明奖二等奖
获奖项目：AM 系列高带宽模拟调制器
获奖单位：珠海光库科技股份有限公司

科技进步奖

名称和等级：2021 年度中国光学工程学会科技进步奖一等奖
获奖项目：高压电力系统特种光纤在线监测传感器关键技术及应用
获奖单位：上海大学
　　　　　江苏亨通电力电缆有限公司
　　　　　国网智能电网研究院有限公司
　　　　　华北电力大学
　　　　　南通世睿电力科技有限公司
　　　　　国网浙江省电力有限公司温州供电公司

名称和等级：2021 年度中国光学工程学会科技进步奖二等奖
获奖项目：新一代有机硅光纤预制棒关键技术及产业化
获奖单位：江苏亨通光导新材料有限公司
　　　　　江苏亨通光纤科技有限公司

名称和等级：2021 年度中国光学工程学会科技进奖二等奖
项目名称：弯曲不敏感高带宽多模预制棒与光纤关键技术及产业化
获奖单位：中天科技光纤有限公司
　　　　　中天科技精密材料有限公司
　　　　　江苏中天科技股份有限公司

名称和等级：2021 年度中国光学工程学会科技进步奖二等奖
项目名称：2 微米光纤激光器核心器件
获奖单位：珠海光库科技股份有限公司

名称和等级：2021 年度中国光学工程学会科技进步奖三等奖
项目名称：双极性海底光缆系统及产业化
获奖单位：中天科技海缆股份有限公司

名称和等级：2021 年度中国光学工程学会科技进步奖三等奖
项目名称：基于相位敏感光时域反射的同步多路光缆安全预警
　　　　　关键技术及应用
获奖单位：深圳市特发信息股份有限公司

四

光纤通信科学技术发展

面向东数西算的全光算力网络
All-Optical Computing Power Network for National Project on East Data to West Computing

唐雄燕

唐雄燕
中国联通研究院

> **摘　要**：随着国家"东数西算"工程的启动，我国新型数据中心和宽带网络建设都将迎来新的发展机遇。本文介绍了东数西算的战略背景，分析了东数西算对通信网络基础设施的新需求，指出基于全光底座的全光算力网络是支撑东数西算工程的关键环节，重点阐述了全光算力网络的体系架构和关键技术。
>
> **关键词**：东数西算　新基建　算力网络　光通信　全光底座　全光算力网络

1. 东数西算背景

算力是数字经济时代的重要生产力，是推动人工智能、大数据、物联网、区块链等技术创新与应用的基础，也是建设数字中国的重要保障。随着数字经济的蓬勃发展，我国对算力的需求迅猛增长，未来几年预计数据中心机架规模每年增速将超过20%。但我国数据中心目前大多分布在东部地区，由于土地、能源等资源日趋紧张，在东部大规模发展数据中心难以为继；而西部地区资源充裕，特别是可再生能源丰富，具备发展数据中心、承接东部算力需求的良好基础条件。

2021年5月，国家发改委发布《全国一体化大数据中心协同创新体系算力枢纽实施方案》，提出构建数据中心、云计算、大数据一体化的新型算力网络，布局建设全国一体化算力网络国家枢纽节点，加快实施"东数西算"工程。2022年2月，国家发展改革委、中央网信办、工业和信息化部、国家能源局联合印发通知，同意在京津冀、长三角、粤港澳大湾区、成渝、内蒙古、贵州、甘肃、宁夏等8地启动建设国家算力枢纽节点，并规划了10个国家数据中心集群，标志着"东数西算"工程正式全面启动。

实施"东数西算"工程，推动数据中心合理布局、绿色集约和互联互通，对实现我国数字经济高质量发展有重大战略意义。一是有利于提升国家整体算力水平。通过全国一体化的数据中心布局，将有助于降低算力设施成本、提高算力使用效率，实现全国算力规模化、集约化和高质量发展。二是有利于优化能源资源配置。我国的能源资源主要是由西部向东部输送,包括煤炭、油、气、电等,在输送过程中产生大量消耗并需要巨大成本。如果在西部建设算力设施,可以降低西电东送的能源资源消耗和转运成本,尤其是还可以就近使用西部优质的风能、光能等绿色能源,对实现我国"双碳"目标有重要意义。三是采用集约化布局的方式,能够促进数据中心技术创新和技术换代升级,推动云计算、分布式计算、算力交易、数字流通等新技术和新服务创新,构筑国家数字产业竞争新优势。四是有利于推动东西部协调发展。通过"东数西算"工程,可以牵引相关数字产业西迁,推动西部地区数字经济发展和产业升级。

总之,"东数西算"工程是我国从宏观战略、技术发展、能源政策等多方面出发,在新基建大背景下启动的一项重大国家工程,将算力资源提升到了与水、电、燃气等基础资源等同的高度。以"联接+计算"为核心,统筹布局建设全国一体化算力网络国家枢纽节点,在提升国家整体算力水平的同时,有助于实现我国算力基础设施的绿色转型,更好地赋能我国数字经济高质量发展。

2. 东数西算对算力网络的需求

"东数西算"工程的推进,将提升我国数据跨区域算力调度能力,推动我国新型算力网络体系构建。2021年以来,国内信息通信行业掀起了算力网络研究热潮。算力网络是中国信息通信业积极倡导的新兴技术概念,反映了我国运营商推动通信与计算服务融合的愿望和趋势。从网络角度,算力网络是面向计算和智能服务的新型网络体系,IPv6+和全光底座是算力网络的技术基石,增强网络内生算力是算力网络演进的重要方向;从算力角度看,算力网络是网络化的算力基础设施,是依托网络构建的多样化算力资源调度和服务体系;从服务角度看,算力网络的目标是提供算网一体服务,是云网融合服务的新阶段,是数字基础设施服务的新形态。"东数西算"是算力网络现阶段的关键着力点,随着"东数西算"工程的实施和应用推进,用户对算力和网络的需求呈现新特征。用户对算力的需求是在任何场景都能够获得及时、可靠、高性能的算力服务,对网络的需求主要包括泛在联接需求和大带宽、低时延、高可靠、低成本等性能方面需求。

(1)大带宽

"东数西算"工程的10大集群节点总计规划600多万机架(标准机架),其中西部集群规划机架数达到200万架以上,东部集群规划机架数达400万架以上。东部DC以服务本区域算力需求为主,西部DC以服务全国算力需求为主,西部DC预计出省带宽在70%以上。当完成"东数西算"规划的机架数时,预计骨干网的传输带宽将达到现有运营商骨干带宽的3倍左右,东西部的骨干网带宽将达到2000T以上。随着西部承接算力比重逐步增加,东西向骨干网带宽将以远高于骨干网平均增幅的速度增长。

(2)低时延

时延是影响用户对算力服务体验的关键参数,不同类型的算力服务对时延的要求差异较大。根据时延需求可将业务分为热业务(低时延业务)、温业务(时延相对敏感业务)、温冷业务(时延不敏感业务)、冷业务(时延不敏感、数据读写频度极低)四个层级。热业务对时延要求在 10ms 以内,占比 5%—10%;这类业务一般部署在城域本地。温业务对时延要求在 30ms 以内,占比 55%—60%;这类业务可部署在区域数据中心集群内。温冷业务对时延要求在 100ms 以内,占比 20%—30%。冷业务对时延要求在 100ms 以上,占比 10%。后两类业务均可部署在西部数据中心。随着东西部间网络优化,网络传输时延可进一步缩短,这样将会有更多业务可采用"东数西算",从而催生更多创新服务模式,如多云协同、存算分离、云边协同等。

中国运营商骨干网的核心节点和骨干节点主要位于省会城市及部分重点城市(如深圳、大连、厦门等),但"东数西算"工程 10 大数据中心集群中,韶关、中卫、庆阳、张家口、芜湖等节点为地市级城市,业务到这些节点需要经省会等骨干节点转接,造成传输时延增加。因此需要骨干网络通过结构调整和优化,将国家数据中心枢纽提升为骨干节点,降低业务数据经省会城市绕转的传输时延。另外,需要对光缆网络的路由和传输承载网络的组网结构进行优化,减少数据在网络上的绕转和转发时延。

(3)高可靠

"东数西算"工程推动数据中心的集约化发展以及多云或云边算力协同等新型算力服务的部署。网络或算力服务的故障对数字经济日常运营的影响与危害越来越大、越来越显性。对网络可靠性的要求,主要包括网络无故障、网络无丢包、网络无突发拥塞、故障快速自愈、网络性能确定(路由、时延、带宽等)等。"东数西算"的一些业务场景,如多云协同、存算分离、业务远程集约化部署等,将本属于数据中心内部的网络连接,或者城域、区域内的连接,扩展为长途传输连接。通常数据中心内部网络的可靠性远高于长途网络的可靠性,因此"东数西算"应用场景将对长途网络可靠性提出更为严苛的要求。

(4)低成本

"东数西算"工程将推动东西向长途传输需求高速增长,而长途传输费用是 IDC 产业和互联网、云服务产业中的主要成本之一,客户采用"东数西算"模式部署业务,势必带来长途传输需求大量增加,企业运营成本也因此提高。为推动"东数西算"工程实施,《全国一体化大数据中心协同创新算力枢纽实施方案》中专门提出要"降低长途传输费用",提出要建立新型的互联网交换中心以降低互联的费用。为此,运营商一方面需要采取措施多方面降低网络建设和运营成本,从而降低网络带宽租用成本;另一方面需要通过智能管控系统提供按需开通、按需动态调整带宽等灵活、实时、以小时或天为单位的短租网络连接服务,以提高网络利用效率,降低传输费用。

(5)智能化

"东数西算"工程将推动打造一批算力高质量供给、数据高效率流通的大数据发展高地。跨网、跨地区、跨企业的算力高效调度,需要智能、感知、灵活、确定的高速网络支撑。如针对 HPC、渲染等场景,网络带宽的需求并不固定,在需要传输文件时,需要大带宽;但在大部分时间,带宽需求有限。因此需要网络快速建立连接与调整带宽,以提升网络整体效率。"东数西算"工程推动算力和网络服务更加紧密协同,将向一体化算力网络方向发展,为客户提供算网一体的服务,这要求在算力和网络资源间能够实现一体化的协同调度,为此网络需要基于算力和网络的全局资源视图,根据网络部署状况进行全局的编排调度。算力网络涉及两个关键网络技术要素,一是全光算力网络,二是基于 SRv6 的可编程 IP 网络。实现"东数西算"需要超强运力,IP+ 光协同和算网协同。

3. 全光算力网络

由于光网络具备超大容量、超长距离、高品质、确定性、高安全、低时延、低抖动、硬隔离、端到端切片等优势,可为泛在算力资源提供覆盖广泛、灵活高效的超强运力保障,因而是算力网络的基础和底座。基于全光底座构建高品质的全光算力网络,赋能东数西算,将为光通信带来新的发展机遇。"全光算力网络"以实现算网一体服务为目标,通过提升光网络基础承载能力和业务提供能力,推动全光底座的智能开放和云光一体化服务,为泛在算力资源的高效连接调度,提供高品质、低时延的运力保障。

具体需要通过三方面来实现。一是提升全光底座基础承载能力,为算力调度提供强大的运力保障。以超高速率、超大容量、超长距离、超宽灵活、超强智能为目标,保障算力资源高效连接调度。二是实现高速泛在光接入,推动高品质光业务网发展。构建架构稳、覆盖全的综合业务区和全光锚点,提供多种技术体制的高速泛在光接入,实现灵活便捷全光入云。三是推进光网络开放解耦与智能化增强,向着自智光网络演进。以 SDN 化为抓手,推动光网络开放与解耦,并通过网络 AI、数字孪生、意图驱动等技术创新,不断提升光网络自动化和智能化水平。

(1)全光算力网络目标架构

2022 年 5 月 17 日,中国联通正式对外发布了算力时代的全光底座。中国联通全光算力网络架构如下,主要包括枢纽间、枢纽内和城市内三部分。

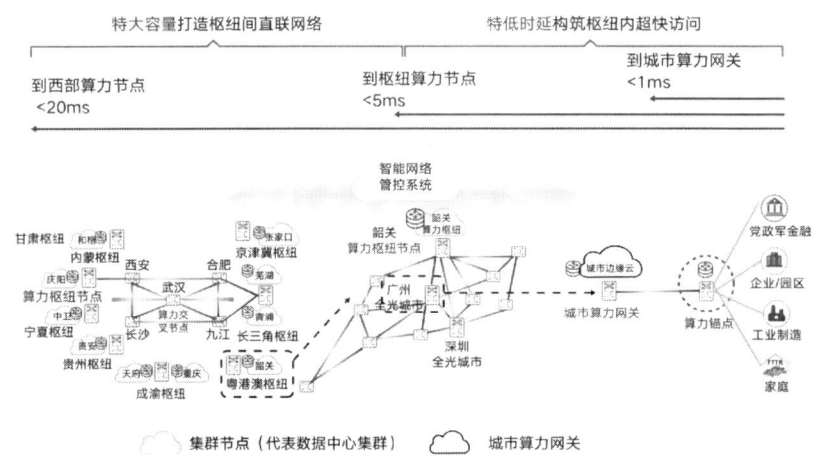

图 1　算力时代全光底座目标架构

枢纽间：OXC/ROADM 构建枢纽间全光互联，打造 20ms 枢纽间连接；网络架构稳定可支持 400G 平滑演进，支持立体多平面演进，按需平滑扩展到 500T+ 以上能力，满足东数西算中长期业务需求。

枢纽内：OXC/ROADM 打造枢纽内算力全光互联，打造主要城市算力网关到枢纽内集群 5ms 时延圈，网络可持续向 400G 演进，实现绿色节能。

城市内：增加光锚点覆盖，实现用户到算力网关的一跳接入，实现城市内 1ms 时延圈。

（2）全光算力网络关键技术

强大的全光算力网络发展离不开光通信技术的创新赋能，这可以从两个维度来推进。一是通过基础传输技术创新提升高速泛在的全光传送能力，包括发展新一代光纤技术、加快光通信向着更高速率和更大带宽方向演进，同时通过推动波分向城域和接入下沉来实现全光传送和接入的泛在化；二是增强光网络的服务能力，实现全光业务的智能敏捷提供，推动光网络由基础网络向业务网络方向发展，为此需要进一步提升光网络的智能化与开放性。具体创新技术如下：

新型光纤技术：兼具大有效面积和低损耗特性的 G.654.E 光纤将为单波 400G/800G 传输系统的部署铺路，更好地满足全光算力网络发展需要。近年来中国联通联合产业链积极开展 G.654.E 光纤标准化、产业化及试验示范，目前国内运营商均已开始商用部署。G.654.E 光纤可以显著提升超高速传输系统的无电中继距离，为构建超高速超长距大容量骨干光网络奠定基础，更好服务于"东数西算"战略实施。

超高速传输：100G WDM 早就在全网大规模部署，200G 系统也有商用部署，包括 32G 波特率的 16QAM 和 64G 波特率的 QPSK 技术。近年各运营商均在开展单波 400G WDM 技术的验证测试，推动骨干网长距离 400G 技术的逐步成熟。客户侧 100G 接口还将继续规模应用，400G 将成为超 100G 客户侧的主要接口。为应对城域流量剧增，城域光网络将率先引入 400G 及超 400G WDM 技术。超高速传输的进一步发展则需要依靠频谱扩展与多波段传输，通过增加波道数来提升传输容量。多波段传输（MBT）可以充分利用光纤可用频谱资源，是提升单模光纤传输容量的潜在技术手段。为了增大单纤系统总传输容量，需要在常规 C 波段外，不断扩展频谱（C++ 扩展波段，C+L 扩展波段）。

全光组网：利用 ROADM 组网，构建动态全光业务网络。在骨干/区域层面，中国三大运营商均已规模建设全国和区域 ROADM/OXC 网络，配合超高速光传输技术，构建了灵活动态的骨干全光网络；而在城域层面，伴随着 WDM 下沉，ROADM 技术也在不断下沉，在城域核心节点引入高维度 ROADM 或 OXC 的同时，在城域边缘接入需要引入低成本低维度 ROADM，以代替传统的 MUX/DMUX/FOADM 固定组网，实现城域灵活动态组网。针对城域边缘层应用场景，低维度（4维/9维等）、固定栅格的 WSS 将有较大的成本优势。

泛在光联接：一方面需要推动波分下沉，实现大容量波长级光连接服务；另一方面推动光接入向房间、桌面和机器延伸（FTTR、FTTM）。从长距离骨干网到城域网核心，再到城域边缘接入层，逐步构建端到端的大容量全光网络。面向城域和边缘接入层，产业链需要发展低成本的100G WDM技术，以便100G WDM能更经济合理地向县城、乡镇下沉，构建全光城市、全光乡村。全光锚点是光网与业务的衔接点，依托全光锚点，可以稳步推进综合业务接入、提高资源利用率；可以基于PON、G.metro、OSU、OTN、WDM等多样化接入手段，将光网络延伸至最终用户，提供无处不在的光连接服务，保障用户便捷获取和使用算力资源。

灵活承载：为进一步增强业务承载灵活性，面向低时延、小颗粒、多业务等差异化需求，光网络的业务属性需进一步增强。可以基于OSU技术，实现Mbit/s到Gbit/s不同速率等级业务的高效灵活承载，并不断增强光网络的业务感知能力，利用OSU/OTN网络提供业务灵活入云服务。

智能开放：构建面向算网融合的全光算力网络离不开网络运营和服务的智能化，为此需要继续推动软件定义光网络的发展，完善基于SD-OTN的政企精品网并扩展到全光算力网络。进一步将AI相关技术应用到光网络的运营和维护中，逐步实现自智光网络。此外，需要积极推动光网络的开放组网。随着SDN技术规模部署，网络开放和解耦成为促进产业创新、降低建网成本的重要趋势。开放光网络将基于标准的南北向接口以及运营商统一管控系统和协同编排器，构建多供应商开放组网的全光底座，繁荣产业生态，加速业务创新。IP与光的深度融合是开放光网络的重要追求，也是简化网络架构的重要手段。IP设备与光网设备的技术边界越来越模糊，例如相干光模块将不仅仅是光网络设备中的技术，也可直接应用于IP网。

（3）全光算力网络实施思路

中国联通积极倡导和推动全光算力网络的发展。为了筑牢面向算网融合服务的低时延、高带宽、高可靠、高安全的全光传送底座，实现算力业务高质量传送，近期重点关注三方面工作：

一是围绕算力中心和业务流量中心，建设低时延骨干光缆网。在现有"八纵八横"光缆网基础上，加快推进京沪、沪穗、京汉广、贵广等段落光缆建设，持续优化八大枢纽节点间低时延直达光缆，并聚焦京津冀、长三角、粤港澳、成渝、鲁豫陕等算力集群区域，实现光缆最优接入。

二是打造大带宽、低时延、高安全的骨干传输网。中国联通将实现24个联通自有数据中心ROADM网全覆盖，重点段落部署超100G系统和OXC，打造超大带宽全光传送底座，开展超长距开放光网络试验，实现云间一跳直达，并增强光层自主可控能力。

三是重点打造四大城市群低时延圈。确保京津冀、长三角、大湾区、成渝等区域内传输时延低于10ms，核心城市间争取2～3ms。

4. 总结

国家"东数西算"工程已全面启动，将为新型数据中心和新一代通信网络发展带来新的重大机遇。基于全光底座的全光算力网络是支撑"东数西算"的关键基础设施，全光算力网络能够提供超高安全、超低时延、超高可靠、超大带宽、超长距离、灵活可调、绿色节能的高品质连接，可以快速高效地将"东数"运送到"西算"，助力国家"东数西算"战略实施，提升跨区域算力调度水平，为泛在算力资源提供运力保障，从而奠定数字经济高质量发展的坚实基础。

参考文献

[1] 国家发展改革委，等. 全国一体化大数据中心协同创新体系算力枢纽实施方案［EB/OL］.（2021-05-24）［2022-08-26］. https://www.gov.cn/zhengce/zhengceku/2021-05/26/5612405/files/37d38a7728564ad8b5e4f08c16cfc8f2.pdf.

[2] 工业与信息化部. 新型数据中心发展三年行动计划（2021—2023年）［EB/OL］.（2021-07-14）［2022-08-27］. http://www.gov.cn/zhengce/zhengceku/2021-07/14/content_5624964.htm.

[3] 中国联通研究院. 算力时代的全光底座白皮书［Z］. 中国联通研究院，2022.

[4] 唐雄燕."两维度"创新全光算力网络，助力"东数西算"战略实施. C114通信网，2022-02-23.

作者简介

唐雄燕，工学博士，教授级高级工程师。中国联通研究院副院长、首席科学家，下一代互联网宽带业务应用国家工程研究中心主任，为"新世纪百千万人才工程"国家级人选。兼任北京邮电大学教授、博士生导师，工业和信息化部通信科技委委员，北京通信学会副理事长，中国通信学会理事兼信息通信网络技术委员会副主任，中国光学工程学会常务理事兼光通信与信息网络专家委员会主任。拥有20余年的电信新技术新业务研发与技术管理经验，主要专业领域为宽带通信、光纤传输、互联网、物联网与新一代网络等。

空芯光纤长距离通信的机遇与挑战
Opportunity and Challenge for Hollow-Core Optical Fiber in the Long-Distance Telecommunication

陈 伟

陈 伟* 李 萍 许青向 王廷云
上海大学特种光纤与光接入网重点实验室
特种光纤与先进通信国际合作联合实验室

> **摘　要**：空芯反谐振光纤的科学研究取得了突破性的进展，其优良的光学特性与现有光纤相比具有潜在的优势，因此，空芯反谐振光纤成为当前光纤通信领域的研究热点。本文介绍了空芯反谐振光纤的导光机理，分析了空芯光纤在光纤通信系统中的容量优势，阐述了空芯反谐振光纤的发展机遇与面临挑战，以期能够为我国光纤通信产业下一代光纤的布局提供一定的参考与借鉴。
> **关键词**：空芯光纤　嵌套无节点　光纤通信　机理　机遇　挑战

1. 引言

光纤是大容量高速率光纤通信技术发展的关键传输载体。传统的阶跃折射率型单模光纤（SI-SMF），其中心具有较高的折射率，包层材料具有较低的折射率，以便通过全内反射（TIR）的机理传输光波电磁场，其导模的有效折射率（neff）介于芯层中心折射率（n1）和包层折射率（n2）之间。随着研究的不断深入，科学家们发现了光纤中新的导光机理，因而也发明并提出了不同光纤的结构，如微结构光纤、多孔光纤、光子晶体光纤等。光纤波导不再局限于传统的全内反射原理，光纤纤芯的折射率可以比包层的折射率低，低折射率纤芯的光纤也可以传输光波电磁场[1,2]，实现光纤通信或者光纤传感等应用。

1999 年，P. St. J. Russell 在 *Science* 发表论文[3]，提出了空芯单模光子带隙型光子晶体光纤（HC-SM-PBG-PCF）。该光纤的纤芯中空，充满了空气，包层为二维的空气孔周期性排列结构；这种二维的周期性结构形成了特定的光子禁带，可以将一定频率的光限制在纤芯中进行传输。这种空芯光纤可以克服常规阶跃型折射率单模光纤的基本限制，理论上可以大幅度降低损耗极限，具有较低的非线性，并且可以提高光的损伤阈值[4,5]。为此，科学家们对光子晶体光纤技术进行了大量的研究，中空的光子晶体光纤在降低损耗过程中遇到了很大的困难，衰减一直处于 1dB/km 以上的水平[6-10]；而且制造的长度较短，极大地影响了实际应用。

为了解决空芯光纤的损耗难题，科学家们提出了一种新的空芯光纤——空芯反谐振光纤；该光纤理论上可以突破原来光子晶体型空芯光纤的瓶颈限制，其损耗与传输带宽都优于当前的石英光纤[11,12]。空芯反谐振光纤（HC-ARF）成为近年来的研究热点，并且取得了突破性的进展[13]。因此，本文将介绍空芯光纤的导光机理，阐述空芯光纤长距离通信的容量优势及其发展的机遇与挑战。

2. 空芯光纤的优点与传输带宽

目前通信用 G.652.D 单模光纤的通信容量能力已经得到了充分的挖掘，各种新型的复用技术、调制技术及数字信号处理（DSP）技术的运用，极大地提升了光纤通信的容量。5G 正以超过我们想象的速度快速发展，当前的通信容量逐渐逼近香农极限；如何破局光纤通信系统的容量危机，成为通信领域的重要课题。

光纤在提升光纤通信系统容量中扮演着重要而关键的角色，在传统实芯光纤技术上开发演进的超低损耗光纤（ULLF）、超大有效面积光纤（ULA）以及空分复用技术（SDM），包括多芯复用、模分复用等新技术可望实现更高的容量。

从理论上讲，空芯光纤（HCFs）与传统光纤相比具有明显的光学性能优势：超低的克尔非线性（比常规单模光纤低 3 到 4 个数量级），光的传播速度比实芯单模光纤快 50%，较低的色散；更重要的是，空芯反谐振光纤（HC-ARF）具有远大于单模光纤可利用的通信带宽，并且不受信道间受激拉曼散射（ISRS）问题的影响。因此，空芯反谐振光纤可能是下一代超宽带超低损耗光纤的发展方向。

图 1 OFC2021 报道的 NANF 端面照片[18]

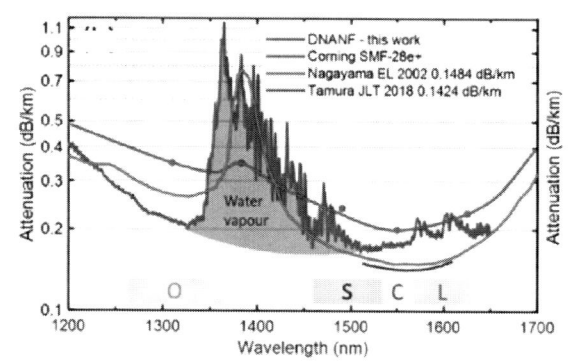

图 2 OFC2022 报道的 DNANF 损耗谱[19]

嵌套反谐振无节点光纤（NANFs）的 HCFs，有望同时解决传输损耗和模态间干扰 IMI 问题。嵌套管的添加将显著减少非嵌套管状设计的损耗[14]，而圆柱形管之间没有接触点将消除光谱谐振并扩大低损耗窗口，能够将泄漏损耗降至 10% 以下。NANFs 光纤经过科学家的研究改进，近年来在降低损耗方面取得显著的进展：2018 年达到

1.3dB/km[15]，2019年达到0.65dB/km[16]，2020年达到0.28dB/km[17]，2021年达到0.22dB/km[18]（图1为2021OFC报道的光纤端面图片），标志着空芯反谐振光纤的损耗达到了商用通信单模光纤的水平。

2022年，英国Southampton大学和Lumenisity公司联合发表OFC大会论文[19]，报道其制备出更低损耗的空芯双嵌套无节点反谐振光纤（DNANF）（图2）；该光纤在C波段损耗系数为0.174dB/km，在O波段的损耗系数为0.22dB/km（纯二氧化硅在O波段的最佳水平为0.27dB/km），这个数据优于当前单模光纤的损耗水平，创造了空芯光纤的又一里程碑。从图5损耗谱对比来看，该DNANF光纤在C波段的损耗谱的平坦段向S波段延续，显示出较宽的通信窗口。采用该光纤5km进行双信道400G的通信测试10小时，无误码产生，系统试验显示出一定的通信可靠性，这表明空芯光纤具备实用化的通信能力。

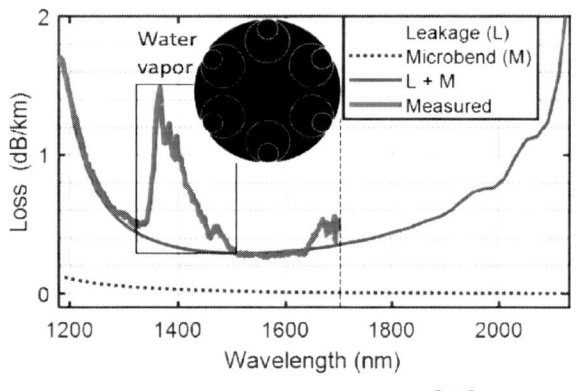
图3 NANF衰减谱仿真与测试[19]

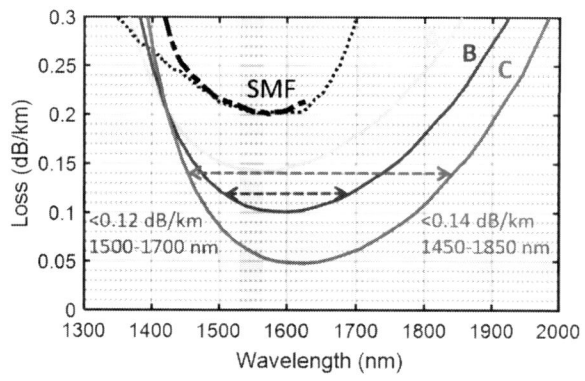
图4 NANF的衰减与窗口带宽预测[19]

理论预测NANF光纤的衰减曲线与实测的结果（图3）表明，NANF光纤在C波段具有较低损耗特性。理论上可以通过减少长波长泄漏来获得更宽的低损耗传输带宽。通过进一步预测（图4），NANF光纤损耗可以降低到0.145、0.10和0.05dB/km（曲线分别为A、B和C）。曲线A表明，如果NANF达到与当前纯二氧化硅单模光纤（PSCF）相同的最小C波段损耗[19]，则空芯光纤提供的带宽将会更宽。PSCF提供约180nm的低损耗带宽，在1450—1630nnm波长范围内损耗系数优于0.17dB/km；而NANF可提供230nm的低损耗传输带宽，在1450—1680nm波长范围内优于0.145dB/km。如果NANF的最小损耗可以降低到0.10dB/km，曲线B显示可以提供200nm的低损耗带宽，在1500—1700nm波长范围内可获得0.12dB/km以下的低损耗。曲线C显示，最小损耗为0.05dB/km的NANF，在1450—1850nm的400nm波长窗口可以获得低于0.14dB/km的低损耗带宽。

3. 空芯光纤的通信容量能力

可对 NANF 与标准单模光纤的通信容量能力作进一步比较。如果通信链路终端的噪声是加性的、高斯白噪声，则可以采用香农公式来表达通信链路通信容量能力 T（Tb/s）[13]：

$$T = 2\frac{R_{ch}}{\Delta f}B_{WDM}$$

其中，B_{WDM} 是用于传输的总光带宽（THz），Δf 是通道间距（THz），R_{ch} 是通道符号速率（TBaud），SNR 是在每个通道的接收星座上观测到的信噪比。

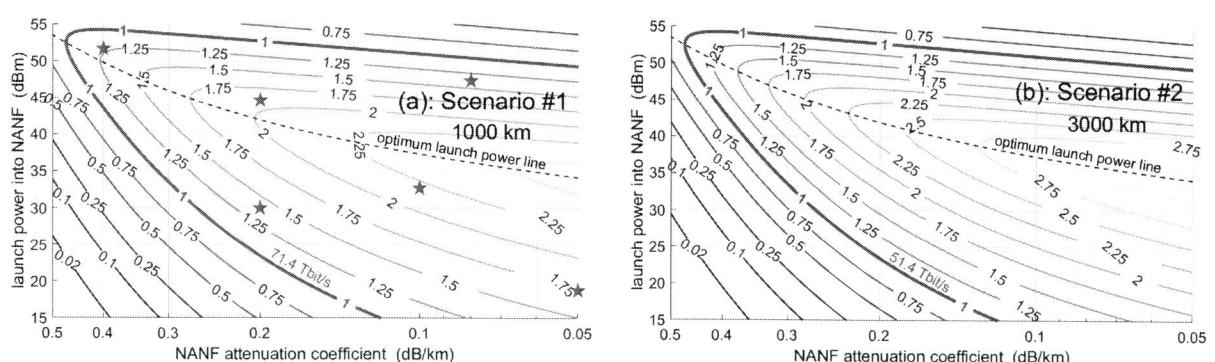

图 5　C+L 波段传输系统容量分析 [13]

对通信容量进行分析，显示标准单模光纤（SMF）在 1550bm 的典型损耗为 0.20dB/km，色散系数 $D=16.7$ps/（nmkm），非线性系数 $\gamma=1.3(Wkm)^{-1}$。我们假设 NANF 的相关参数：非线性系数 $\gamma=5.10^{-4}(Wkm)^{-1}$，色散值 $D=2$ps/（nmkm），这些参数与实际情况存在一定的裕量空间。

F. Poletti 等 [13] 研究了不同的应用场景下 NANF 与 SMF 光纤的通信容量能力，分别为 1000km 应用场景（图 5（a））和 3000km 应用场景（图 5（b））。第一个场景为 C+L 波段 1000km 的通信场景：单跨长度 100km，10 个跨段的通信链路。对于 SMF 和 NANF，我们假设 C+L WDM 带宽传输（约 9THz），对应 103 个信道。我们将 NANF 与 SMF 的最大数据传输容量的比值绘制成等值线图（见图 5）。研究表明：在最佳总发射功率为 20.2 dBm 情况下，得到 SMF 提供的最大通信容量能力 T_{MAX}^{SMF} 为 71.4Tb/s [图 5（a）中的红色等值线"1"]；在图 5（a）中可以看出，即使在 NANF 损耗大于 SMF 损耗的值时，NANF 的通信容量能力也比 SMF 大。例如，对于一个 0.275 dB/km 的 NANF 损耗，在 35 dBm 的发射功率下，其数据通信容量仍然比 SMF 大 25%。如果施加相同的注入光功率，0.235 dB/km 损耗的 NANF 的数据通信容量仍然比 SMF 吞吐量大 50%。如果我们假设 NANF 的损耗与 SMF 相同（0.20dB/km），在 31.8 dBm 的注入光功率下，NANF 数据通信容量比 SMF 高 50%。因此，NANF 长距离通信容量能力优于 SMF。

第二个应用场景，C+L 波段 3000km 的通信场景 [图 5（b）]：单跨长度 100km，30

个跨段的通信链路。在损耗 0.20dB/km 和 31.8 dBm 注入光功率的情况下，3000km 链路时 NANF 提供 1.7 倍的 SMF 通信容量能力，而它在 1000km 可提供 1.5 倍的能力。可见在传输距离更远时，更加突出了 NANF 的通信容量能力。这是因为在 3000km 长距离应用场景下，每信道的比特／符号数量（$ch_{b/c}$）增加，$ch_{b/c}$ 的极值问题得到了缓解。T_{MAX}^{SMF} 在 3000km 通信链路场景下是 51.4 Tb/s，其 $ch_{b/s}^{SMF}$=7.8$bits/symb$。对于 NANF 来说，1.5 倍的容量增长需要 $ch_{b/s}^{SMF}$=11.7$bits/symb$，虽然具有一定的挑战性，但在未来具备可行性。

Md Asif Iqbal 等 [20] 首次将 10.25km 的空芯 NANF 光纤进行了 38 通道 400G 的 DWDM 系统传输试验，该 10.25km 的空芯 NANF 光纤，由 4.1km 和 6.15km 的空芯 NANF 光纤熔接而成（图 6 为三根光纤的损耗谱）。该实验中空芯光纤与单模光纤的熔接损耗为 0.45dB，空芯光纤的自熔接损耗为 0.30dB。从图 7 可以看出在同样的传输条件下，10.25km 的 NANF 传输系统的误码率优于 10km 的 SMF 光纤传输试验的误码率，具备良好的密集波分系统传输性能。

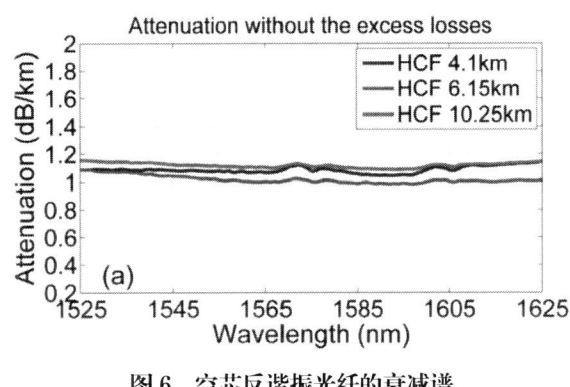

图 6　空芯反谐振光纤的衰减谱　　　图 7　空芯反谐振光纤 400G 的误码率

综上分析可以得出：空芯反谐振光纤具备优于传统光纤的低损耗特性、潜在的超宽带特性以及通信容量优势，因此，空芯反谐振光纤在长距离超大容量通信方面具有较好的潜在应用前景。

4. 空芯光纤应用面临的挑战

空芯光纤虽然在损耗、通信带宽、非线性方面具有较大的优势，并且已进行了 400G 的通信试验，但空芯光纤的应用仍面临诸多的挑战。

首先，空芯光纤的熔接是其应用必须解决的问题。空芯 NANFs 之间的连接损耗目前在 0.1—0.2dB 之间 [21]，而如果模场不匹配或受到菲涅耳反射影响，对实心单模光纤的连接损耗往往更高，但是通过适当的优化，SMF-NANF 连接损耗可达到 0.15dB [22]。空芯光纤的熔接需要研究专用的熔接技术，并进行标准化与规范化，以指导空芯光纤的应用。

其次,空芯光纤的制备工艺完全不同于传统光纤的制备技术,其特性受制于光纤制备工艺过程对结构与性能的影响。以目前实验室的研究水平向工程化转化,还有很长一段路要走,需要科学界与工程界联合起来,加快空芯光纤的生产工艺技术研究,使其具备工程化批量生产的能力。

再者,空芯光纤要走向实用化,需要逐步培育形成空芯光纤通信产业链的上下游,包括原材料技术、设备技术、器件技术以及空芯光纤中继放大技术等与应用相关的技术,从而实现产业链联动、应用技术配套齐全,才能够使空芯光纤在通信领域逐渐走向实用化。

最后,空芯光纤与纯二氧化硅超低损耗光纤(ULL)的0.14dB/km水平相比还有一定差距,还需要不断研究改进,以优化结构、稳定工艺,进一步降低空芯光纤的损耗系数,提高其综合性能与可靠性。

经过长期发展与规模化应用的实芯光纤,其各个方面均已发展成熟,具有良好的产业链配套能力与市场接受度;空芯光纤要在产业上实现应用,的确面临较大的挑战,还需要产业界与科学界的共同努力、联合创新,逐渐将其应用技术发展成熟。

5. 结论与展望

空芯光纤在低损耗、传输带宽与通信容量能力、低非线性等方面都具有显著的优势。空芯光纤在理论突破、制备技术、基础应用研究方面都已经取得了较大的进展,NANF以及基于NANF的光纤通信传输系统会有更大的技术突破与应用进展。相信经过产业界与科学界的联合创新,低损耗超宽带空芯光纤技术将逐渐走向成熟,也将极大地有利于光纤通信系统的未来扩容与升级,对于提升光纤通信系统的容量具有前瞻性的重要价值。

6. 致谢

感谢国家重点研发计划项目(2018YFB1801800)、国家自然科学基金项目(61975113,61935002)、上海先进光波导智能制造与测试专业技术服务平台(19DZ2294000)、高等学校学科创新引智计划(111)(D20031)对本研究的资助与支撑。

参考文献

[1] F. POLETTI, M. N. PETROVICH, D. J. RICHARDSON. Hollow-core photonic bandgap fibers: technology and application [J]. Nanophotonics,2013,2(5):315-340.

[2] LIU, J., ZHANG, J., LIU, J. et al. 1-Pbps orbital angular momentum fibre-optic transmission [J]. Light, Science & Applications, 2022, 11(1):202.

[3] R. F. CREGAN, B. J. MANGAN, J. C. KNIGHT, et al. Single-mode photonic band gap guidance of light in air [J]. Science,1999, 285（5433）:1537-1539.

[4] R. F. CREGAN, B. J. MANGAN, J. C. KNIGHT, et al. Ultimate low loss of hollow-core photonic crystal fibres [J]. Opt. Express, 2005, 13（1）:236-244.

[5] J. D. SHEPHARD, J. D. C. JONES, D. P. HAND, et al. High energy nanosecond laser pulses delivered single-mode through hollow-core PBG fibers [J]. Opt. Express, 2004,12（4）:717-723.

[6] LIGHT P. S, COUNY F, BENABID F. Low optical insertion-loss and vacuum-pressure all-fiber acetylene cell based on hollow- core photonic crystal fiber [J]. Opt. Lett., 2006, 31（17）: 2538-2540.

[7] LYNGSØ J. K. , MANGAN B. J. , J ROBERTS P. J., et al. 7-cell core hollow-core photonic crystal fibers with low loss in the spectral region around 2 μm [J]. Opt. Express, 2009, 17（26）:23468.

[8] Y. WANG, GEROME F, HUMBERT G, et al. Low loss and broadband hollow-core photonic crystal fibers [G]// Bellingham WA: SPIE,Proceedings of SPIE, the International Society for Optical Engineering, 2011:7946.

[9] PETROVICH M N, POLETTI F, WOOLER J P, et al. Demonstration of amplified data transmission at 2 μm in a low-loss wide bandwidth hollow core photonic bandgap fiber [J]. Opt. Express, 2013, 21（23）: 28559-28569.

[10] HASAN MD. RABIUL, AKTER SANJIDA. Extremely low-loss hollow-core bandgap photonic crystal fibre for broadband terahertz wave guiding [J]. Electronics letters, 2017, 53（11）:741-743.

[11] B. DEBORD, A. AMSANPALLY, M. CHAFER, et al. Ultralow transmission loss in inhibited-coupling guiding hollow fibers [J]. Optica, 2017, 4（2）: 209-217.

[12] MICHAEL H. FROSZ, PAUL ROTH, PHILIP ST.J. RUSSELL, et al. Analytical formulation for the bend loss in single-ring hollow-core photonic crystal fibers [J]. Photon. Res., 2017, 5（2）: 88-91.

[13] P. POGGIOLINI AND F. POLETTI. Opportunities and Challenges for Long-Distance Transmission in Hollow-Core Fibres [J]. Journal of Lightwave Technology, 2022, 40（6）:1605-1616, 15.

[14] A. D. PRYAMIKOV, ALEXANDER S. BIRIUKOV, ALEXEY F. KOSOLAPOV, et al. Demonstration of a waveguide regime for a silica hollow-core microstructured optical fiber with a negative curvature of the core boundary in the spectral range > 3.5 μm [J]. Opt. Express, 2011, 19（2）:1441-1448.

[15] T.D. BRADLEY, J.R. HAYES, Y. CHEN, et al. Record Low-Loss 1.3dB/km Data Transmitting Antiresonant Hollow Core Fibre [C]// Proc. ECOC 2018, paper PDP Th3F.2, 2018.

[16] T. D. BRADLEY, G. T. JASION, J. R. HAYES, et al. Antiresonant Hollow Core Fibre with 0.65 dB/km Attenuation across the C and L Telecommunication Bands [C]// Proc. ECOC 2019, paper PD3.1, 2019.

[17] G. T. JASION, T. D. BRADLEY, K. HARRINGTON, et al. Hollow Core NANF with 0.28 dB/km Attenuation in the C and L Bands [C]// Proc. OFC2020, paper Th4B.4, 2020.

[18] H. SAKR, T. D. BRADLEY, G. T. JASION, et al. Hollow Core NANFs with Five Nested Tubes and Record Low Loss at 850, 1060, 1300 and 1625nm [C]// Optical Fiber Communication Conference（OFC）2021, paper F3A.4, 2021.

[19] G. T. JASION, HESHAM SAKR, JOHN R HAYES, et al. 0.174 dB/km Hollow Core Double Nested

Antiresonant Nodeless Fiber (DNANF) [C]// 2022 Optical Fiber Communications Conference and Exhibition (OFC), paper Th4C.7, 2022.

[20] A. IQBAL, P. WRIGHT, N. PARKIN, et al. First Demonstration of 400ZR DWDM Transmission through Field Deployable Hollow-Core-Fibre Cable [C]// Optical Fiber Communication Conference (OFC) 2021, paper F4C.2, 2021.

[21] A. NESPOLA, S. R. SANDOGHCHI, L. HOOPER, et al. Ultra-Long-Haul WDM Transmission in a Reduced Inter-Modal Interference NANF Hollow-Core Fiber [C]// Optical Fiber Communication Conference (OFC) 2021, paper F3B.5, 2021.

[22] SUSLOV D, KOMANEC M, NUMKAM FOKOUA E R, et al. Low loss and high performance interconnection between standard single-mode fiber and antiresonant hollow-core fiber [J]. Scientific Reports, 2021, 11 (1):1-9.

作者简介

陈伟，上海大学特聘教授。长期致力于光纤技术研究与新品开发及工程化应用。入选国家"百千万人才工程"，获"有突出贡献中青年专家"称号，为享受国务院政府特殊津贴专家、中国光纤通信业界科技精英。2001年4月—2014年4月，在武汉邮电科学研究院从事光纤的研究与开发，曾担任烽火锐光科技有限公司总经理；2014年5月—2021年8月，先后担任亨通光纤科技股份有限公司总工程师、总经理，兼任亨通光导新材料有限公司总经理；2021年9月调入上海大学特种光纤与光接入网重点实验室，从事科研工作。

曾承担或主持多项国家"973"和"863"计划项目课题、国家强基工程重大项目、国防重大专项等，多个科研项目成果已经转化应用。曾获江苏省科学技术奖一等奖、湖北省科技进步一等奖、中国光学工程学会科学技术一等奖、中国电子学会科技进步奖一等奖、中国通信学会科技进步二等奖。参与制定国家标准与行业标准10余项，授权发明专利50余项，发表学术论文60余篇。

李　萍，上海大学通信与信息工程学院硕士研究生。
研究方向：新型特种光纤及先进通信技术研究。

李　萍

许青向，上海大学通信与信息工程学院硕士研究生。
研究方向：新型特种光纤及先进通信技术研究。

许青向

纤缆新技术在电力领域的探索与实践
Exploration and practice of novel fiber cable technology in power field

罗文勇

罗文勇　胡国华　祁庆庆　汪　昊　陈保平
烽火通信科技股份有限公司

摘　要：本文阐述了新型光纤光缆技术，结合智能电网、电力能源互联网建设发展对光纤光缆技术发展的要求，对光缆技术以及基于分布式传感的新型线缆在线监测技术进行了探讨，介绍了包括超低损耗光纤、耐极寒光纤、G.654.E、多芯光纤技术，以及多系列防鼠光缆、阻燃耐火光缆、柔性直流输电用光缆、预制成端光缆等产品技术，研究了在电力领域的光纤传感解决方案与技术应用。

关键词：光纤　防鼠光缆　耐火光缆　柔性光缆　线路在线健康监测

1. 前言

《中华人民共和国国民经济和社会发展第十四个五年规划和2035年远景目标纲要》提出要加快数字化发展，建设数字中国。国家工信部等部委联合提出，到2023年底，在国内主要城市初步建成物联网新型基础设施，使社会现代化治理、产业数字化转型和民生消费升级的基础更加稳固。在此背景下，十四五"期间，我国将加快电网基础设施智能化改造和智能微电网建设，助力我国碳中和目标的实现。

我国智能电网市场规模持续扩大，预计2022年市场规模将超900亿元。2009—2020年国家电网总投资3.45万亿元，其中智能化投资3841亿元。在智能化投资中，为促进智能电网的"通信信息"的智慧化投资占比为12.6%，总投资约220.5亿元。在一系列政策驱动下，电力行业对智慧化应用需求激增，智能化与数字化是行业发展的必然趋势。

智能化与信息化密不可分，而数字化带来的海量数据需要良好的载体进行传输和处理。当前世界90%以上的信息由光纤传输，采用光纤技术不仅可实现数据的信息传输，还能实现状态的感知，同时进行数据化的处理和传递，从而能有效推动电力系统的智能化和数字化。相比其他技术，光纤还具有抗电磁干扰、灵敏度高、体积小、易成阵列等诸多特点，因此，光纤光缆在电力领域具有良好的应用基础。本文结合光纤技术的发展和电力应用光缆的特性，对应用于电力领域的新型光缆、基于分布式的光纤传感解决方案予以介绍。

2. 光纤技术发展

按照 ITU-T（国际电信联盟）、IEC（国际电工委员会）和中国国标的建议，光纤可分为以下几类：

表 1　光纤的分类及其优缺点

类别	ITU-T	IEC/国标GB	定义	优点	缺点
多模光纤	G.651	A1.a	50/125um多模光纤	连接损耗低、耦合效率高	衰耗较大、只能短距离使用
	/	A1.b	62.5/125um多模光纤		
单模光纤	G.652D	B1.3	非色散位移光纤	技术成熟，价格低	在1550nm窗口色散较大
	G.653	B2	色散位移光纤	1550nm窗口零色散	四波混频严重，已淘汰
	G.654	B1.2	截止波长位移光纤	1550nm窗口衰耗最低	制造工艺难度大、价格高，仅用于长途海缆
	G.655	B4	非零色散位移光纤	1550nm窗口低色散	技术方法多、成本高
	G.656	B5	三波段光纤	全波段（S、C、L）	
	G.657A/B	B6.a/B6.b	弯曲不敏感光纤	用于室内布线、FTTH	

在大容量、超长无中继陆地干线传输中使用 G.652.D 和 G654E，在接入网中则以 G.652.D 和 G.657 系列为主，在数据中心中则以 G.651 为主。其具体发展历程如下：

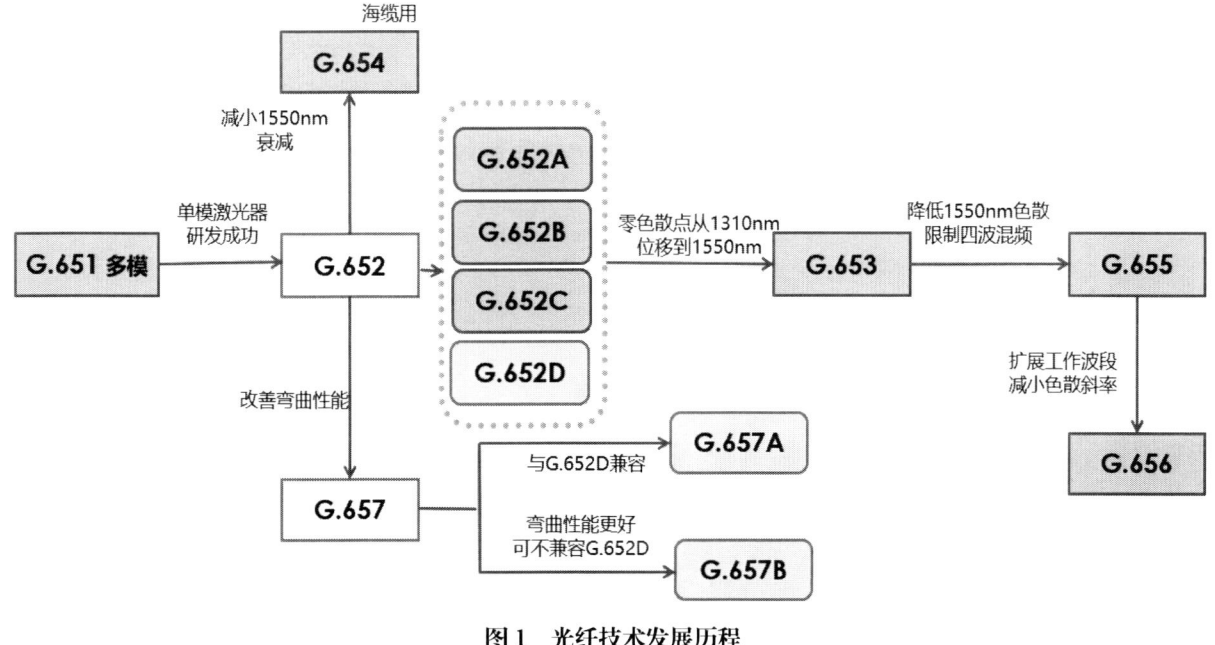

图 1　光纤技术发展历程

近年来一些新型光纤在技术方面的进步，也使其拓展到电力应用领域。

实现长距离、大容量通信，一直是光纤技术发展的方向。在电网系统主干道通信中，除了标准的 G.652 光纤，还发展出与 G.652 标准性能兼容的低损耗光纤（LL）、超低损耗光纤（ULL）；基于超低损耗光纤在 2.5Gbit/s 速率下采用双向喇曼通信段的单跨距离已经达到 400km。具备大有效面积的超低损耗光纤 G.654.E 可满足网络未来的升级要求，能满足 40G/100G 以及链路超过 1000km 面向未来规划的网络，适用于荒漠、戈壁等无人区。

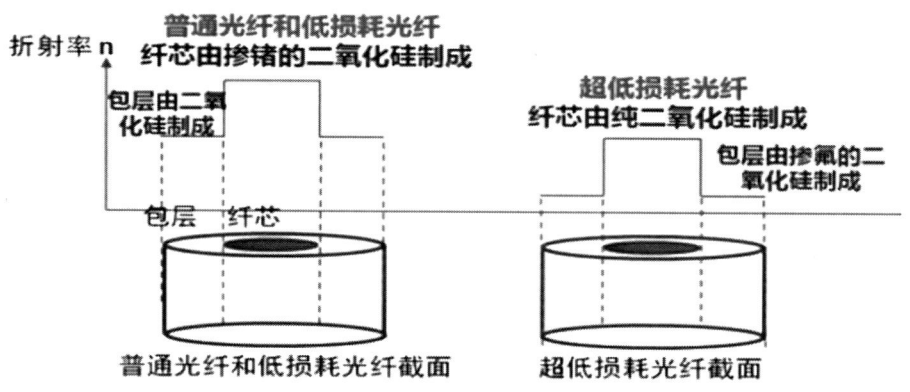

图 2　超低损耗光纤与普通光纤对比

另外针对一些特殊地区，烽火通信也发展了耐极寒光纤，满足 -70℃极寒环境的要求，适用于我国黑龙江、内蒙古、西藏、青海等极寒地区的通信线路建设，可用于未来跨洲联网及极寒地区输电线路建设。

另外基于多芯光纤的空分复用传感技术近年来已成为研究热点。例如粤港澳大湾区超大容量传输工程，即采用烽火通信的七芯光纤光缆及相对应的扇入扇出光纤器件。

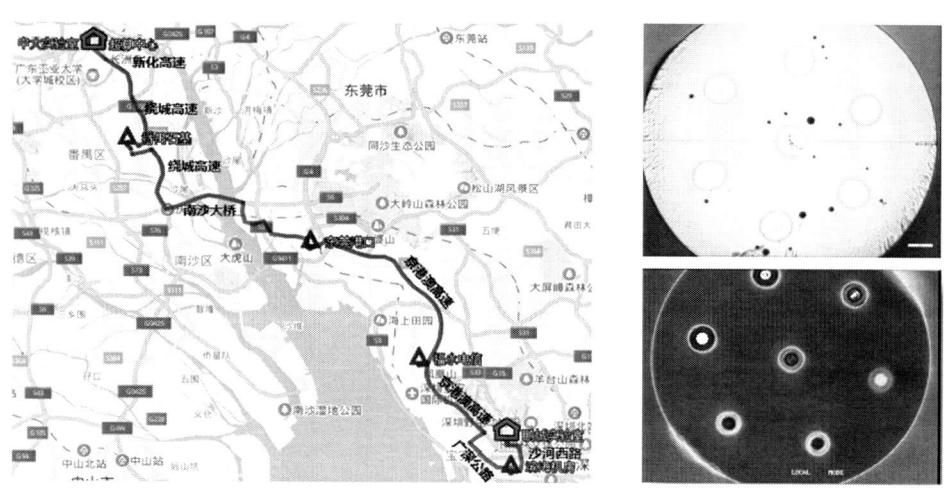

图 3　粤港澳大湾区超级光网络项目中多芯光缆路由图及对应多芯光纤示意图

3. 防鼠光缆技术

光缆行业所说的"鼠害",通常指光缆敷设环境中啮齿类动物噬咬造成通信中断或光缆寿命缩短。啮齿动物数量庞大,种类超过 2000 种,我国的啮齿动物种类超过 200 种。光缆防鼠措施是在一定程度和一定实效上,缓解和推迟鼠害,降低光缆传输性能遭受破坏的可能。

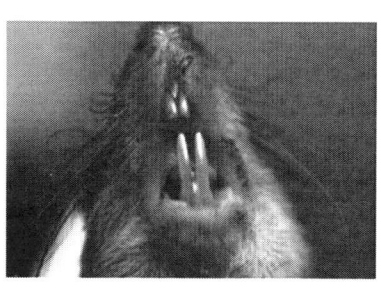
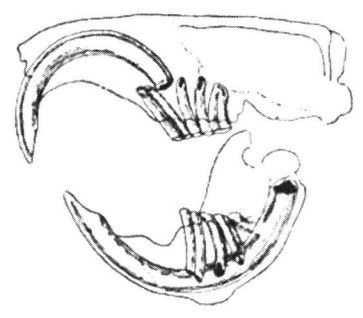

图 4 老鼠的牙齿图

啮齿动物的上下颌分别有一对没有齿根、终生生长的门齿。啮齿动物需要啃咬磨短牙齿,以利于取食,因此鼠类并非把光缆当作食物。

图 5 典型光缆鼠害图

在 GB/T 29199-2012《光缆防鼠性能测试方法》中,制定了适用于物理法防鼠光缆的试验;在 JB/T 10696.10-2011《电线电缆机械和理化性能试验方法第 10 部分:大鼠啃咬试验》中,制定了适用于化学法防鼠光缆的试验。

其中典型化学防鼠光缆结构如下图所示:

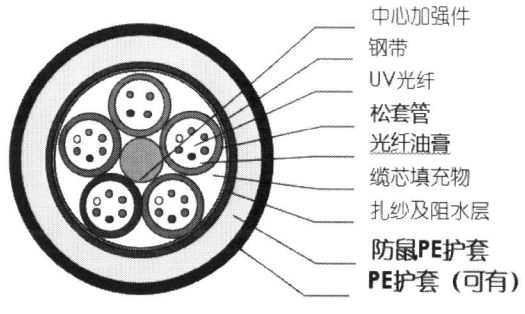

图 6 典型化学防鼠光缆结构

但化学法防鼠解决方案，存在下列问题：敷设后对环境造成污染；敷设后受到热、光化学侵蚀、氧化等效应及可能发生水性迁移，因而存在防鼠时效问题；鼠类噬咬后并不一定吞咽，有效性存疑；相关材料及工艺会造成生产条件恶化。

在物理防鼠方法方面则有：循环鼠咬腐蚀法；机械鼠咬模拟法；直接鼠咬法。三种光缆防鼠性能测试方法的原理、目的、试样、装置、程序和结果的表示等互不相同，测试结果相互间不具有可替代性。

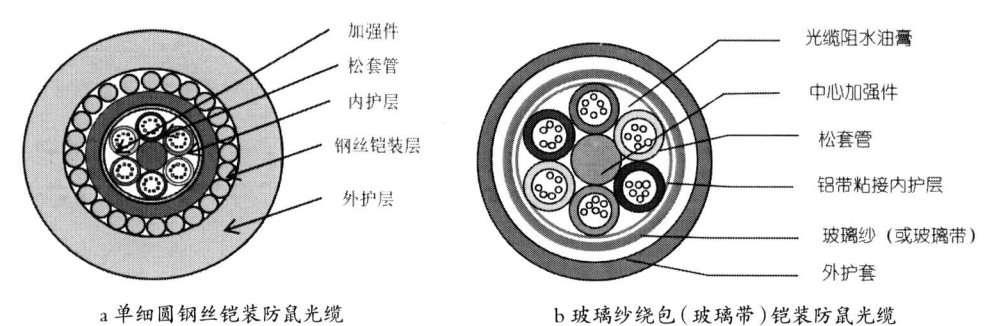

图 7 典型物理防鼠光缆典型结构

4. 阻燃耐火光缆技术

在火灾事故中，如能使遭受焚烧的光缆仍具备一定的传输性能，从而保障通信以及关键设备的正常运转，则会对相关后续工作发挥重要的作用。在火灾事故发生时，阻燃光缆能够阻滞、推迟火焰沿着光缆扩散和蔓延，具有着火后自熄灭特性；耐火光缆则能够在一定时间内保持正常工作能力，维持线路完整性。这些特性使阻燃耐火光缆在数据中心、高层楼宇、地铁、矿井等场所以及电力领域具有广泛用途。

欧盟 CPR 在 2011 条例 305/2011 建筑产品法规中，明确规定了建筑产品的性能要求，以确保欧盟市场的该类别产品的有效性和高效性。

我国行业标准 YD/T 3297-2017 在整合国际标准方法的基础上，将试验方法拓展到光缆产品，并细化其试验条件，以满足各应用场景下耐火性能的需求，实现通信线路保障与资源优化配置。

表 2 耐火光缆标准分类

YD/T 3297-2017 耐火类型	含义	参照标准
N1	"一"字形耐火	GB/T 19216.25-2003 (IEC 60331-25: 1999, IDT)
NU	"U"字形耐火	EN 50200: 2015
NUJ	"U"字形耐火+冲击	EN 50200: 2015
N1S (可选)	"一"字形耐火+淋水	BS 6387: 2013
NUSJ (可选)	"U"字形耐火+冲击+淋水	EN 50200: 2015

注：表中的参照关系不代表相应的耐火类型及火焰条件与所参照的标准中类似条件的耐火等级有严格的一致性，使用时应关注有可能存在的差异。

典型的阻燃耐火光缆有下列结构：

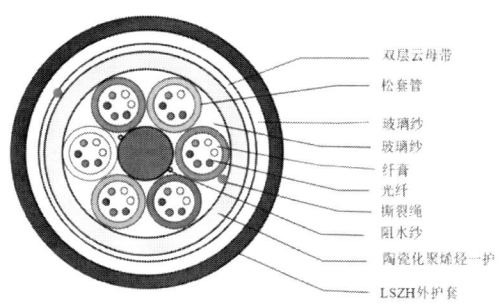

图8 全介质非金属阻燃耐火光缆典型结构

5. 智能电网用光缆及解决方案

随着超高压及智能电网的发展，光纤技术在电力系统中的应用也越来越广泛。在超高压站中阀塔和SVG控制室之间的信号传输可使用柔性直流输电用光缆。

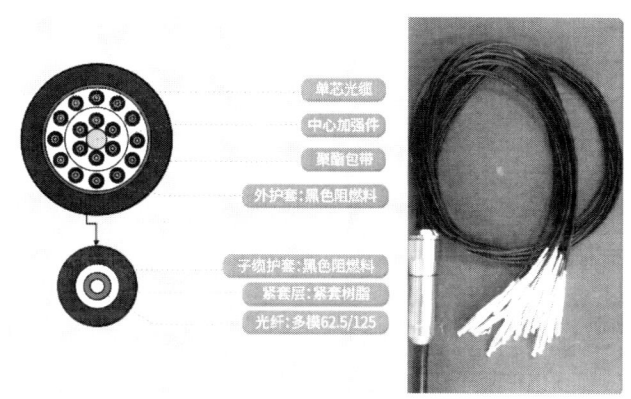

图9 典型柔性直流输电用光缆

其采用耐电痕材料，有良好的绝缘电气性能，体积电阻率 $> 1.0 \times 10^{10} \Omega \cdot m$，并融合前述阻燃耐火材料特性，优选高阻燃护套材料，可通过IEC60332-3C成束燃烧试验。同时针对不同应用环境，例如海岛则增加抗盐雾耐腐蚀能力；针对连接器需求，则可有非金属分支器或金属LC连接器等。基于柔性光缆，还可实现预制成端光缆，应用于智能变电站、军用通信设备、铁路信号控制、拉远通信基站、矿井等光纤熔接不便场合。

目前我国输电线路总长超159万千米，输电线路途径环境恶劣，跨越江河、海洋、沙漠、森林及高海拔区域，地理环境及气象条件复杂，容易受施工或恶劣天气如大风、覆冰、雷击等环境因素影响而导致通信中断。

烽火通信结合自身光纤光缆技术的积淀和产业优势，使用分布式光纤监测技术，同时结合自身线缆的全场景定制化优势特性，提出线路在线健康监测解决方案，发挥多年规模制造下形成的海量数据库优势，融合平台应用，着力于满足电力客户面临的线缆健康监测与评估的重大诉求，实现电网智慧化感知。

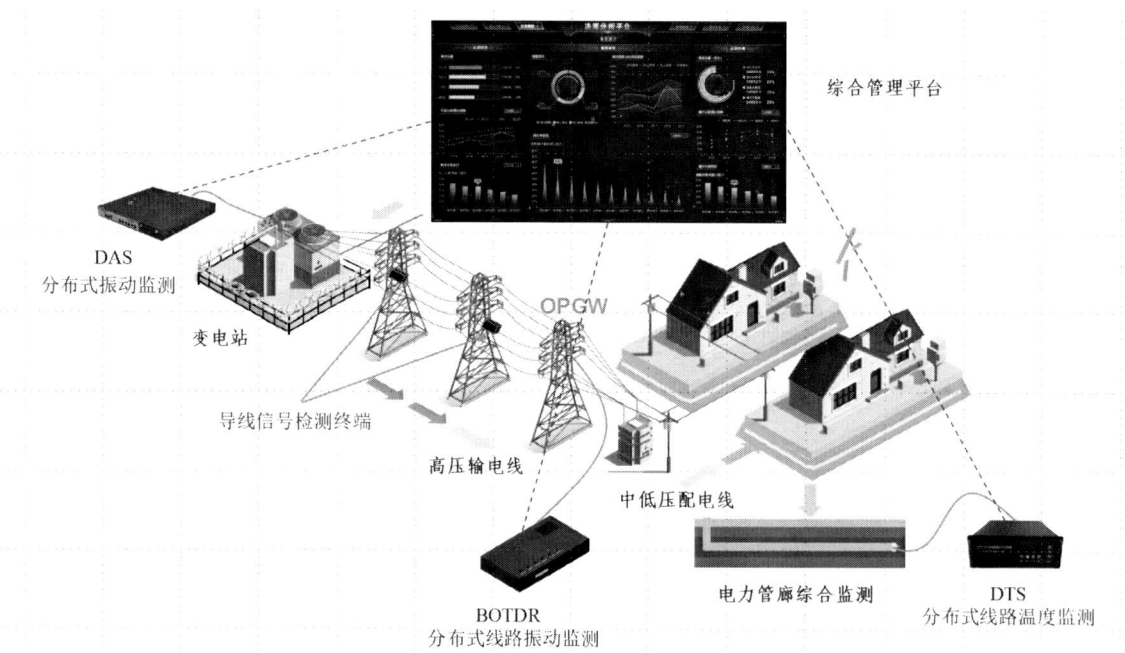

图10 分布式传感在线健康监测解决方案

6. 结语及展望

电力智能化与数字化的需求带动着系列新型光缆技术的不断演进迭代，也在不断促进光纤及光纤传感技术的发展，包括基于多芯光纤传感、空分复用传感等技术也在持续推进中。以光纤传感技术和线缆健康数据为融合的线路在线健康监测技术也将在智能电网中发挥作用，以促进社会双碳目标的实现。

参考文献

[1] 李诗愈，等. 高速大容量光纤通信网络用新型光纤技术[G]// 韩馥儿，主编. 光纤通信信息集锦. 上海科学技术文献出版社, 2014.

[2] 戚卫，等. 光子轨道角动量传输光纤技术[J]. 光通信研究，2017（6）：62-65.

[3] 江莺，等. 基于监测波峰绝对积分的双折射光子晶体光纤环镜轴向应变传感器研究[J]. 光谱学与光谱分析, 2013（12）.

[4] QINGQING QI, GUOHUA HU, KAI FU, CHENG LIU. Development and application of high temperature resistant optical fibre cable in steam pipeline monitoring field[C]. Proceedings of the 65th IWCS Conference，384-386.

[5] 付凯，等. 金属防鼠光缆结构开发及应用[C]// 中国通信学会. 2017年通信线路学术年会论文集. 2017.

作者简介

罗文勇，教授级高级工程师。烽火通信线缆研发中心总经理，国家"万人计划"领军人才，湖北省有突出贡献中青年专家。从事新型光纤光缆、光纤通信、光纤传感、光纤激光等研究，申请发明专利80余项。曾获国家科技进步二等奖、中国通信学会科学技术一等奖、湖北省科技进步一等奖、中国专利奖银奖等。

胡国华

胡国华，烽火通信线缆解决方案部总监。从事光纤技术研发及管理工作10余年，参与制定国家标准4项。具有丰富的光缆市场、研发、生产及管理工作经验。曾获中国通信学会科学技术二等奖。

祁庆庆

祁庆庆，高级工程师。烽火通信科技股份有限公司资深产品开发工程师。从事光缆新产品开发和标准研究，为国际标准ITU-T L.151编辑人，制定和参与制定国家标准与行业标准10余项。曾获中国通信学会科学技术一等奖。

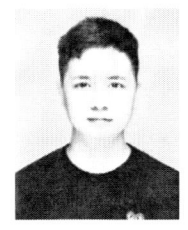

汪 昊

汪昊，烽火通信资深解决方案经理。长期从事光通信及传感系统解决方案研发工作，曾任NGOF组织代表等职务。

陈保平

陈保平，高级工程师。烽火通信科技股份有限公司技术专家、行业资深光缆专家。参编申报《武汉下一代信息网络产业集群》和工业强基《超低损耗通信光纤预制棒及光纤"一条龙"应用计划》项目等。曾获中国通信学会科学技术一等奖。

新型光纤助力国家算力网络建设
Novel optical fiber assisting China's computing power network construcion

王铁军

王铁军
长飞光纤光缆股份有限公司

摘　要："东数西算"国家战略已正式全面启动，支撑"东数西算"的算力网络将成为国家重要的算力基础设施。算力网络的发展对骨干网和大型数据中心提出了更高的要求，构筑算力网络的光底座亟待新型光纤技术的支持。面向骨干传输网，运营商以及国家电网的实际应用研究验证结果充分证明了G.654.E光纤的应用价值，这也为G.654.E光纤的大规模应用及建设下一代骨干网提供了理论和实践依据。面向大型数据中心内部短距离、高速率互联，高带宽多模光纤提供了最具竞争力的解决方案；面向未来数据中心的高密度接入，小外径抗弯曲光纤、多芯光纤等新型光纤也将致力于助力算力网络建设。

关键词：东数西算　算力网络　双碳　G.654.E光纤　多模光纤　OM5光纤　小外径抗弯曲光纤　多芯光纤

1. 引言

所谓"数"指数据，"算"是算力，即对数据的处理能力；算力正成为像水力、电力一样的生产力要素。"东数西算"工程，把大量数据中心建在西部，就能够提高对西部光伏、风电这些绿色能源的使用；如果比例提高到80%，就能够在2025年减少相当于一个超大规模城市的碳排放总量，同时推动数据中心本身的零碳化建设。所以说，"东数西算"是碳中和的关键，能助力我国数据中心实现低碳、绿色、可持续发展。2022年2月，"东数西算"工程正式全面启动。按照大数据中心全国一体化布局，8个国家算力枢纽节点将作为我国算力网络的骨干连接点（如图1），发展数据中心集群，开展数据中心与网络、云计算、大数据之间的协同建设，并作为国家"东数西算"工程的战略支点，将东部算力需求有序引导到西部，优化数据中心建设布局，促进解决东西部算力供需失衡问题。

算力网络的发展对骨干网和大型数据中心提出了更高的要求，构筑算力网络的光底座亟待新型光纤技术的支持。本文针对"东数西算"工程中算力网络的具体场景和业务要求,对超 100G 时代的骨干传输网和 400G 以及未来 800G 时代的大型数据中心光连接两种不同应用场景的光纤需求进行了分析,并详细介绍了 G.654.E 光纤及新型 OM5 多模光纤的应用探索,对骨干传输网和数据中心互联提供了相应的光纤选型应用建议。

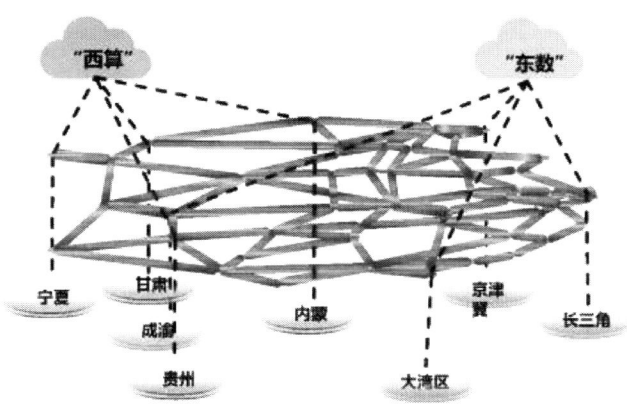

图 1 "东数西算"国家骨干光网络 [1]

2. "东数西算"传输骨干网干线光纤技术研究

"东数西算"网络布局空间跨度大,数据传输更为频繁,用户对时延要求更高,现有骨干网络的性能难以胜任。随着数据流量不断增长,传统承载网的数据传输和带宽压力不断增加,骨干网传输速率将从 100G 不断向 200G/400G 等更高速率升级。根据预测(见图 2),未来 2 年超 100G 网络在整体市场份额中将超过 60%,并且 400G+ 将成为超 100G 网络的主流应用。一般光纤的寿命是 25 年,为了满足系统网络升级的需求,运营商在集采光纤光缆之时必须考虑未来 10 年到 20 年的网络需求。2020 年 3 月,中国移动在集采中首次全面引入单波 200G 超高速传输技术,打造了国内首张 200G 商用骨干网络,成为中国光网络产业从 100G 迈入 200G 时代的关键里程碑。未来网络需求的重点将是 400G 乃至 1T 的速率,就意味着运营商需要提前部署支持 200G、400G 系统的光纤光缆产品。但现网中使用的 G.652 光纤,已经无法满足未来光传输网络超高速率、超大容量、超长距离的传输需要。

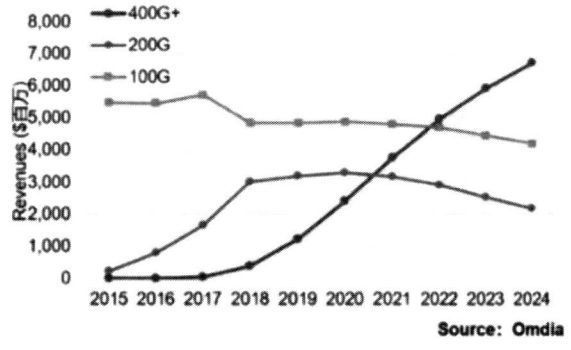

图 2 全球超 100G 网络市场预测 [2]

增加网络容量的有效方式是提高频谱效率,如通过高阶调制或者提高单波的波特率等方式,将现在的 100G 网络升级为 200G 甚至 400G。400G 比 100G 有更高的频谱效率、更低的单位比特成本和更低的功耗的优势,但也面临高阶调制系统带来的更高光信噪比(OSNR)以及更低非线性效应方面的要求,降低了系统的传输距离,限制了长途传输网络的性能。当网络向更大容量升级时,若采用常规方式则需要使用更多的中继站或拉曼放大器,但这些方式将导致额外高昂的投资。提高网络传输性能是一个系统工程,如 400G 长距离传送面临香农极限、高波特率器件(高速、高性能)、超宽频谱资源技术(C+L)等关键挑战。解决香农极限难题的手段就是提高光信噪比,一般有三个途径:一是增大光纤的有效面积 Aeff,目的是提升入纤功率;二是降低光纤链路衰减;三是降低光纤放大器噪声系数。因此,对于传输骨干网,追求的是更大容量、更高速率、更长距离和更高频谱效率;作为传输媒介的光纤,更低的损耗和更强的抗非线性性能成为算力网络中骨干网光纤的核心特征。因此业界开始探讨使用更具有性价比的新型光纤技术来支持高速传输系统,而兼具超低衰减系数和大有效面积两大特性的 G.654.E 光纤,可显著降低光纤的非线性效应,提高系统的 OSNR,从而增加系统无中继传输距离、减少中继站数量,可以为数据中心和中继站选址在地理位置上提供一个更加灵活的选择,从而降低数据中心整体建设成本。

2016 年,ITU-T 讨论通过了 G.654.E 光纤国际标准,可以支持 C 波段扩展及 C+L 波段传输。从超高速传输技术发展来看,兼具低非线性效应(大有效面积)和低衰减系数的 G.654.E 光纤是 200G、400G 及未来 T bit/s 超高速传输技术的首选光纤,这在业内已成为共识。

表 1　ITU-T G.654.E 标准

特性参数	条件	数值
模场直径	@1550nm[μm]	(11.5—12.5)±0.7
光缆衰减系数	@1550nm[dB/km]	≤0.23
宏弯损耗	弯曲半径 30mm-100 圈 @1625nm[dB]	≤0.1
色散性能	1550nm 色散系数 [ps/(nm*km)]	17—23
	1550nm 色散斜率 [ps/(nm2*km)]	0.050—0.070
光缆截止波长	最大值 [nm]	1530

3.G.654.E 光纤的应用探索

一直以来,国内三大电信运营商和国家电网都在积极推动 G.654.E 光纤的测试和商用。

3.1 中国联通工程应用案例

2015—2017 年,中国联通分别在东、西部干线网络开展试点,其中东部试验网选择了山东济南—青岛,进行 400G 系统的传输性能现网测试验证;西部试验网选择了环境复杂的新疆哈密—巴里坤段,验证架空敷设工艺对大有效面积光纤的影响及恶劣环境下长期运行的光缆性能[3]。

试验不仅验证了新型光纤对于 400G 系统传输性能的提升,还从施工和运维角度验证了采用与 G.652.D 光纤相同的敷设及熔接接续方法;新型光纤仍然有着相近的性能,在衰减系数上也保持了良好的性能,并未发生由于施工和接续导致的性能上的劣化;同时也不用改进和新增相应设备,不会给运营商带来引入新型光纤光缆后维护成本的增加。

3.2 中国移动工程应用案例

中国移动京津济宁陆地干线光缆采用 G.654.E+G.652.D 的混纤共缆结构,全长 1539.6km。试商用测试重点验证了现网铺设的 G.654.E 和 G.652.D 光缆链路损耗、光缆损耗和熔接损耗等关键指标,以及两种类型光纤多跨段 100G/200G/400G 混传系统的性能。测试结果显示,相比 G.652.D 光缆,G.654.E 光缆损耗平均改善 0.02dB/km,与预期一致;在 G.654.E 光缆承载 100G/200G/400G 系统时,各项传输性能核心指标均相应提升。在 G.654.E 光缆现网跨段配置并保证标准余量前提下,单载波 400G 16QAM 首次实现超过 600km 的传输距离,单载波 200G 16QAM 编码超过 1000km 的传送距离,200G QPSK 编码实现超过 1500km 的传送距离,标志着 G.654.E 光纤已经具备了商用能力[4-6]。G.654.E 超低损耗光纤的引入,使得无电中继传输距离增加和光中继节点减少,通信系统总体建设成本有望降低 20%,维护成本也有相应的降低。

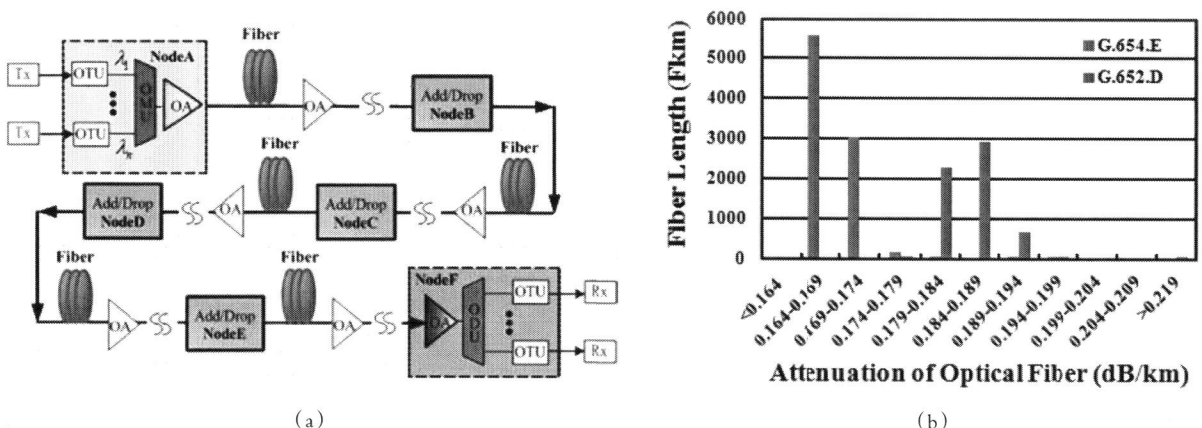

图3 (a)现网试验装置示意图[5];(b)现网铺设的 G.654.E 和 G.652.D 的衰减分布情况[5]

3.3 中国电信工程应用案例

2019—2021年，中国电信开展上海—广州1970km G.654.E光纤光缆试商用工程的全G.654.E部署，并基于该光缆进行了单波长400Gb/s DWDM系统超长距传输现网试验[7]。现网试验表明，在G.654.E光纤环境中，100G、200G、400G等速率均可实现上海—广州的全程无电中继传输。根据现网试验数据进行测算，在满足行业标准和工程规范要求的OSNR余量要求下，采用星座整形PM-16QAM码型的400Gb/s系统可以实现1500km左右的无电中继传输，达到超长距传输系统要求。现网比对测试结果表明，G.654.E光纤的应用较传统G.652.D纤芯可以起到延长无电中继传输距离、减少电中继数量和节能降耗等实际效果，对未来单波1T及更高速率传输系统的发展演进提供了有力支撑。

在现网工程阶段，中国电信研究院联合相关单位共同努力攻克了光纤熔接设备、测量设备和新型光纤不适配，G.654.E光纤与G.652尾纤模场直径不匹配，恶劣气候及复杂施工环境对光缆敷设、熔接指标造成不利影响等技术难题，同时组织设计院、施工单位、光缆生产商、仪表制造商等产业链上下游企业，协同完成了G.654.E新型光纤通用熔接模式的开发和测试，以适配多厂家G.654.E光纤熔接；推动三波长OTDR的开发与应用，以全面考察G.654.E光纤的性能。中国电信在业界率先建成全G.654.E陆地干线光缆，通过现网工程积累了丰富的建设和运维经验，为下一步推动G.654.E光纤的规模化现网部署和产业链发展奠定了坚实的基础。

3.4 国家电网工程应用案例

国家电网近年来也在积极探索对具备更低衰减系数和更大有效面积的新型光纤的应用，雅中—江西±800kV特高压直流输电工程和陕北—湖北±800千伏特高压直流工程，首创性地使用G.654.E光纤为特高压工程超长站距传输提供了有效解决方案[8]。雅中—江西±800kV特高压直流输电工程项目对G.654.E光纤衰减提出了严格要求：成缆后1550nm处衰减最大值不超过0.165dB/km，平均值为0.160dB/km；熔接损耗双向平均值@1550nm不超过0.05 dB/point。该项目已于2021年完成施工，并已开通电路。

这两项特高压工程，因采用G.654.E新型光纤，打破了国内外电力通信工程陆地无中继传输距离的纪录，成为世界上单跨距离最长（467km）、容量最大的国际领先电力通信工程，开创了电力通信网络应用新纪元，也为电力能源行业通过通信技术助推转型升级新型电力系统、落实双碳目标，助推能源转型与绿色发展提供了重要借鉴。

3.5 G.654.E光纤800G高速互联前沿研究探索

文献[9]中基于G.654.E光纤开展800G高速互连前沿技术研究，在大容量、长距离光传输技术研究领域取得了新突破，首次实现了单载波800G超过1000km传输。2020年3月，中国移动与华为曾在浙江完成了中国首个现网800G测试，不过当时的测试距离仅为80km，是此次测试距离的7%。

此次试验系统采用了800G可调超高速模块和G.654.E光纤，其中800G模块依托信道匹配整形（Channel-Matched Shaping, CMS）技术，可支持C波段48T的单纤传输容量；G.654.E光纤在1550nm处具有低于0.17dB/km的衰减系数和130μm2的大有效面积，可以提高入纤光功率、降低非线性效应，匹配超高速长距的传输诉求。由此可见，新型编码技术结合拉曼放大技术、新型光纤技术可以有效提升800G长距传输能力，并为后续运营商规模商用800G奠定基础[10]。

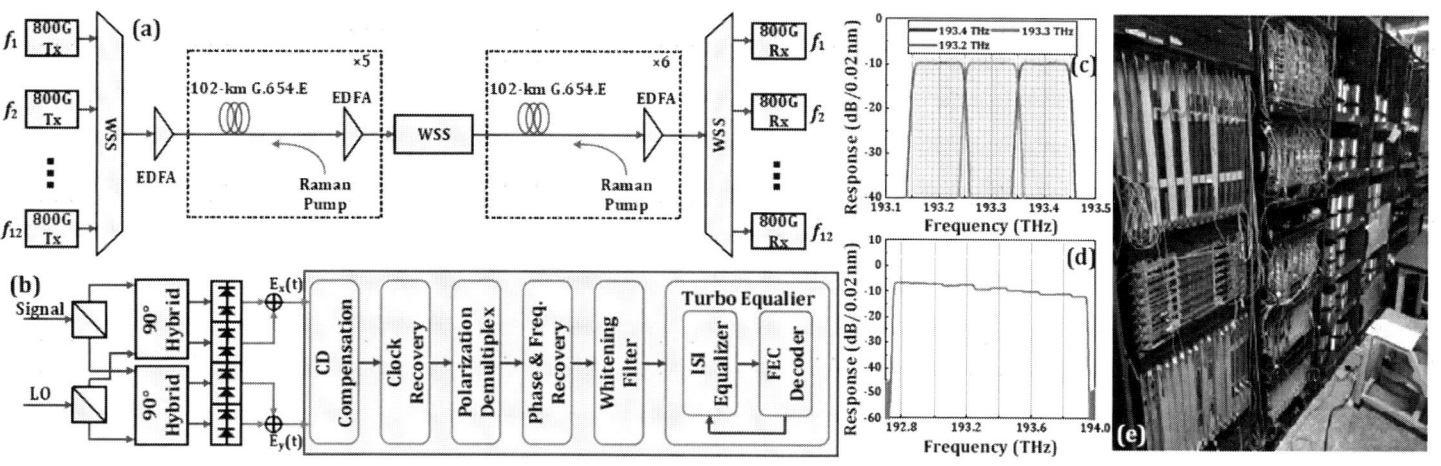

图4 基于G.654.E光纤的单载波800G相干传输系统[9]

电信运营商以及国家电网的实际应用研究验证结果也充分证明了G.654.E光纤的应用价值，这也为G.654.E光纤的大规模应用及建设下一代骨干网提供了理论和实践上的依据。

4. 新型多模光纤技术

数据网络高带宽、广连接的特点将带动数据处理量爆炸式增长，对数据中心建设提出了更高要求，推动了更大规模的数据中心部署。目前全球主要厂商的数据中心内部是以100G、200G传输为主，未来将会有400G、800G甚至1.6T的光连接，这是必然趋势。数据中心不断提速，在数据中心内部使用多模光纤的标准也在不断建立。2020年，行业已经建立了400G传输下使用的多模光纤的标准。然而，在数据中心内部短距离、高速率、高密度的应用场景下，高带宽多模光纤+VCSEL光模块，依然是数据中心短距链路最具竞争力的解决方案。据预测，在2020—2024年，全球多模光纤市场复合增长率（CAGR）约为16%，保守估计未来3年将达到200～400万芯公里[12]。随着数据中心光连接密度、传输距离以及传输容量的增加，对应用于数据中心的多模光纤也提出了更高要求。

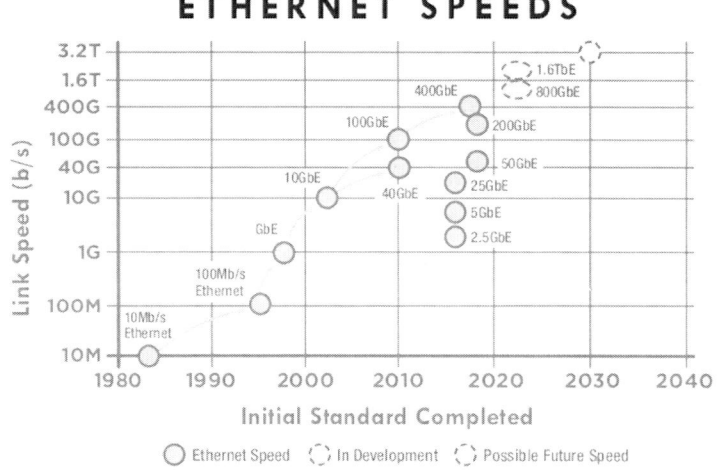

图5 以太网标准的演进 [13]

4.1 多模光纤的核心技术指标

随着光纤中的信号传输速率成倍增长，单根多模光纤中承载的信号流量越来越大，因此对多模光纤的核心指标——有效模式带宽（EMB）的要求更加严格。然而，由于多模光纤的物理特性，目前还没有一种有效方法能够准确评估一根多模光纤中每一小段的带宽是多少，市场上良莠不齐的多模光纤无法保证数据中心中信号链路传输的稳定。只有有效模式带宽（EMB）一致性优越的高品质高带宽多模光纤，才能打造高效稳定的数据中心。目前，高品质高带宽的多模光纤已经广泛应用在全球数据中心中。

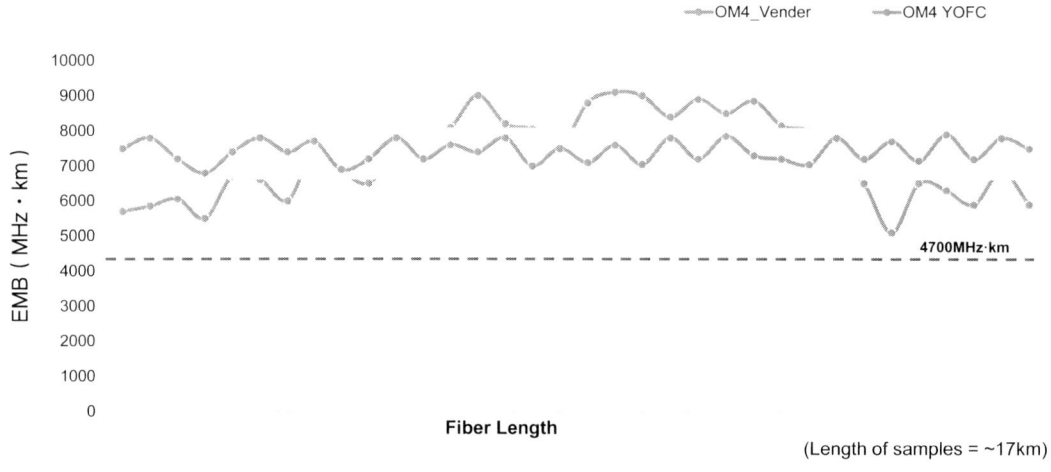

图6 高带宽多模光纤的EMB一致性

4.2 新型OM5高带宽多模光纤的技术研究

随着网络数据通讯量的迅猛增长，近年来多模光模块技术逐步从NRZ编码发展至

4电平的PAM4信号编码;从单波长光源发展至多波长复用,如2波复用的BiDi技术、4波复用的SWDM技术,以及未来可能的8波长复用。此外,多模光纤还有模分复用(MDM)的潜力,即通过利用多模光纤中的多个可用模式来增加传输容量。

OM3和OM4多模光纤,都是主要应用于850nm波段的多模光纤。随着传输速率的不断提升,仅仅单通道的波段设计,布线越来越密集,管理维护成本也相应升高。基于此,技术人员尝试将波分复用概念引入多模传输系统中,如果能够在一根光纤上传输多个波长,则相应的并行光纤根数和铺设、维护成本都能大幅下降。在此背景下,OM5光纤应运而生。

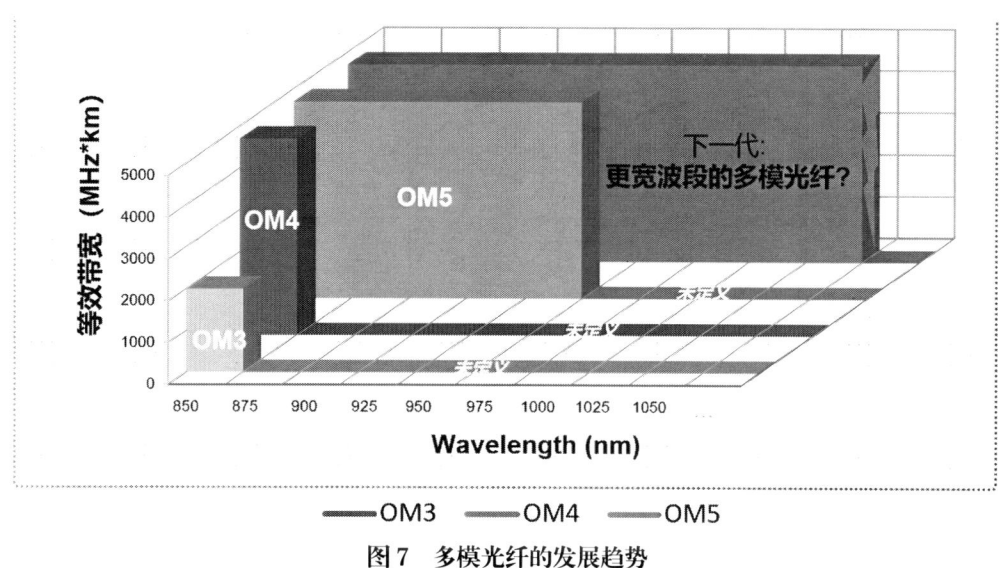

图7 多模光纤的发展趋势

OM5多模光纤在OM4光纤基础上,扩宽了高带宽通道,能够支持850nm～950nm波段的传输应用。目前主流的应用主要是SWDM4(SWDM, Short Wavelength Division Multiplexing)和SR4.2设计。SWDM4是4个短波的波分复用,分别是850nm、880nm、910nm和940nm。这样一根光纤即可支持此前4根并行光纤的业务,见图8。SR4.2是两波分复用,主要用于单纤双向技术。表2是OM3、OM4和OM5光纤的主要带宽指标对比。

图8 短波波分复用技术[14]

表 2 OM3、OM4 和 OM5 光纤的主要带宽指标对比

Attributes	Unit	Limit			
Fibre sub-category		A1-OM2	A1-OM3	A1-OM4	A1-OM5
Targeted operational wavelength(s)	nm		850		850-950
Maximum attenuation coefficient at 850 nm	dB/km		2.5		
Maximum attenuation coefficient at 953 nm	dB/km		Not specified		1.8
Maximum attenuation coefficient at 1300 nm	dB/km		0.8		
Minimum modal bandwidth-length product for overfilled launch at 850 nm	MHz-km	500	1500	3500	3500
Minimum modal bandwidth-length product for overfilled launch at 953 nm	MHz-km		Not specified		1850
Minimum modal bandwidth-length product for overfilled launch at 1300 nm	MHz-km		500		
Minimum effective modal bandwidth-length product at 850 nm	MHz-km	Not specified	2000	4700	4700
Minimum effective modal bandwidth-length product at 953 nm	MHz-km		Not specified		2470

4.3 新型 OM5 高带宽光纤的应用研究

OM5 光纤作为一种新型高端多模光纤，目前已有了众多应用案例，其中最大的一个商业案例是中国铁路总公司总数据中心项目，该项目总投资 22.7 亿元，占地约 70 亩，总建筑面积约 4.6 万平方米，项目建成后主要用于铁路行业相关核心数据存储、12306 网站数据的存储及交换等。该项目同时也是国内大型数据中心首次规模使用 OM5 多模光纤。

该数据中心将机柜布局分成多个模块，各系统在一个模块找到最优方案后，可以复制到其余模块，而且模块之间相互独立，可以"启用一部分，建设一部分"。由于 5G 网络逐步覆盖，在数据吞吐量上增加了 10 倍，通信容量也增加了 100 倍，对于承担了所有铁路服务、大数据应用、票务系统等的主数据中心而言，当前的端口将无法满足及支撑用户终端数据量指数级增长的需求，故整体主数据中心看到了未来网络的发展，成为了第一个使用 OM5 光系统的数据中心。OM5 光纤产品主要承载了 ToR-leaf、leafspine 之间的高速率传输，其扩展能力可以把 1 条 24 芯的 MTP 预端接光缆能提供 12 条 400G 通道，也可以通过适配器组的变更直接升级为 2*1.6T 通道。

该数据中心瞄准了 OM5 光纤在 SR4.2 上的波分系统应用优势，使用最低的成本，实现了最大容量的通信，也为未来进一步升级速率做了准备。未来提升速率或者扩宽波段应用时，可以不再更换光纤，能够显著降低升级成本。

随着数据中心应用的需求不断提升，对多模光纤的要求也不断提高。多模光纤朝着低弯曲损耗、高带宽、多波长复用的方向发展。其中最具有应用潜力的，当属 OM5 高带宽光纤，其与性价比高的 VCSEL 激光器配合，为数据中心传输提供了低成本、低能耗、高性能、完美兼容的优质解决方案，还为未来系统升级至更高速率（如 800Gb/s 和 1.6Tb/s）的多波长系统提供了有力的光纤解决方案。

另外，面向未来数据中心的高密度接入，小外径抗弯曲光纤、多芯光纤等新型光纤也将致力于助力"东数西算"建设。

5. 结论与展望

随着我国"东数西算"工程逐步实施推进，光纤光缆作为东西数据的传输通道，G.654.E 光纤可以实现更远的传输距离、更高的系统容量、更长的跨段距离或更多的系统冗余，从而为骨干传输网的长途传输带来可见的应用价值；超低衰减 G.654.E 光纤已成功应用在电信运营商以及国家电网的多个 G.654.E 干线光缆线路工程项目，并通过现网 400G 测试及 800G 实验室长距离传输测试，支持未来 10 年到 20 年的网络需求，能为 5G 时代国际及国内骨干网扩容、云化数据中心互联发展和"东数西算"运力大动脉建设提供最佳光纤光缆解决方案。

同时，高带宽多模光纤和宽带多模光纤支持 400G 及以上数据中心光接入，打造高效稳定的数据中心。面向未来数据中心的高密度接入，小外径抗弯曲光纤、多芯光纤等新型光纤也将致力于助力"东数西算"建设。随着"东数西算"建设的实施，中国信息通信事业也将迎来一个新的高速发展时代。

参考文献

[1] 杨子彤. 智慧光网构建数字连接全光底座 [EB/OL].（2022-06-21）[2022-08-16]. https://mp.weixin.qq.com/s/u0N4w04hdE2g8L6keYjNTQ.

[2] 李春生. "东数西算"助推光纤升级换代，G.654.E光纤迎来高速增长 [EB/OL].（2022-04-13）[2022-08-17]. https://www.c114.com.cn/ftth/5472/a1193220.html.

[3] SHIKUI SHEN et al.G.654.E Fibre Deployments in Terrestrial Transport System[C]. Optical Fiber Communication Conference, M3G.4, 2017.

[4] 李允博. 中国移动首次成功完成新型光纤长距离传输单载波400G系统试商用测试 [EB/OL].（2019-02-25）[2022-07-29]. http://www.cww.net.cn/article?id=447352&from=singlemessage&isap

pinstalled=0.

[5] DONG WANG, YUNBO LI, et al. Field trial of real-time single-carrier and dual-carrier 400g terrestrial long-haul transmission over g.654.e fiber [C]. 45th European Conference on Optical Communication（ECOC）, 2019.

[6] DONG WANG, YUNBO LI, et al. Ultra-low-loss and large-effective area fiber for 100Gbit/s and beyond 100Gbit/s coherent long-haul terrestrial transmission systems [J]. Scientific Reports, 2019（9）：17162.

[7] ANXU ZHANG, JUNJIE LI et.al. Field trial of 24-Tb/s（60×400Gb/s）DWDM transmission over a 1910-km G.654.E fiber link with 6-THz-bandwidth C-band EDFAs [J]. Optics Express, 2021, 29（26）：43811-43818.

[8] 讯石光通讯网. 国网信通&长飞面向特高压输电工程超长距光通信G.654.E光纤技术方案 [EB/OL].（2021-12-31）[2022-08-19]. http://www.iccsz.com/site/cn/News/2021/12/31/20211231075003361858.htm.

[9] HAN LI, et al. Real-time demonstration of 12-λ×800-Gb/s single-carrier 90.5-GBd DP-64QAM-PCS coherent transmission over 1122-km ultra-low-loss G.654.E fiber [C]. 47th European Conference on Optical Communication（ECOC）, We3c1-5, 2021.

[10] C114通信网. 中国移动研究院联合华为、长飞完成1100公里800G光传输测试 [EB/OL]. http://www.c114.com.cn/news/118/a1157703.html.

[11] 讯石光通讯网. 数据中心建设火力全开拉动三类光纤光缆需求增长 [EB/OL].（2020-04-27）[2022-08-19]. http://www.iccsz.com/site/cn/news/2020/04/27/20200427010808051396.htm.

[12] OF week 光通讯网. 2020—2024年全球多模光纤市场复合年增长率约16% [EB/OL].（2020-04-30）[2022-07-29]. https://fiber.ofweek.com/2020-04/ART-210001-8420-30438496.html.

[13] ETHERNET ALLIANCE. Ethernet-Roadmap2022 [EB/OL]. https://ethernetalliance.org/wp-content/uploads/2022/03/Ethernet-Roadmap2022-Final.pdf.

[14] 长飞光纤光缆股份有限公司官网. 长飞公司助力建设国内首个采用OM5多模光纤的大型数据中心 [EB/OL].（2018-09-20）[2022-07-28]. https://www.yofc.com/view/595.html.

作者简介

王铁军，华中科技大学博士。长飞光纤光缆股份有限公司材料事业部副总经理兼多模产品线总经理。主要研究方向：新型通信光纤、特种光纤以及光器件。

面向未来超大规模数据中心的 800G硅基光收发芯片和光引擎
800G silicon-based optical transceiver chips and optical engines for future hyperscale data centers

余 辉

余 辉　尹 坤　杨建义

之江实验室

浙江大学信息与电子工程学院

摘　要：硅光子具有光传输损耗低、工艺成熟、成本低廉等特性，近年来得到飞速发展，现已成为一种颠覆性的光电技术。未来的光收发引擎将依靠硅光子来满足对高容量密度、高集成度和能源效率日益增长的需求。本文分析了光收发引擎的发展规律，回顾了硅光子器件在800G及以上的光引擎中的应用。同时，本文介绍了在研的面向未来超大规模数据中心的800G硅基光收发芯片和光引擎，阐述了其技术路径和研究成果，并分析了未来的挑战。

关键词：光通信　光模块　硅光芯片

1. 引言

在过去的20年间，基于高速半导体激光器与光纤通信技术的互联网应用在全球实现了大范围的普及，并渗透到现代社会日常生活的方方面面，对全人类的生活方式实现了颠覆性的改变。互联网应用的快速发展，尤其是大数据、云计算、云存储、物联网（IoT）等新兴的在线应用程序的推广，同时也意味着海量的电子数字信息的产生。这些应用产生的大量的信息数据必须进行实时存储，并按需求以最低的延迟时间快速提取。据估计，有史以来全人类说出的单词所包含的信息约为5艾字节（1艾字节 $=1\times10^{18}$ 字节）。而2007年全球电子信息存储量已经达到300艾字节，Cisco预估2021年全球将产生7200艾字节电子数据，这对国际电子信息产业的数据存储能力以及通信带宽带来了巨大挑战[1-2]。近年来，全球范围内超大规模数据中心的投资持续激增，新型超级数据中心的规模也不断扩大。

在当今，一个典型的数据中心内包括了数以万计以大规模并行方式连接的服务器。

这些服务器被置于机柜内并与机柜顶部（TOR）的交换机连接；这些交换机再连接到上一级的集群层交换机，形成集群规模的平行计算架构，该架构可以布置在数据中心中的单个大型建筑中或者覆盖多个相邻建筑。服务器间高速率数据的 I/O 功能通过大量的平行光纤的以及高速光收发模块实现。一个标准数据中心中配置了约 50000 根光纤和 100000 个高速光收发模块。

数据中心所用的光收发模块技术主要遵循 IEEE 802.3 千兆以太网标准，图 1 显示了 IEEE 802.3 以太网标准的时间演变，最新标准为 2018 年 10 月发布的 400G 以太网标准。如图 2 所示，当前可插拔光收发模块市场仍然以 10G、40G（4×10G）、100G（4×25G）以太网标准的产品为主导，在未来几年将逐渐被更高数据速率的技术所替换。在交换机机柜内，当前主流的 10GE 技术产品将被 25GE 的所取代；机柜间的光互联，100GE（4×25G）将取代当前主流的 10GE 和 40GE（4×10G）技术。对于较长距离如数据中心几个建筑间的 10km 内光互联，PAM4 调制格式的 400GE（4×100G、8×50G）光收发产品将逐步取代目前基于 NRZ 调制格式的 40/100G 产品。

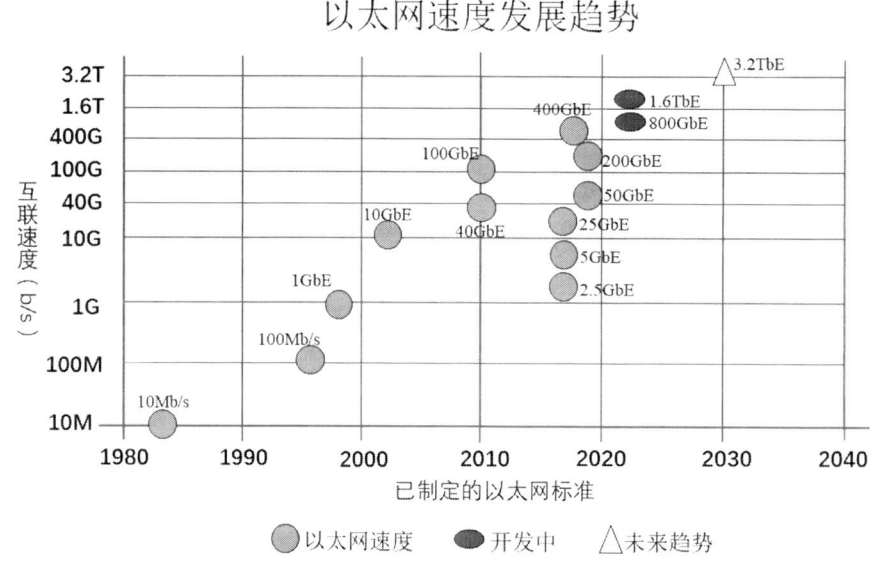

图 1　以太网的速率更替（数据来源：Ethernet Alliance 联盟 2022 年行业研究报告）

对于每一代 GbE 收发器产品，商业市场小批量出货时间相对于 IEEE 标准定义时间通常会有数年延迟，并在之后数年实现大规模量产。图 1 预计了 400GE 光收发模块将于 2022 年后开始小批量出货。在可预知的未来，互联网数据流量将持续呈指数增长，相应的光模块技术的传输速率也将遵循摩尔定律保持指数增长。每一代数据中心光互连技术还必须同时满足极为苛刻的综合要求，包括降低封装尺寸、提升光速率密度、适合大批量稳定生产以及维持每一代技术的光模块成本。可以预测，开发满足下一代数据中心需求的 800G 光收发模块技术势在必行。

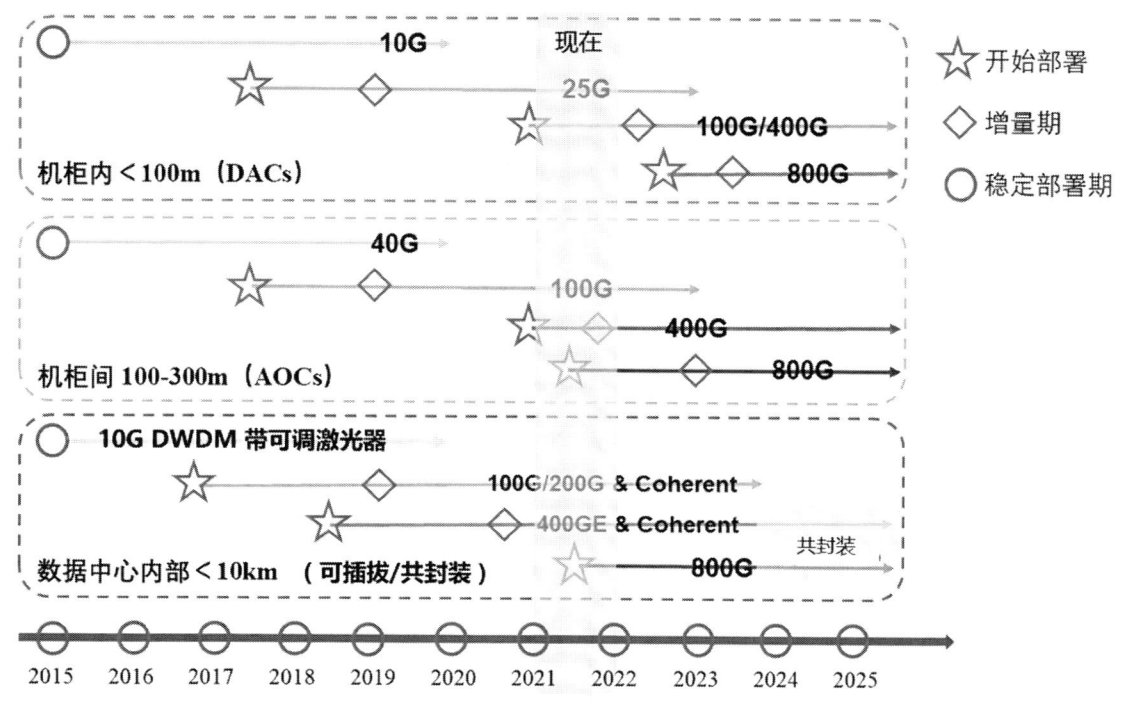

图2　数据中心光收发的速率更替（数据来源：Yole 公司 2021 年行业研究报告）

目前，已经为 800G 光收发模块建立了多源协议（MSA），包括 DR8 和 2×FR4[3-4]，下一代 1.6T 收发器已经在讨论中[5]。当前市场以基于化合物半导体电吸收调制器（EAM）的 100G/ 通道收发器为主。由于与通道数量增长相关的封装挑战，EAM 技术向更高容量密度的可扩展性值得怀疑。在过去的 20 年中，硅光子学（SiPh）已成为一种颠覆性的光电技术，可以满足对容量密度、集成度和能源效率日益增长的需求[6]。最近关于基于 SiPh 的 400G 光模块[7]和 200G/lane Mach-Zehnder 调制器（MZM）[8]的报告证明了 SiPh 在 1.6T 及以上应用中的潜力。

与以前基于 NRZ 调制的 100GbE（4×25G）光模块技术相比，2018 年末 IEEE 公布的 400GbE 标准保持 25baud 符率，但采用了 PAM4 调制格式将单个通道数据速率从 25Gb/s 倍增到 50Gb/s。与此同时，400GbE 中的主流技术将波分复用的波长通道从 100G 的 4 个增加到 8 个，实现了 8×50Gb/s 速率的单光纤传输。由此可见，满足数据中心的光纤通信技术可以通过调整以下三个独立参数来提高光数字信号的传输速率：①每个通道的符号波特率（baud rate）；② WDM 波长通道的数量；③每个符号周期（baud）采用更高级编码实现更高速率（bit rate）。在 400G 标准上如将 8 波长通道数量增加到 16 将大大增加系统的复杂程度、功耗以及组件成本，故而从成本考虑增加波长通道数量或许将为最末选项。在每个符号周期内采用比 PAM4 更高调制格式将涉及相干通信技术。尽管相干光通信技术在接收器灵敏度、调制带宽效率和对信号的抗干扰性等方面具有显著优势，并早已在对价格不敏感的长距离光纤通讯中实现广泛应用，但它也将显著提高系统复杂性和组件成本，因而在现有技术水平前提下，在对成本极为敏感的中短距离数据中心光 I/O 中应用也不是理想方案。而将波特率从 25Gbaud 提升到 50Gbaud 虽然存在诸多挑战，但依然在高速 InP EA 与 MZI、硅光 MZI 与微环调制器，以及相应所需的高速 IC 芯片的技术可行范围内。总体分析，将符号波特率从 25Gbaud 提高到 50Gbaud 并保持 8 个波长通道，使用 PAM4 调制模式实现单波长 100Gb/s 传输速率应为实现 800G 的最经济有效的途径[9]。

2. 面向未来超大规模数据中心的 800G 光收发芯片和光引擎

基于上述分析，面向下一代超级数据中心的高速以太网交换机所需的 800G 光 I/O 速率需求，针对预期的调制带宽、功耗、成本等若干瓶颈，我们研发了基于硅光集成收发芯片技术的 1310 nm 800G 以太网光学引擎，包括基于 MOCVD 生长多量子阱材料的大功率 DFB 激光器阵列芯片、为 800G 光学引擎提供多波长光源、采用 8 波长 50 Gbaud PAM4 数据模式、8×100G 硅光集成 Tx/Rx 芯片、硅光模块封装技术等内容。

2.1 大功率多波长 DFB 激光器芯片与 800 GE 硅基光发射芯片

目前 800GE-LR 的技术路线可以分为磷化铟（InP）直调激光器、电吸收调制激光器方案和 InP 硅基混合集成方案。InP 方案技术成熟度较高，采用 PAM-4 直调可以达到 50Gbps 的单通道速率，但是在 800GE 或更高速率需求下，直接调制或电吸收调制速率的提升空间有限，而硅基调制器的带宽则有更大的空间可以发展。更重要的是，在未来 1Tbps 以上的需求中，将有可能引入相干技术体制。从技术成熟度上，硅基调制器进行相位调制比 InP 基相位调制更为成熟，也有可能实现更低的生产成本。另一方面，硅基调制器阵列可以与硅基波分复用器集成到同一芯片上，极大地降低了封装成本以及额外的耦合损耗。综上所述，将 8 路 PAM-4 格式的硅光调制器阵列与硅光 8×1 复用器单片集成，同时具备技术和成本上的优势，是实现 800 GE 光发射芯片的有效可行方案。

多波长大功率 DFB 激光器阵列芯片的 PIV 特性曲线以及光谱图，如图 3 所示，激光器的工作波长为 1281.46 nm，边模抑制比 > 60dB，激光器激射阈值电流为 30 mA，在 300 mA 下输出功率达到 90 mW。

在上述研究基础上，还探究了量子点有源区材料质量对激光器的性能影响。通过优化量子点材料生长 As 压（V/III 比）、淀积量、生长速率等参数，实现了高密度、高均匀的量子点材料。优化后，量子点材料的单层面密度达到 $6×10^{10}$ cm^2，单层量子点材料的室温光致荧光谱半高宽 < 30 meV，量子点材料的光谱中心波长为 1311 nm，光谱半高全宽为 29 meV。在此基础上进行了单模量子点激光器的器件设计与制备工作，制备的一阶光栅形貌良好，周期均匀，厚度为 50 nm。

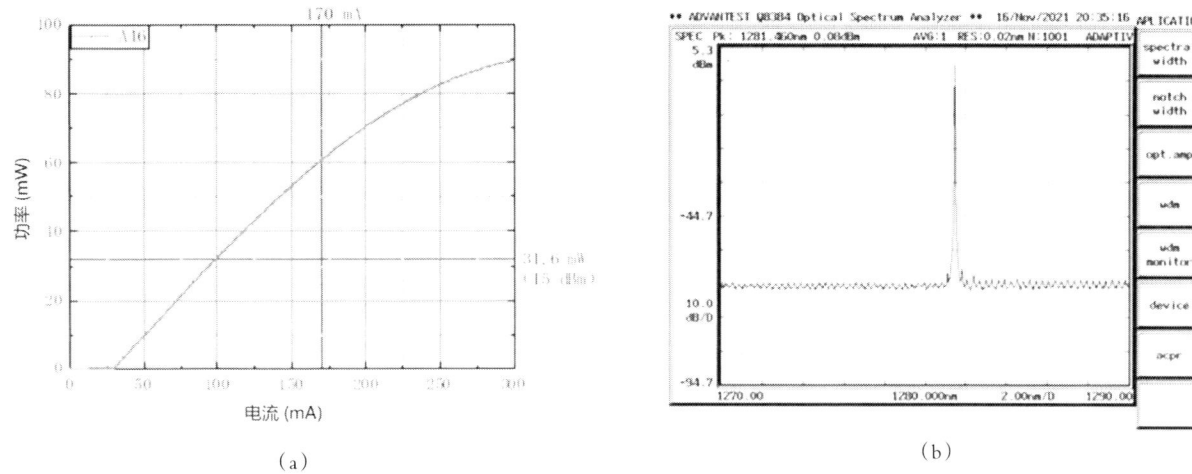

图3 (a)PIV 特性曲线 (b)光谱图

在 O 波段基于 PAM-4 调制格式的 8×100 Gbps 硅光发射芯片的研制方面，由于采用的是波分复用技术，因此硅光发射芯片采用了 8 路硅基马赫增德尔调制器（MZM）加 1×8 硅基波分复用器（MUX）的集成方案，最终实现 800 Gbps 的传输容量，其技术方案如图4所示。激光器阵列芯片输出的 8 路光载波信号经微透镜耦合到硅光芯片上对应的 8 个调制器输入端，每一路硅基调制器被 100G PAM4 电信号调制；为了匹配 8 路调制器的驱动需求，这里使用了两块驱动阵列芯片，其中每一块芯片上包含 4 路 100G 驱动器。8 路调制后的光信号经硅基波分复用器合束，并通过透镜耦合到一路输出光纤中。由此看出，800GE 硅光发射芯片的核心器件包括：端面耦合器、调制器和波分复用器。

800G 发射芯片	损耗(dB)
光纤耦合损耗	4
MZM波导损耗	1
MZM调制损耗	4
波导路由损耗	0.8
监测用功率损耗	0.2
复用损耗	4
总损耗	14

图4 800 Gb/s 硅光发射芯片 (a)结构示意图 (b)器件预估插损

一般情况下，激光器的发射功率是固定的，为了降低芯片的整体插入损耗并提升信噪比，进而降低误码率，因此，提升端面耦合器的耦合效率是实现上述性能优化的

— 123 —

重要前提。如图5（a）所示，本工作采用悬臂梁结构的硅基端面耦合器，通过优化器件结构，提升其模斑匹配程度。此外，通过使用匹配液等方法提升耦合器与单模光纤之间的折射率匹配程度，最终实现硅光芯片与单模光纤的高效耦合，如图5（b）所示，在1260—1350 nm波段，硅基端面耦合器双端插损小于4 dB。

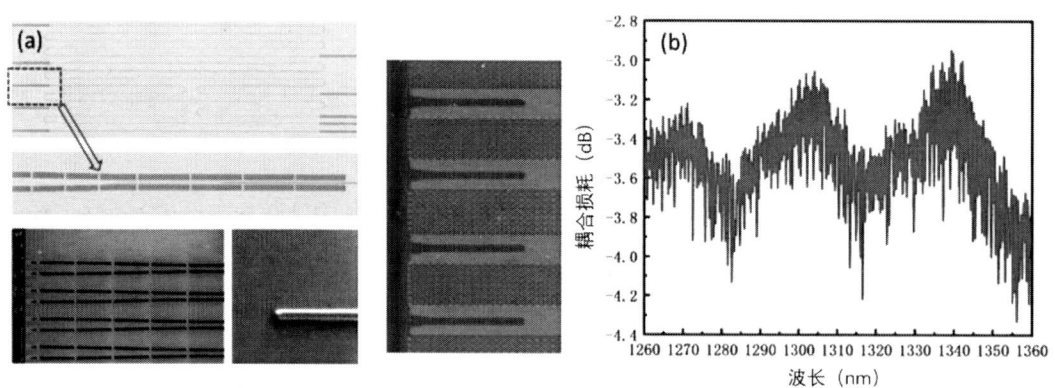

图5 （a）硅基端面耦合器显微镜图 （b）端面耦合器双端耦合效率测试结果

用于将8路光调制信号合束的波分复用器是其中一个关键器件，本工作仿真设计了3种用于O波段的1×8波分复用器，分别基于阵列波导光栅、高斯型Lattice Filter以及平顶型Lattice Filter[10-11]；对应的显微镜图以及测试结果如图6（a）—（c）所示。从图6（d）—（f）可以看出，所设计的3种1×8波分复用器插损损耗均低于3 dB，通道间串扰抑制比均大于10 dB，满足硅光发射机芯片的性能要求。

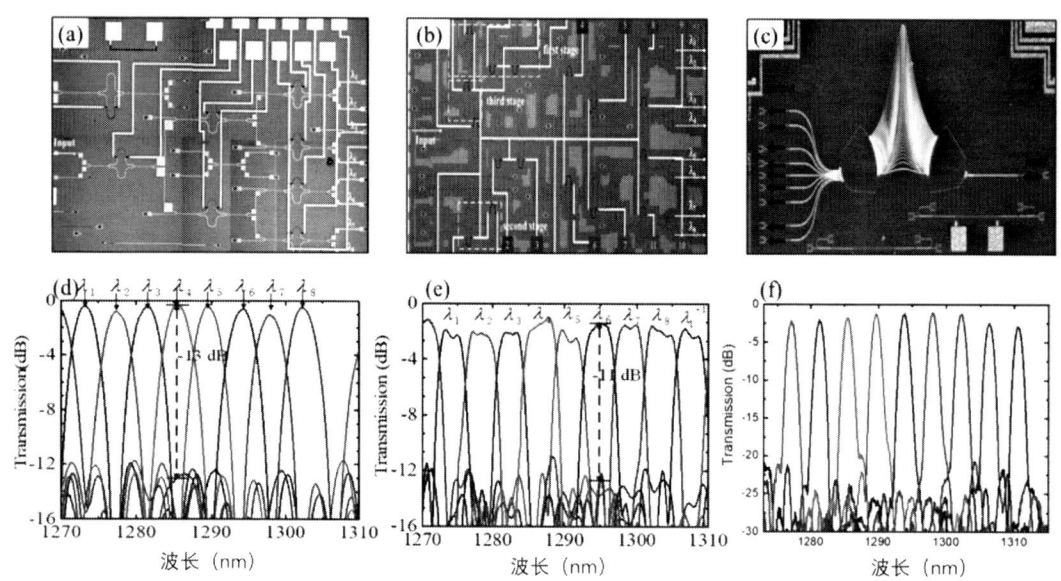

图6 1×8硅基波分复用器显微镜图 （a）高斯型Lattice Filter （b）平顶型Lattice Filter （c）阵列波导光栅 光谱测试结果 （d）高斯型Lattice Filter （e）平顶型Lattice Filter （f）阵列波导光栅

本工作采用的是基于载流子色散效应的硅基马赫增德尔调制器，具有大带宽、低功耗、低复杂度等优势。硅基调制器的优化性能主要包含电光调制带宽、调制效率以及插入损耗。影响调制器电光带宽主要有以下三个因素：阻抗匹配、微波与光波折射率匹配以及微波损耗；影响调制器调制效率的主要受 PN 结掺杂区窗口位置、大小和波导结构影响；调制器的插入损耗主要受 PN 结掺杂浓度和掺杂窗口位置、大小的影响。为了满足硅光发射芯片低插损、大带宽以及高消光比等要求，综合优化 PN 结移相器和行波电极等相关参数，设计出了长度为 2 mm、Vπ*L 为 1.5 V*cm、带宽优于 50 GHz、插损为 3 dB 的硅基调制器。我们对该调制器的频域和时域特性进行了验证，如图 7（a）和（b）所示，在 PN 结反偏电压分别为 0V 和 4V 时，调制器带宽分别达到了 57 GHz 和 67 GHz 以上。

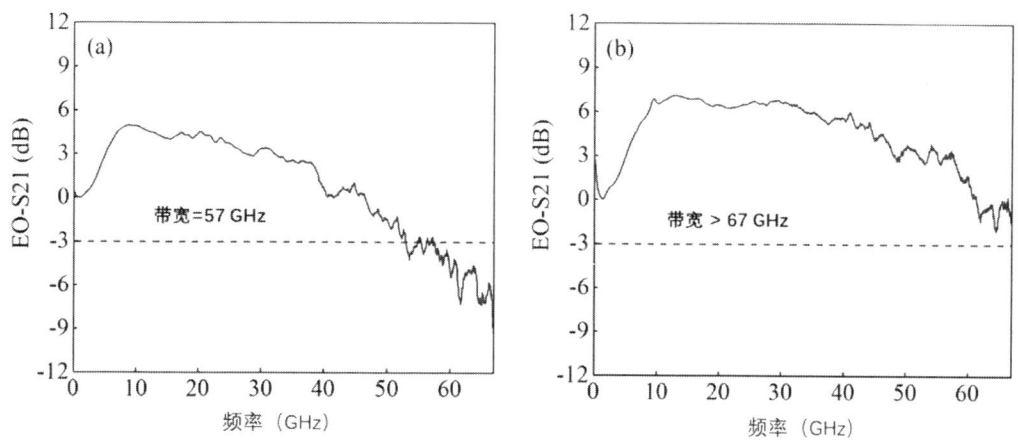

图 7　硅基调制器电光调制带宽　（a）57 GHz，反偏电压 0V　（b）>67 GHz，反偏电压 4V

为了表征硅光调制器的时域性能，我们使用 AWG（Arbitrary Waveform Generator）和实时示波器对其光调制眼图进行性能表征。如图 8（a）和（b）所示，在该条件下，我们给出了 26.5/53 Gbaud 的 PAM-4 光眼图。当 PAM-4 调制速率为 26.5/53 Gbaud 时，消光比（Extinction Ratio, ER）达到了 5/4 dB，TDECQ（Transmitter and Dispersion Eye Closure for PAM4）均小于 3.5 dB——这一性能充分证实了单波 100 Gbps 的技术可行性，同时为 800G 光模块的商用化铺平了道路，展现了巨大的科研和社会经济价值。

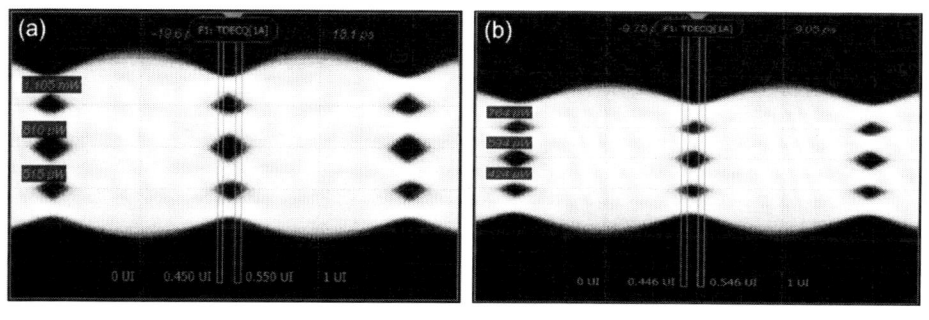

图 8　硅基调制器光眼图　（a）26.5 Gbaud PAM-4　（b）53 Gbaud PAM-4

为了缓解对电驱动器驱动能力的严苛要求，需要通过增加调制器长度来降低调制器的驱动电压，然而这样会降低硅光发射芯片的集成度，增大芯片的整体尺寸。此外，我们也可以通过增加 PN 结载流子掺杂浓度来提高等离子体色散效应的调制效率。以上两种方法会不可避免地增加光损耗和微波损耗，进而降低调制器的电光带宽。其次，折射率变化对驱动电压的非线性依赖性以及伴随的吸收调制使得提高调制线性度变得相当棘手。由于载流子色散效应的这些固有缺点，实现同时具有高效率、高速和高线性优势的全硅马赫增德尔调制器仍然具有非常大的挑战性。研究中，我们通过利用具有嵌入式 PIN 结的一维波导光子晶体中的慢光增强 DC-Kerr 效应设计制备了一种高效率、高线性度和高速硅调制器[12-13]。实测、SFDR 和 3 dB 电光带宽分别为 0.85 Vcm、115 dB $Hz^{2/3}$ 和 30 GHz。基于该调制器，实现了 112 Gbit/s PAM-4 2 km 单模光纤传输，误码率低于软判决前向纠错阈值 $2.5*10^{-2}$。如图 9 所示，我们给出了该调制器在 56/90/112 Gbit/s 下测量的 PAM-4 光眼图，此时接收机功率为 7 dBm。对应误码率（Bit Error Ratio, BER）与接收机平均光功率的关系如图 10 所示。

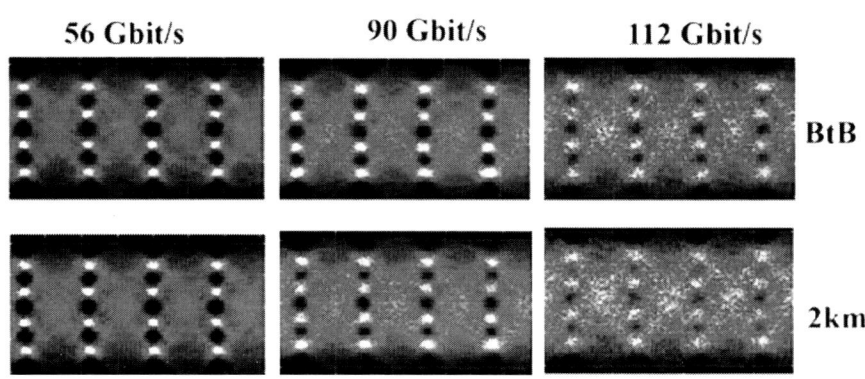

图 9　56/90/112 Gbit/s 下测量的 PAM-4 光眼图

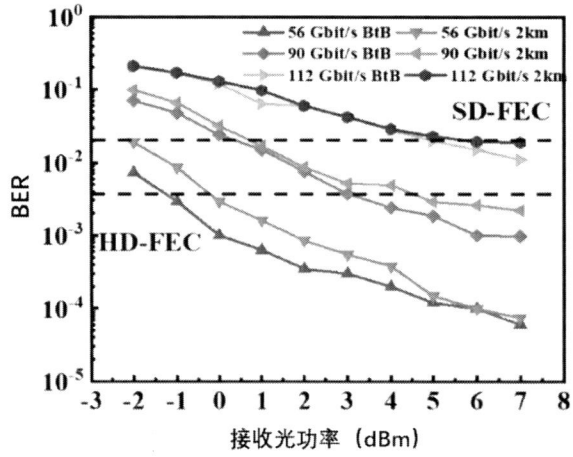

图 10　56/90/112 Gbit/s 下 2 km 单模光纤传输和背对背（Back to Back, BtB）PAM-4 传输下，BER 与接收平均光功率之间的关系

2.2 800 GE 硅基光接收芯片

对于接收端，800G 光接收机芯片主要包含以下几个关键光电器件：端面耦合器、偏振控制器、波长解复用器以及锗硅光电探测器。包含 8 路调制光载波信号的单模光纤通过端面耦合器输入到硅光接收机芯片中。首先经过偏振控制器将接收到的光信号的偏振态全部转换为 TE 偏振态，再经过两路 1×8 波分解复用器将 8 路光信号分离。由于偏振控制器具有两个输出端口，因此需要两组相同的波分解复用器，并且到达同一个锗硅光电探测器的路由长度要保持一致，避免由于两路信号延时导致探测器误码率增高。

对于偏振控制器，插入损耗和模式间的抑制比这两项性能非常重要。通过优化器件结构，本工作设计制备了插损小于 0.4 dB、串扰低于 25 dB 的偏振控制器，其测试结果如图 11 所示。作为硅光接收机芯片中的核心光电器件，锗硅光电探测器的性能直接决定了接收机灵敏度、带宽和信噪比等性能。通过优化该器件锗吸收层的面积以及厚度，实现高响应度、大带宽和低噪声。如图 12 所示，我们给出了 8 通道接收机芯片的显微镜图。首先，使用矢量网络分析仪对其电光带宽进行了表征，如图 12（b）所示，在其反向偏置电压为 3 V 时，带宽达到了 40 GHz 以上。我们对其进行了 53 Gbaud PAM-4 信号传输质量的测试，眼图测量结果如图 12（c）所示。

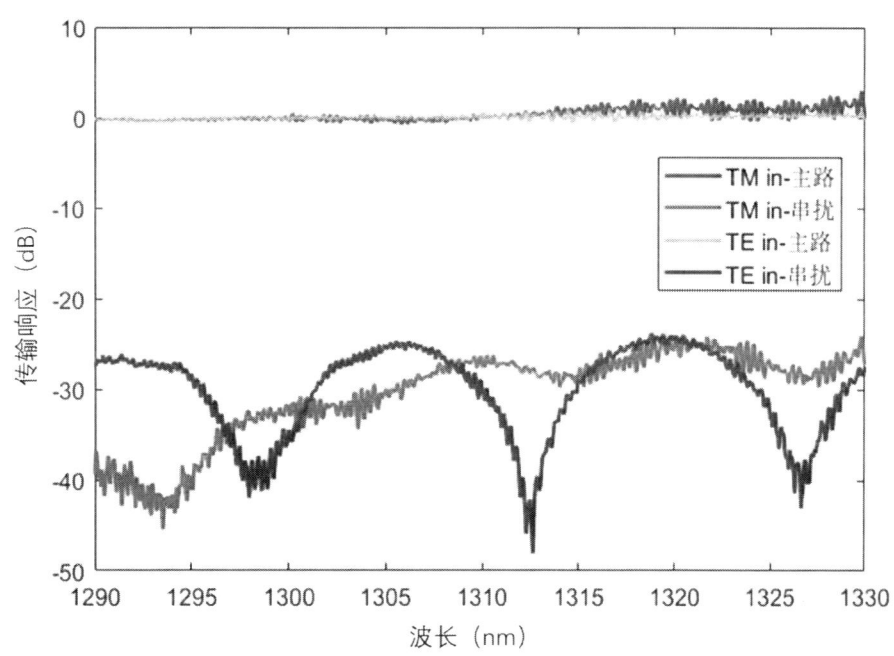

图 11 硅基 1×8 波分解复用器测试结果

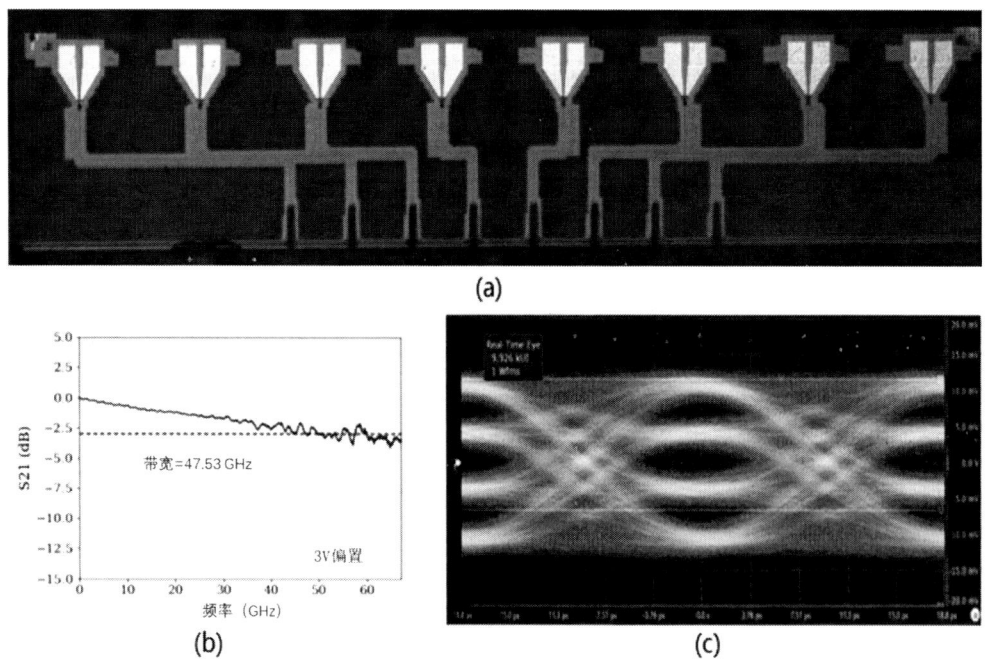

图12　8通道接收机芯片的(a)显微镜图　(b)电光带宽　(c)眼图测量结果

3. 结论

为满足下一代超级数据中心的高速以太网交换机所需的800G光I/O速率需求，突破预期的调制带宽、功耗、成本等若干瓶颈，我们开展了1310nm 800G超高速光学引擎的研究。对于大功率DFB激光器，仍然需要进一步提高在高偏置电流下的单模稳定性；需要在获得高质量InAs/GaAs量子点有源区材料的基础上，澄清其相关物理机制。对于800G硅基光发射芯片，由于载流子色散效应的这些固有缺点，实现同时具有高效率、高速和高线性优势的全硅马赫增德尔调制器仍然具有非常大的挑战性，我们将继续优化现有方案，同时探索新型的调制效应，突破调制效率、带宽、功耗、插损、非线性失真等性能之间的相互制约关系。对于800G硅基光接收机，目前面临的最大挑战在于如何低损耗、低串扰、窄通带带宽地将光信号接收并复用；由于无源器件对工艺十分敏感，未来如何克服工艺误差对系统带来的影响将成为研究的重点。另外由于光传输速率的提升，高速PD阵列之间对传输信号的串扰降低也将纳入系统优化的方向。在光引擎的封装方面，为了进一步提高能效，光收发模块在未来将需要与开关IC以共同封装光学（CPO）或近封装光学（NPO）格式组装在同一基板上，这对倒装芯片处理、机械组装、散热以及射频信号路由和完整性方面提出了新的技术挑战。希望在不久的将来，我们能跻身国际下一代超级数据中心高速光I/O技术开发的第一梯队，为下一代超级数据中心以及企业网需求提供核心技术储备，有力推动中国下一代光通信技术。

参考文献

[1] N. ZANOON, et al. Cloud computing and big data is there a relation between the two: a study[J]. Int. J. Appl. Eng. R., 2017, 12（17）：6970-6982.

[2] A. GHIAST. Large data centers interconnect bottlenecks[J]. Opt. Express, 2015, 23（3）：2085-2090.

[3] The osfp multi-source agreement[EB/OL]. http: //www.qsfp-dd.com.

[4] The qsfp-dd multi-source agreement[EB/OL]. http: //www. osfpmsa. org.

[5] X. ZHOU, et al. Beyond 1 tb/s intra-data center interconnect technology: Im-dd or coherent?[J]. J. Lightwave Technol., 2020, 38（2）：475-484.

[6] P. DONG, et al. Silicon photonics: a scaling technology for communications and interconnects[C]//2018 IEEE IEDM, 2018: 23-4.

[7] C. XIE, et al. Real-time demonstration of silicon-photonicsbased qsfp-dd 400gbase-dr4 transceivers for datacenter applications[C]//2020 OFC, 2020: 1-3.

[8] Y. ZHAO, et al. Silicon photonic based stacked die assembly for 4×200-gbit/s short-reach transmission[C]//2021 OFC, 2021: 1-3.

[9] X. ZHOU, et al.. Beyond 1tb/s datac enter interconnect technology: Challenges and solutions[C]//2019 OFC, 2019: Tu2F-5.

[10] N. NING, et al. Comparison of silicon lattice-filter-based o-band 1×8（de） multiplexers with flat and gaussian-like passbands[J]. IEEE Photon. J., 2022, 14（2）：1-5.

[11] N. NING, et al. Silicon photonic o-band（de）multiplexers with flat-passband[C]//AOPC 2021: SPIE, vol 12062., 2021: 1206202.

[12] P. XIA, et al. Silicon dc kerr modulator enhanced by slow light for 112 gbit/s pam4[C]//ACP, 2021: T2I-1.

[13] O. XIA, et al. High linearity silicon dc kerr modulator enhanced by slow light for 112 gbit/s pam4 over 2 km single mode fiber transmission[J]. Opt. Express, 2022, 30（10）：16996-17007.

作者简介

余辉，博士，浙江大学信息与电子工程学院副教授，之江实验室研究专家。主要研究领域包括硅基光电子学、集成微波光子学、光互连等。近5年负责和参与多项国家重点研发计划、国防科技创新特区及装发预研等国家项目，以及华为、中电、航天科工等企业合作项目研究。在国际著名期刊和顶级会议上发表学术论文百余篇。已申请/授权发明专利40余项。

尹　坤

尹坤，之江实验室高级工程师，浙江大学博士。主要研究方向为高速数字电路、混合模拟电路以及射频电路的设计、分析验证与测试。领导团队将各种最新技术包括芯片在线加密技术、内存修复技术、电源均衡技术应用于芯片产品之中。具有丰富的项目管理经验，领导过10+款芯片的设计开发量产团队，设计过15+款芯片的测试板，测试过30+款不同种类的芯片，支持50+款芯片的量产良率的提高和成本的降低，覆盖数字、模拟、射频以及电源管理芯片。目前负责之江实验室800G光收发芯片与光引擎技术项目。

杨建义

杨建义，博士，浙江大学信息与电子工程学院教授。长期从事集成光电子芯片研究。先后承担国家自然科学基金项目、"863"项目、"973"项目等多项，发表SCI收录论文上百篇，获得发明专利50余项。所研发的玻璃基集成光学芯片项目2008年获得浙江省科技二等奖；与北京大学合作，将微小型偏振控制器件用于遥感检测，相关研究成果于2015年获得国家技术发明二等奖。现为浙江大学杭州国际科创中心主任，兼浙江大学微纳电子学院常务副院长。

数据中心智慧光网络关键技术
Key Technologies of Intelligent Optical Network for Data Center

诸葛群碧

诸葛群碧　胡卫生
上海交通大学电子工程系

摘　要：由于元宇宙、物联网、虚拟现实等应用的流行普及，以及疫情席卷全球导致的线上办公趋势，数据中心通信流量在近几年呈爆发式增长。为满足这一需求，智慧光网络被提出用于高效的智能化网络管控。本文主要介绍了智慧光网络关键技术中，依托数据驱动的数字孪生技术以及光网络数字孪生系统中的光纤非线性建模算法。

关键词：智慧光网络　数据驱动　数字孪生　光纤非线性建模

1. 引言

光纤通信系统凭借其高带宽、大容量、高速率的优点，已然成为世界通信网络的核心组成部分。随着近几年虚拟现实、物联网、云计算等技术的发展，元宇宙等概念的提出，以及疫情导致的全球线上办公趋势，数据中心通信流量急剧增长，这对光纤通信系统提出了更高要求，光纤通信系统也逐步向硬件多样化、系统灵活化、网络虚拟化的方向发展。为了对日益庞大且复杂的光网络进行高效管控，智慧光网络在近几年被广泛地研究。数字孪生技术能够依托物理层的数据，对光通信物理系统进行实时数字化建模，从而达到实时监测、实时调控、实时优化的目的，因而成为智慧光网络的关键技术与研究热点。在数字孪生系统中，如何对复杂的光纤非线性效应进行快速、准确地建模，从而对系统传输质量进行精确估计并指导网络优化和算法优化，也是数字孪生系统需要重点突破的问题。本文具体介绍了智慧光网络中的数字孪生系统架构及其实现方案，并针对其中的光纤非线性建模算法进行了具体阐述和分析。

2. 光通信数字孪生系统

数字孪生技术是将物理系统与数字系统进行互联，从而对其进行智能管控的技术[1]。近几年得益于迅速发展的数据收集、数据交互等技术，对数字孪生系统的相关研究突飞猛进，学术界和工业界对这一系统都给予了相当程度的重视。数字孪生技术被认为是实现工业4.0和工业互联网的重要技术之一，与这一技术相关的许多应用也在产品设计、系统预测、健康管理等不同领域成功落地[2]。对于现代相干光通信系统来说，系统中的数字信号处理模块可以提供大量的链路相关数据[3]，这些数据为数字孪生系统的搭建提供了基础保障。

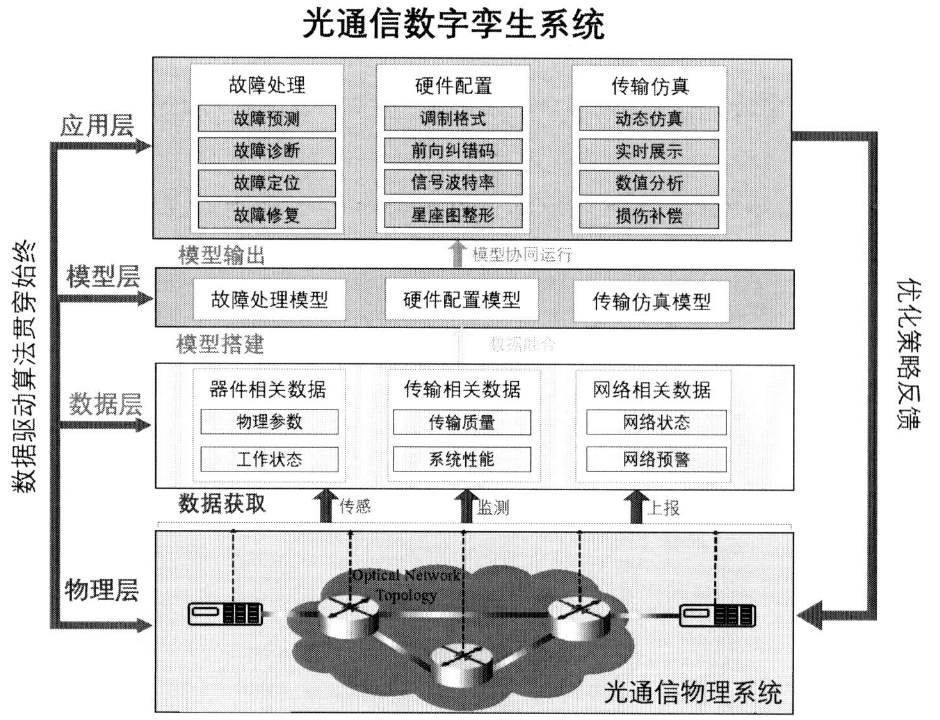

图1 光通信数字孪生系统架构图

光通信数字孪生系统作为新一代光通信控制系统，在近几年被广泛研究。光通信数字孪生系统依托物理层数据、各类模型与算法，尝试将真实的物理光通信系统映射到数字空间，在数字空间实时建模和监测物理系统的各种状态，预测真实系统中可能发生的各类情况或故障，从而即时优化和调整真实的物理系统。光通信数字孪生系统架构如图1所示，大致可分为物理层（Physical layer）、数据层（Data layer）、模型层（Model layer）和应用层（Application layer）。物理层代表了光通信系统的物理架构，包括各类收发机、光纤、EDFA等；通过各类传感器件、光性能监测算法（Optical performance monitoring, OPM）等方式，物理层的数据被实时上传至数据层；数据层会对大量数据进行处理和数据挖掘，然后将处理后的数据传到模型层进行建模；模型层主要是在故障管理、硬件配置、传输仿真三个方面进行数字化建模；搭建好的模型随后将在应用层执行不同的功能，如故障识别、故障定位、故障修复、配置优化、传输过程动态仿真、传输质量分析等。之后依据各类分析结果，系统在应用层生成合理的优化方案，并将其传至物理层，指导实际光通信系统进行相应优化。

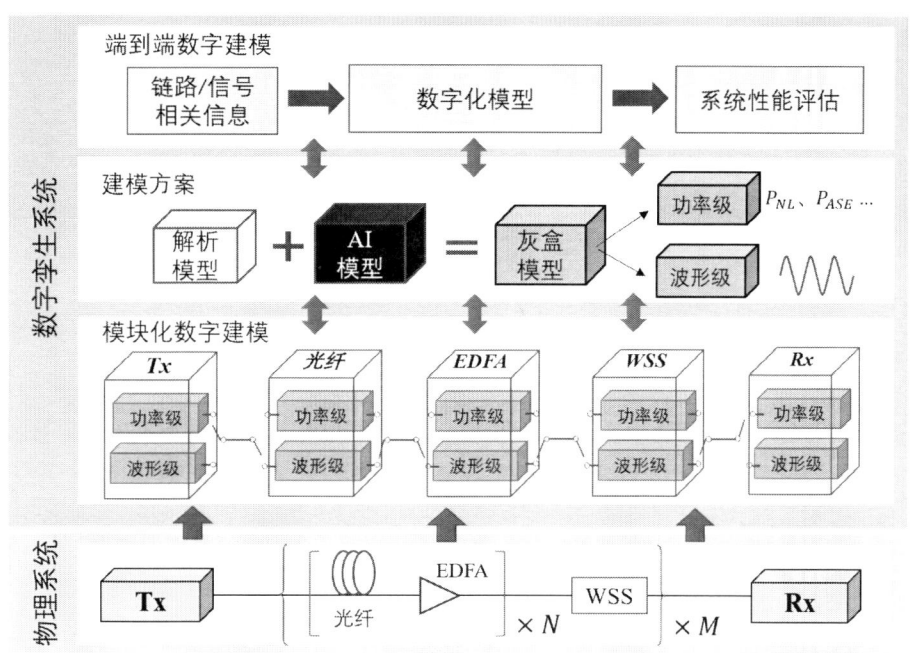

图 2　光通信数字孪生系统实现方案图

如何对物理层进行精确建模是搭建数字孪生系统时最为重要的问题[4-6]。光通信数字孪生系统需要对物理层的信号传输过程进行准确的建模，以此来估计信号传输质量（Quality of transmission, QoT），进而对整个光通信系统做出实时的调度与优化[7]。

搭建光通信数字孪生系统有许多方式，如图 2 所示，可以采用端到端的实现方案或模块化的实现方案。端到端意味着使用一个数字化模型来映射整个系统，通过输入的链路和信号信息来对系统性能进行预测和评估；这种模型结构简单，可以在短时间内估计网络性能。但端到端结构将整个链路建模为一个数字化模型，导致该模型没有明确的物理含义，模型可靠性较低。在模块化建模结构中，每个模块代表了相对应的光学设备；这种模型与物理器件的对应关系增强了模型的可靠性，有利于数字孪生系统的实际应用；但模块化建模的计算量可能很高，且每个模型的不准确度可能会累积，导致估计不准确，需要预留较大余量。两者相比，模块化建模结构的可解释性更高，而且每个模块可以单独进一步改进，所以目前看来模块化建模更适用于数字孪生系统的实现。

此外，光通信数字孪生系统中的模型可以在不同的级别进行建模。对于功率级建模，系统只需要建模每个噪声的功率值来评估传输质量；对于波形级建模，系统可以建模细致的波形信息。针对每个模型，可以根据物理原理建立解析模型，也可以为了获得更高的精度、节省计算时间而采取"黑盒"的 AI 模型。然而，"黑盒"的 AI 模型缺乏可解释性，难以保证模型在实际系统中的建模效果。因此，许多将物理模型与数据驱动模型相结合的"灰盒"模型[8]被应用于数字孪生系统。其中光纤作为光通信系统的重要组成部分，如何对光纤传输过程进行高速、准确的建模是数字孪生系统的重要课题。

3. 光纤非线性建模

信号在光纤中传输时，色散效应、非线性效应和衰减会对光信号产生复杂的联合作用。在相干光通信系统的中，色散可以由收端 DSP 模块补偿，衰减可以由 EDFA 对光信号放大来补偿，但非线性效应带来的非线性噪声无法有效去除，因此光纤非线性的准确建模对光通信系统的性能评估具有重要意义。光纤传输中的非线性效应可以由非线性薛定谔方程[9]（Non-linear Schrodinger equation, NLSE）描述，但非线性薛定谔方程不存在解析解，这使精确的光纤建模十分困难。传统的光纤非线性建模方法一般基于不同的假设对非线性薛定谔方程简化，从而对非线性效应近似求解。传统的求解模型主要有高斯噪声模型[10]（Gaussian noise model, GN model）和分步傅里叶模型[11]（Split-step Fourier method, SSFM），下面我们将分别对其进行介绍。此外，数字孪生系统中大量链路相关数据为数据驱动型的光纤建模提供了基础，许多数据驱动的光纤建模算法也得到了良好的建模效果。

3.1 高斯噪声模型

高斯噪声模型假设信号传输过程中引入的非线性噪声为加性高斯噪声，传输信号在统计上是平稳高斯信号，且噪声的功率相对于信号功率很弱。基于以上假设，高斯噪声模型可以近似求解非线性薛定谔方程，计算出非线性噪声的功率谱密度。高斯噪声模型通过解析表达式可以粗略计算出非线性噪声的大小，进而计算得到传输后的信噪比，达到快速建模的目的。但是在光纤非线性效应比较强时，高斯噪声模型的假设与实际情况偏差较大，建模结果的精度会大大下降。因此高斯噪声模型更适用于非线性较弱、建模精度要求不高，且需要进行快速建模的场景。此外，高斯噪声模型只能输出非线性噪声的功率，不能准确建模光纤传输过程中的波形变化，无法得到波形中包含的丰富信息。因此在对精度要求更高、或者需要波形信息的场景下，往往会采用分步傅里叶法进行建模。

3.2 分步傅里叶法

分步傅里叶法是对非线性薛定谔方程进行数值求解的方法。分步傅里叶法假设在一段较短的传输距离中，非线性效应和色散效应可以分开考虑。分步傅里叶法的原理如图 3 所示，在建模时，一长段传输距离被分为多段的短距离传输，在每一小段传输中，分步傅里叶法会对色散（CD）和非线性（NLI）分别进行建模。为了提高精度，分步傅里叶法一般采用对称的建模方式，即在每一步中先建模一半的色散（CD/2），然后建模此段内的非线性（NLI）和衰减，再建模剩下的一般色散（CD/2）。当步长选取足够小时，分步傅里叶的解就无限逼近非线性薛定谔方程的解。

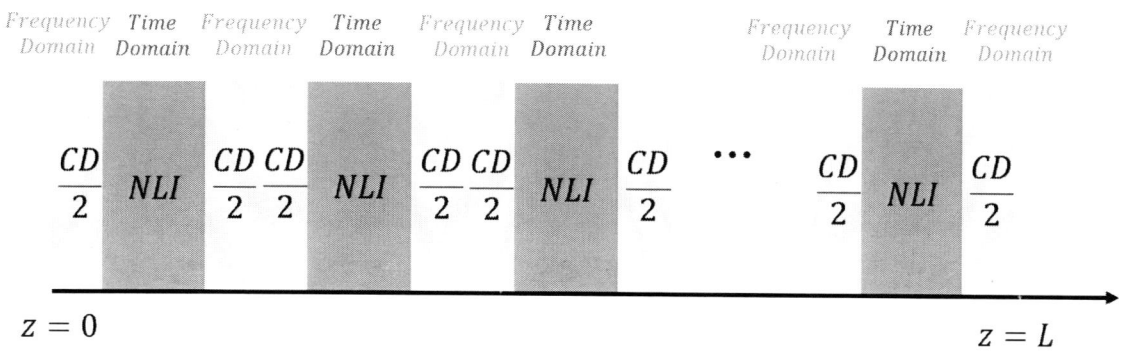

图3 分步傅里叶法原理图

3.3 数据驱动的光纤模型

数据驱动的光纤模型大体上可以分为性能级别模型和波形级别模型。性能级别建模利用链路的发射功率、光纤参数等作为模型输入，对整体链路的性能指标（SNR, OSNR 等）进行预测，如利用元学习算法的多任务学习能力，对参数不准确的链路非线性 SNR 进行预测，并给出预测结果的置信区间[12,13]。性能级别建模可以快速得到光纤传输过程中的噪声功率，进而估算传输的性能指标，但却忽略了信号波形中的丰富信息。相比之下，波形级别建模则对光纤物理传输过程进行建模，利用链路相关参数与输入光纤的信号波形，预测输出的信号波形。如利用循环神经网络（Recurrent neural networks, RNN）处理时间序列的优势，引入双向长短期记忆神经网络（Bi-directional long short-term memory neural network model, BiLSTM）对幅度调制信号在光纤中的传输进行建模[14]；利用对抗生成网络（Generative adversarial network, GAN），建模高阶调制格式下以及概率整形后的单波信号传输过程[15]；基于数据驱动的光纤非线性建模及模型部署研究线性和非线性特征分离后，利用 BiLSTM 来对多载波、长距传输的波形进行建模[16]。相比性能级别光纤模型，波形级别光纤建模不仅可以预测链路的 QoT，还可以保留波形中丰富的信息，这些信息可以辅助我们深入理解非线性效应[17]、设计和优化光网络结构与相关 DSP 算法[18,19]，因此近些年的光纤建模研究多集中于波形级建模。

现有数据驱动的波形级别光纤建模方法可以达到较高的精度，波形的归一化均方误差可以达到小于 0.02[14]，但这一精度仍无法满足准确 QoT 估计。而且现有工作大多基于"黑盒"的神经网络模型[14,15]，忽视了将物理知识融入神经网络，导致建模精度无法进一步提升。因此融入物理知识的数据驱动灰盒模型成为数字孪生建模的一大重点，在研究工作[20,21]中，物理辅助的神经网络（Physics-informed Neural Network, PINN）被用于对最简单的高斯脉冲进行建模，该方法利用神经网络来解非线性薛定谔方程，具有很强的物理可解释性，但仍处于初步研究阶段，尚需进一步探索。

4. 总结

随着数据中心流量的持续快速增长，数据中心光网络亟需更高效、智能的管控方案。数字孪生作为数据中心智慧光网络的关键技术，在光网络应用场景中被广泛地研究。以光纤建模问题为例，许多数据驱动模型被应用于数字孪生系统，但目前仍然难以到达快速、准确的建模效果；如何将物理知识与数据驱动模型进一步融合，实现高效、可解释的建模将是我们今后研究的重点之一。

参考文献

[1] F. TAO, H. ZHANG, A. LIU, et al. Digital Twin in Industry: State-of-the-Art[J]. IEEE Trans-actions on Industrial Informatics, 2019, 15（4）:2405-2415.

[2] F. TAO, M. ZHANG, J. CHENG, et al. Digital Twin Workshop: A New Paradigm for Future Workshop[J]. Computer Integrated Manufacturing Systems, 2017, 23（1）:1-9.

[3] G. LI. Recent Advances in Coherent Optical Communication[J]. Advances in optics and pho-tonics, 2009, 1（2）:279-307.

[4] S. WEYER, T. MEYER, M. OHMER, et al. Future Modeling and Simulation of CPS-based Factories: An Example from The Automotive Industry[J]. Ifac-Papersonline, 2016, 49（31）:97-102.

[5] T. GABOR, L. BELZNER, M. KIERMEIER, et al. A Simulation-based Architecture for Smart Cyber-physical Systems[C]//2016 IEEE international conference on autonomic computing （ICAC）, 2016:374-379.

[6] S. BOSCHERT, R. ROSEN. Digital Twin—the Simulation Aspect[G]//Mechatronic futures. Springer, 2016:59-74.

[7] C. ROTTONDI, L. BARLETTA, A. GIUSTI, et al. Machine-learning Method for Quality of Transmission Prediction of Unestablished Lightpaths[J]. Journal of Optical Communications and Networking, 2018, 10（2）:A286-A297.

[8] X. LIU, L. LIU, H. LUN, et al. A Grey-box Model for Estimating Nonlinear SNR in Optical Net-works Based on Physics-guided Neural Networks[C]//Asia Communications and Photonics Conference 2021. Shanghai: OSA, 2021:M5I.1.

[9] GP. AGRAWAL. Nonlinear Fiber Optics[C]//CHRISTIANSEN P L, SØRENSEN M P, SCOTT A C. Nonlinear Science at the Dawn of the 21st Century. Berlin, Heidelberg: Springer Berlin Heidelberg, 2000:195-211.

[10] P. POGGIOLINI. A generalized GN-model closed-form formula[J]. ArXiv preprint arXiv:1810.06545, 2018.

[11] D. SEMRAU, RI. KILLEY, P. BAYVEL. A Closed-Form Approximation of The Gaussian Noise Model in the Presence of Inter-Channel Stimulated Raman Scattering[J]. Journal of Lightwave Technology, 2019, 37（9）:1924-1936.

[12] X. LIU, H. LUN, L. LIU, et al. A Meta-Learning-Assisted Training Framework for Physical Layer Modeling in Optical Networks[J]. Journal of Lightwave Technology, 2022,40（9）: 2684-2695.

[13] Q. QIU, X. LIU, Y. ZHANG, et al. A Meta-learning-assisted Training Framework with Confidence Interval for Optical Network Modeling[C]// OSA Advanced Photonics Congress 2021. Washington, DC: OSA, 2021: NeF2B.1.

[14] D. WANG, Y. SONG, J. LI, et al. Data-driven Optical Fiber Channel Modeling: A Deep Learning Approach[J]. Journal of Lightwave Technology, 2020, 38（17）:4730-4743

[15] H. YANG, Z. NIU, S. XIAO, et al. Fast and Accurate Optical Fiber Channel Modeling Using Generative Adversarial Network[J]. Journal of Lightwave Technology, 2021, 39（5）:1322-1333.

[16] H. YANG, Z. NIU, H. ZHAO, et al. Fast and Accurate Waveform Modeling of Long-haul Multi-channel Optical Fiber Transmission Using a Hybrid Model-data Driven Scheme[J]. Journal of Lightwave Technology, 2022:1-1.

[17] L. SALMELA, N. TSIPINAKIS, A. FOI, et al. Predicting Ultrafast Nonlinear Dynamics in Fibre Optics with A Recurrent Neural Network[J]. Nature Machine Intelligence, 2021, 3（4）:344-354.

[18] SA. DEREVYANKO, JE. PRILEPSKY, SK. TURITSYN. Capacity Estimates for Optical Transmission Based on The Nonlinear Fourier Transform[J]. Nature Communications, 2016,7（1）:12710.

[19] S. DELIGIANNIDIS, A. BOGRIS, C. MESARITAKIS, et al. Compensation of Fiber Non-linearities in Digital Coherent Systems Leveraging Long Short-Term Memory Neural Net-works[J]. Journal of Lightwave Technology, 2020, 38（21）:5991-599.

[20] Y. ZANG, Z. YU, K. XU, et al. Universal Fiber Models Based on PINN Neural Network[C]//Asia Communications and Photonics Conference/International Conference on Information Photonics and Optical Communications 2020（ACP/IPOC）. Optica Publishing Group,2020:M4A.266.

[21] M. RAISSI, P. PERDIKARIS, GE. KARNIADAKIS. Physics-informed Neural Networks: A Deep Learning Framework for Solving Forward and Inverse Problems Involving Nonlinear Partial Differential Equations[J]. Journal of Computational Physics,2019,378:686-707.

作者简介

诸葛群碧，博士，上海交通大学电子工程系副教授，博士生导师。2009年获浙江大学光电系学士学位，2012年和2015年分别获加拿大麦吉尔大学硕士和博士学位。2018年入职上海交通大学。主要研究方向为核心骨干网光通信、数据中心光互联和光无线融合等。在国际一流期刊和会议上发表论文170余篇。主持和参与多项科技部重点研发计划和自然科学基金项目。入选2020年《麻省理工科技评论》中国区"35岁以下科技创新35人"，指导学生获得2020年OFC康宁杰出学生论文奖等。

胡卫生，上海交通大学特聘教授，鹏城实验室双聘教授。历任区域光纤通信网与新型光通信系统国家重点实验室主任，国家"863"计划高性能宽带信息网总体组专家，国家自然科学基金委信息学科评审组专家，*Optics Express*、*Lightwave Technology*编委。享受国务院政府特殊津贴，曾主持国家杰出青年科学基金项目，入选"百千万"人才工程国家级人选，为全国优秀博士学位论文指导教师、教育部创新团队负责人等。参研成果获国家科学技术进步二等奖2项、上海市科学技术进步一等奖1项。

胡卫生

基于SDM的新一代海底光缆技术研究
A new generation of submarine cable research based on SDM for submarine networks

许人东

许人东　王　畅　胥国祥

江苏亨通海洋光网系统有限公司

海洋信息技术与装备创新中心

摘　要：海底通信经历了170多年的发展，从海底电报电缆、同轴电话电缆到海底光缆，由语音信号变成数字信号，系统容量提升了几十万倍。截至目前，海底光缆作为国际间信息传输的主要手段，已经承载了全球99%以上的国际间通信容量。随着近年来信息化的快速发展，互联网流量与2010年相比增长了12倍，进一步推动了海底光缆通信系统的更新迭代，通信系统正在朝大容量的方向发展。在过去的25年里，单芯光纤的容量已经接近香农-哈特利理论，传统的通信不再能够满足对传输容量日益增长的需求，因此，SDM（Space Division Multiplexing，空分复用）技术在新一代海底光缆通信中得以尝试，并经过数年发展，实现了工程应用。

关键词：海底光缆　更新迭代　大容量　空分复用

1. 基于SDM技术的海底光缆概述

海底光缆作为当代国际通信的重要手段，承载了全球99%以上的国际通信业务，是全球信息通信的主要载体。近年来，伴随着云计算、大数据、自媒体、5G、物联网等等技术产业的蓬勃发展，全球正处于数字化变革浪潮中，带宽需求日益增长。

目前的海底通信技术提供的系统带宽已不足以满足急遽攀升的流量需要，现阶段提升系统容量的途径有单纤容量提升和系统光纤数提升两种方式。自1990年以来，单纤容量的提升经历了传输模式、前向纠错、增益均衡、色散管理、波分复用、光放大以及相干接收技术。海底光缆系统的容量一直呈现指数级的增长，由于数字信号处理算法无法完全补偿光纤信道给信号带来的随机非线性噪声，单模光纤传输容量已逼近香农极限，增长趋缓而不再呈指数级增长[1-2]，如图1所示。因此，为实现系统容量的大幅提升，基于SDM技术的新一代海底光缆开始出现。

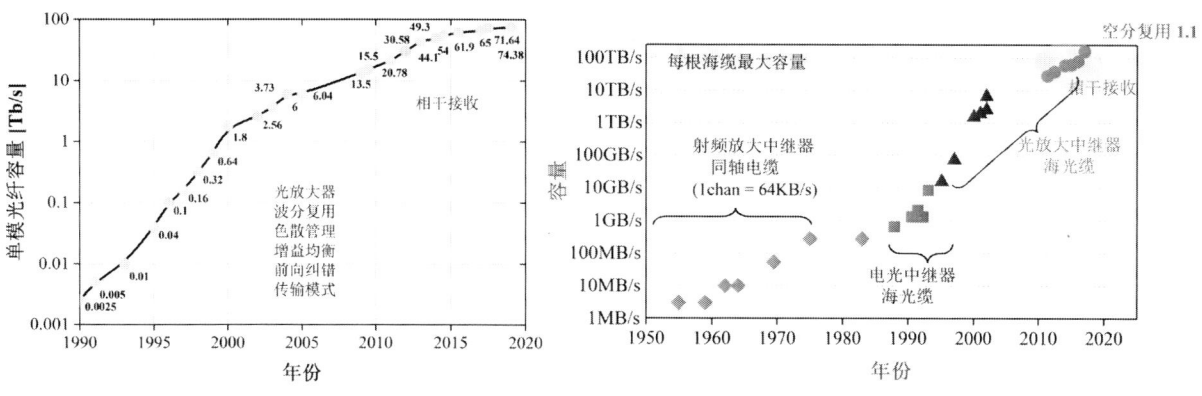

图1a 单纤容量技术发展情况　　图1b 海底通信系统容量增长情况

实现基于SDM技术的海底通信的主要技术路径有以下三种：

第一种：在目前的海底光缆结构空间增加光纤纤对数，如12—16纤对被认为是第一代的SDM海底光缆技术即SDM1.0代、20—24纤对为SDM2.0代，以实现大幅度提高系统容量。但其存在的难题是由于光纤纤对增加，导致海底光缆结构变大，相对应的海底中继器等深海设备物理结构需要重新设计，EDFA（Erbium Doped Fiber Amplifier，掺铒光纤放大器）光放大的泵浦共享冗余设计及可靠性、水下电功率需求等亦增大。目前国际上如美国Sub Com、法国ASN、日本NEC都发布新闻宣称已经开发出第一代基于SDM技术的12—24纤对的海底光缆系统，但并没有实际工程应用。目前业界基于SDM技术的海底光缆，即全部采用该种技术路径。

第二种：通过增大海底光缆中的单芯光纤密度实现系统容量的提升。如采用在同一光纤包层中布置多个纤芯即MCF（Multi-Core Fiber，多芯光纤）进行空分复用、在同一纤芯同时传输多个线偏振模式的FMF（Few-Mode Fiber，少模光纤）进行复用、将多芯复用及少模复用结合在一起的FM-MCF（Few-Mode Multi-Core Fiber，少模多芯光纤）进行复用等[2-6]。

第三种：利用光束的不同螺旋相位波前进行正交复用的OAM（Orbital Angular Momentum，轨道角动量）方式进行复用[2]。

后两种复用技术目前还处在前期研究和实验室试验阶段，国内外的研究论文及实验室演示报道多集中在多芯光纤的空分复用技术领域。由于后两类空分复用技术是颠覆性技术，产业链及供应链体系需要技术变革，包括光棒、光纤、海底光缆、光器件及光放大、光纤耦合及接续工程、试验与测试技术、海上施工及运维技术等都需要变革乃至颠覆，产业链的培育及成熟需要的周期较长，目前业界普遍认为在未来一段时期，海底光缆系统容量的增长将主要基于第一种SDM技术路径。

2. 基于SDM技术的新一代有中继海底光缆开发

本文针对基于SDM技术的16纤对有中继海底光缆进行介绍；与传统的海底光缆相比，物理增加光纤纤对数，属于第一种SDM技术。基于SDM技术的16纤对有中继海底光缆系统实现了通信容量的提升，但也导致缆型的整体结构尺寸变大（其结构如图2所示），还需进一步解决系统超长距离光电传输、超高耐静水压与水密氢密技术等难题。

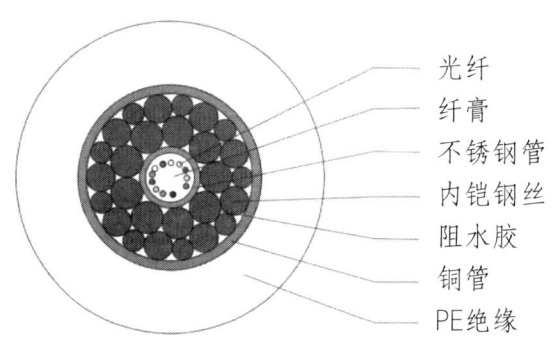

图2 基于SDM技术的16纤对有中继海底光缆结构图

针对跨洋海底光缆通信系统"超大容量""超长跨距""超大水深"的三大技术难点，从大有效面积光纤及成缆控制、高可靠绝缘耐压、大长度制造、深海超高耐压及水密氢密等五个细分领域的原理、机理进行设计，形成创新技术点如下：

（1）多纤对大有效面积光纤成缆附加衰减与衰减稳定性控制

大有效面积光纤对弯曲较为敏感，成缆过程中附加衰减难以控制；同时为满足中继系统均衡放大需求，要求各纤对衰减均一性较好。

通过建立大有效面积光纤造管光纤余长边界模型及余长一致性控制工艺，将大有效面积超低损光纤海底光缆附加衰减控制在±0.003dB/km的稳定均衡范围内，可满足万公里光性能传输，传输容量高达307.2Tbps。

（2）高可靠的绝缘耐压技术

为满足跨洋大芯数海底通信系统的单端供电，光纤芯数增加，海底中继器所需的功耗变大，导致海底光缆上需运行更高电压等级的直流电；典型的电压等级超过15kV达到18kV甚至20kV，必须保证海底光缆绝缘在此电压下具有25年可靠性寿命。

提出了绝缘壁厚冗余设计模型，建立了海底光缆绝缘电老化寿命试验模型及评估方法，匹配万公里级基于SDM技术的海底光缆通信电传输需求。

（3）大长度制造技术

为满足跨洋大芯数海底通信系统的建设，必须突破有中继海底光缆系统单跨极限。

开发了高可靠的管接技术与铠装缆型在线过渡连接技术，具备了超万公里链路长度、基于SDM的16纤对底光缆系统制造与集成能力。

（4）深海超高耐压技术

为满足大芯数海底光缆的全海域应用，深海万米水深下水压达到100MPa，必须提升缆型整体承压性能。

创新设计了奇数不等径钢丝复合铜管一体化内铠结构。提出了9+9+9奇数不等径深海海底光缆内铠结构，研制了奇数不等径钢丝复合铜管一体化成型工艺，保证了海底光缆结构的稳定性和机械性能，满足了基于SDM的16纤对底光缆万米级水深布放、回收及长期运行的要求。

（5）深海水密氢密技术

为了限制海底光缆断缆维修时截取的长度，并满足海底光缆的径向高压绝缘要求，故海底光缆的纵向、径向阻水是海底光缆面临的另一大难题。

鉴于光纤的氢损特性，同时匹配海底光缆25年的高寿命可靠运行，氢密的处理同样是一个重点考虑点。

开发了海底光缆多维度阻水阻氢技术，通过高密度聚乙烯绝缘层、高可靠氩弧焊铜管，激光焊接无缝不锈钢管实现了海底光缆径向的阻水阻氢；通过不锈钢管中90%填充率以上的吸氢纤膏、内铠钢丝阻水胶涂敷技术、创新的绝缘与铜管粘结层技术，实现了海底光缆纵向的阻水阻氢，使得基于SDM的16纤对底光缆满足万米深海应用。

表1展示了基于SDM技术的16纤对有中继海底光缆的技术指标。

表1 基于SDM技术的新一代有中继海底光缆的技术指标

	技术指标	单位	指标
光学性能	容纳光纤对	FP	16
	光纤衰减偏差 @1550nm	dB/km	±0.003
电气性能	直流电阻 @20℃	Ω/km	0.96
	绝缘电阻 @20℃	GΩ.km	>150
	可靠运行电压	kV	20
机械性能	LW 最小断裂负荷	KN	95
	LW 抗冲击功	J	100
	LW 抗压扁性能	kN	15
环境性能	耐静水压性能	MPa	100
	52MPa，14天纵向渗水长度	m	103
认证	通过 UJ 认证		

3. 基于SDM技术的新一代有中继海底光缆工程应用

基于SDM技术的16纤对海底光缆目前已完成产品研制，并于2021年9月实现了国际首个基于SDM技术的海底光缆通信系统的工程应用。该项目连接我国海南省和香港特别行政区，分支登录广东省，系统总长约700千米，最大化系统总容量达307.2Tbps，项目路由如图3所示。

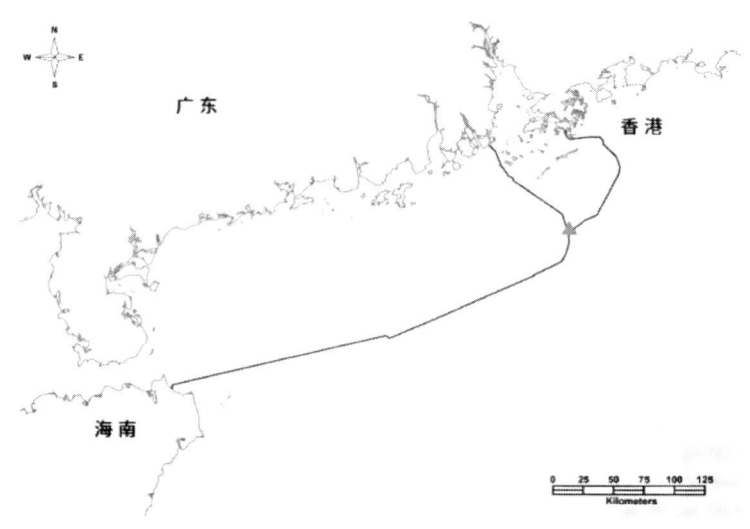

图3　海南－香港项目路由图

4. 总结

海底光缆通信作为国际间通信的主要载体，在很长一段时间里，仍将占据主导地位。据STF统计，预计到2024年底，全球产能将增加100%，未来3年计划有多个系统的设计能力超过100Tb/s[7]。未来随着疫情防控的常态化，流媒体、电商、远程办公、视频会议等需求将进一步提升，这将对海底通信系统容量提出更高的要求，全球带宽市场有望进入新一轮的增长周期，基于SDM技术的大容量海底光缆产品也将迎来更大的市场。同时，随着近年来国家海洋强国战略的实施，以及在大国博弈的大背景下，我国海底通信系统关键技术的自主可控对于维护国家信息、国防安全都具有战略意义。

参考文献

[1] A.N. PILIPETSKII, G.MOHS. Technology evolution and capacity growth in undersea. cables [C]. OFC2020, W4E.2.

[2] 赵永利，宁云潇，赵子飘，郁小松，张杰. 多维复用光网络关键技术 [J/OL]. 光通信技术（网络首发），（2020-09-21）[2022-07-16]. https://kns.cnki.net/kcms/detail/45.1160.TN.20200921.1624.002.html.

[3] KUNIMASA SAITOH,SHOICHIRO MATSUO. Multicore Fiber Technology [J]. Journal of. Lightwave Technology, 2016, 34（1）:55-66.

[4] TETSUYA HAYASHI, YOSHIAKI TAMURA, TAKEMI HASEGAWA,TOSHIKI TARU. Record-Low. spatial mode dispersion and ultra-low loss coupled multi-core fiber for ultra-long-hual transimission [J]. Journal of lightwave technology, 2017, 35（3）:450-457.

[5] WERNER KLAUS,BENJAMIN J. PUTTNA,RUBEN S. LUIS,JUN SAKAGUCHI, JOS-MANUEL DELGADO. MENDINUETA,YOSHINARI AWAJI,NAOYA WADA. Advanced space division multiplexing technologies for optical networks [J]. Journal of Optical Communication Networks, 2017, 9（4）:C1-C14.

[6] MD. NOORUZZAMAN,TOSHIO MORIOKA, Multicore fiber for high-capacity submarine[J]. transmission systems, 2018, 10（2）:A175-A184.

[7] SUBMARINE TELECOMS FORUM. Submarine Cable Almanac online version: Issue 28,November 2018 [EB/OL]. https://subtelforum.com/products/submarine-cable-almanac.

作者简介

许人东，浙江大学海洋学院博士，教授级高级工程师。现任江苏亨通海洋光网系统有限公司总经理，兼任中国电器工业协会通信电缆及光缆专家委员会副主任委员、《中国海洋平台》杂志副主任编委、中国未来海洋联盟海洋技术分会理事、江苏省产业教授、江苏省企业信息化协会特聘专家。曾在西门子（SIEMENS）、朗讯科技及贝尔实验室（Lucent Technologies/Bell labs）、康宁（Corning）等全球500强企业从事光纤通信行业技术研发及产业化与运营管理工作20多年，参与过国家"十一五"重大科学工程中国科学院FAST通信工程项目，拥有50多项专利，发表国际论文10多篇。先后荣获2次中国光学工程学会科技进步一等奖（分别排名第三、排名第一）和2次江苏省科学技术一等奖（分别排名第二、排名第一），以及江苏省"企业创新达人"、苏州市"魅力科技人物"等荣誉称号。

王畅

王畅，工学学士，毕业于哈尔滨理工大学光电信息科学与工程专业。目前从事的专业领域为海底光缆通信，发表相关学术论文3篇。曾荣获第七届中国光学工程学会科技创新一等奖。

胥国祥

胥国祥，硕士，毕业于北京航空航天大学机械设计及理论专业。2019年入选姑苏紧缺人才。拥有10多年的海底光缆行业工作经验，长期致力于海底光缆通信系统研究工作，研制出多种有中继、无中继海底光缆产品及其附件，产品已成功应用于多个国内外项目。目前已申请国内外专利30多项，发表相关学术论文7篇。先后2次荣获中国光学工程学会科技进步一等奖、2次荣获江苏省科学技术一等奖。

国际海底光缆建设展望
Prospects for international submarine optical cables construction

贺永涛

贺永涛

> **摘　要**：国际海缆是全球信息流通最重要的基础设施之一，数字经济的快速发展成为国际海缆的直接驱动力。本文从当前的市场需求和技术进步角度，综合分析国际海缆建设的竞争格局，提出了未来发展的趋势性判断。
>
> **关键词**：海底光缆　展望

近年来，随着全球数字经济和信息社会的飞速发展，5G 和云计算等新兴技术不断推广应用，对国际间互联带宽持续提出了较高的需求。国际海缆跨洋通信系统具备 15000 公里级别的超长距离海底传输能力，可跨越世界最辽阔的海洋，以高可靠性与低维护成本为特色，承担了超过 90% 的跨国数据传输业务，是各沿海国家乃至内陆地区连接世界的大容量通道，也成为现代社会运行的重要基础设施。

全球 2000 年以前建设的海缆占比超过 30%，迄今运行寿命已经接近极限，海缆的更新换代势在必行。与此同时，因 COVID-19 新冠疫情的影响，在常规跨国旅行减少的同时远程线上通讯交往增加，使得国际带宽在一段时间内面临资源瓶颈，跨国海底光缆建设市场出现强劲的复兴态势。根据行业分析机构 TeleGeography 的预测，2023 年新建海缆通信网络市场规模将超过 35 亿美元，将创造 10 多年来的高峰值，新一轮的海缆建设热潮已经迎面而来。

1. 当前海缆建设格局

从全球视角看，国际互联带宽需求和海缆替换周期共同推动海底光缆建设进入新的高峰期。一方面，近年全球国际互联网带宽年增长率保持在 30% 以上的高增长速度，2021 年达到 800Tbps 左右，预计 2025 年国际带宽使用量超过 3000Tbps 量级，近年全球数据中心互联和互联网服务带宽需求的持续增长推动了海底光缆的加速建设。另一方面，全球纳入统计的海底光缆超过 470 条，各类海缆登陆站超过 1000 个，总长度超过 130 万公里，其中 30% 以上为 2000 年前建设完成，根据海缆 20 年的经济使用寿命推算，此部分海缆已逐步进入使用周期的尾声。基于国际通信带宽年增长30%～40%的强劲动力，海缆发展态势积极，可维持每年建设15万公里的较高水平。

从市场发展角度看，近年来，东南亚、非洲、北欧、南美等新兴市场国家和地区高度重视国际海缆对于加强国际互通、促进本地发展的重大意义，如泰国、印度尼西亚、阿联酋、阿曼、芬兰、智利等国家均出台相关措施或战略，吸引跨境海缆在其境内登陆。

与此同时，自从OTT代替传统电信运营商成为全球通信信息行业重要力量，互联网内容流向和数据中心分布开始主导全球海缆布局。西欧、北美、东亚和东南亚等国家和地区凭借其互联网地位、业务资源和地理优势，带动全球数据向其聚集，成为多条国际海缆的终端点或者关键节点，并加速形成全球海底光缆网络中心；谷歌、微软、Facebook、亚马逊等国际互联网科技巨头已开始在全球部署云资源和数据中心，传统电信运营企业也在建设区域性服务数据中心，大型IDC的集聚地已成为影响国际海缆网络布局的关键之一。

全球互联网转接中心和数据中心的DC建设均需要良好的电力供应及基础设施水平和宽松的电信管制政策予以支撑，这直接影响了网络的可靠性和运营成本，尤其是电路转接方面。世界范围内，主要互联网通信和云资源设施集中于北美、欧洲和亚洲，其中滨海区域的美国东北部和迈阿密、英国西南诸郡、巴西福塔莱萨、法国马赛、日本东京、中国香港、新加坡、印度孟买、澳大利亚悉尼，以及具备特殊地缘优势的埃及、夏威夷、吉布提等地，已经成为洲际海缆的主要枢纽。

2. 国际海缆建设的驱动因素

在施工协调难度和维护便利方面，虽然国际陆地光缆互联相对于海缆具备明显的工程建设速度、维护抢修时间、沿途覆盖范围和系统容量优势，但陆缆建设需要在各国自有领土上进行，更容易受电信管制政策和地缘政治关系等因素影响。连接多个国家的陆缆由于涉及众多参建方，在权益分配和路径走向上难以协调一致，导致投资、建设、维护、收入分配界面非常复杂；同时因为涉及领土主权，通常各国自行建设光缆线路和传输系统，在技术层面上需要严格匹配和跨国联调，这就增加了工作难度，从而使长距离敷设在公海上的国际海缆互联成为主要的传输方式。典型的如西非沿海国家，即使是邻国之间的陆缆互联系统通常也较为缺少，通过花边型海缆互联成为常态。

从投资建设驱动角度看，海缆建设运营主体正在逐步转向多元化。传统海缆建设运营以俱乐部模式为主，参与方一般为基础电信运营企业和海缆运营商，采用这种模式建设的海缆占比超过70%。在2015年之后，伴随着通信运营商盈利能力下降和互联网巨头快速崛起，长周期、重资产的国际海缆领域迎来了互联网企业、金融机构、投资财团和政府部门等新业态主体，已经成为海缆投资、建设和运营的新兴力量。为降低成本和满足业务需求，大型互联网企业凭借其雄厚的资本实力，从租赁带宽转向直接投资、拥有、运营海缆，谷歌、微软、Facebook 等已参与投资超过 17 条国际海缆，累计长度达 20 万公里，对传统机制产生了巨大冲击。同时，金融机构、投资财团和政府部门也开始积极参与这一领域，将海缆通信基础设施作为商业化投融资运作的对象，如 2016 年，萨摩亚首个 PPP 模式海底光缆项目正式落地，项目由世界银行、亚洲开发银行和澳大利亚政府联合融资。

在充分的市场竞争中，Open Cable 海缆开始受到青睐。这一建设模式采用干系统、湿系统分离的设计原则，可以适应主干段共建共维、分支自建自维的灵活模式，工程交付界面由 SLTE 的客户侧接口转为线路侧接口，能同时兼容不同厂商的陆地侧 SLTE 系统，可以为海缆用户预留自定义空间，快速推进项目进程，同时使各方投资更加精准，避免后期运营的资源同质化问题。

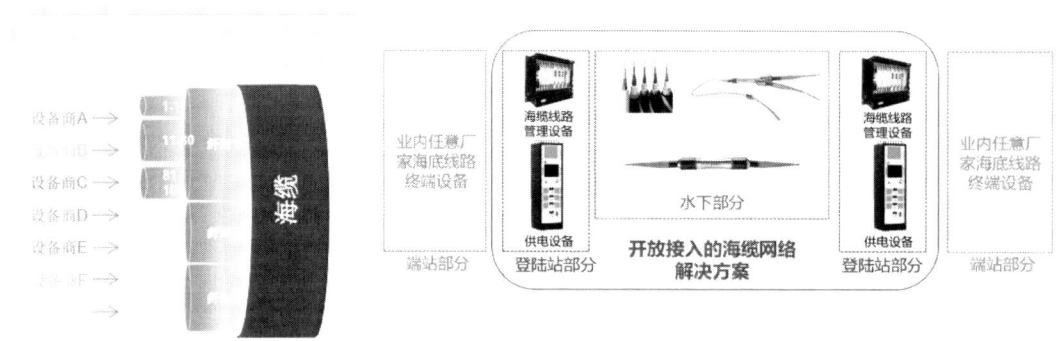

图 1-1 海缆 OpenCable 技术原理图

3. 技术进步不断提高海缆竞争力

洲际海底光缆是光通信系统领域皇冠上的明珠，具备超低光纤损耗（每公里可小于 0.15dB）、超高可靠性、超长传输距离的技术特点，也一直是光通信技术研究和发展的先行者。在可见的未来，海缆网络的可用性将持续提高，电路成本将快速下降，新海缆的市场竞争力将全面优于原有海缆，体现在如下方面：

一是工程技术的发展显著提高了海缆线路应对不同海域状况的能力。海缆的建设和维护工作可能受到港口建设、航道疏浚、海上航运、渔业养殖和捕捞、海上风电场、油气田、水下管线和其他填海工程的严重威胁和影响，且故障抢修时间常需数周，每年因为捕鱼、抛锚等人为因素造成的海缆故障次数占比超过 70%，其原因很大程度上是海缆的埋深不足或者保护不够。近年来海缆工程船舶和水工作业机具发展很快，近 10 年间名义埋设深度从 1.5 米迅速增加到 3 米乃至 5 米，各类保护器材和安装工艺不断出现，已可有效应对船锚和帆张网的作业。新敷设海缆的优良故障率指标对客户具有强大的吸引力。

二是大容量需求推动 Tbps 和 C+L 双波段技术发展。20 世纪 90 年代，全球跨境信息流以话音为主,海底光缆系统建设带宽为 Gbps 级别;世纪之交,数据流量需求大幅度提升,互联网开始显现其巨大的增长潜力,网络容量进化到百 Gbps 等级;近 10 年来,4/5G、大数据和新媒体等互联网大带宽需求推动海底光缆网络建设向 Tbps 级发展。目前 200G、400G 等技术和 C+L 双波段复用传输已规模化应用,可有效提高单纤传输容量。

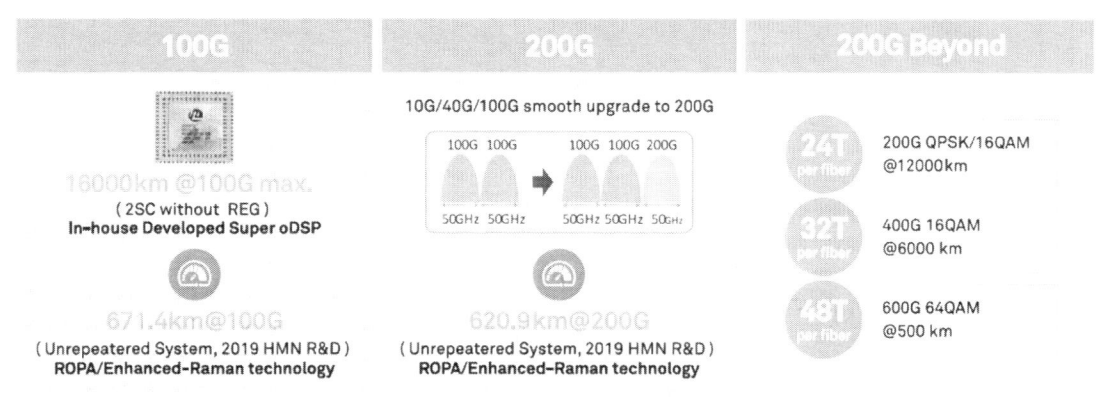

图 1-2 高速率传输技术实现能力图

三是海缆传输系统的结构从传统的链状和鱼骨状结构进化到网状拓扑。基于高可靠性 WSS 的可重构光分插复用器(ROADM)的海缆分支器(BU)的运用,大大提高了实际部署中的便利性。ROADM 技术和网状线路拓扑结构相结合,使海缆中国际互联业务的带宽资源分配更加灵活,并可根据客户的要求提供各类不同的保护等级和冗余备份。

四是 SDM 技术的应用提高了芯对数量。受到供电能力、海缆结构、中继器尺寸、维护抢修时间和性能规划的限制,海缆中的纤芯数量一般很少,只有陆地光缆的几分之一,而海缆的施工成本和纤芯数量的关系不大。SDM 技术发展方向可分为多纤对、多芯光纤和少模光纤等方向,其中多纤对技术较为成熟;随着技术发展,通过集约化利用海底中继泵浦,结合耐高压海缆和高功率 PFE,可大幅增加系统纤对数量和系统设计容量。海缆纤对数量从本世纪初的 4～6 对,当前已经逐步增加到 12～16 对,未来仍有继续发展的空间,可显著降低单位带宽成本,这是当前市场竞争中的重要倾向。

4. 未来展望

1988 年,美、英、法之间的 TAT-8 项目建成,标志着越洋海缆时代到来。经历 30 多年的发展,进入 5G 和万物互联时代之后,信息通信业内涵不断丰富,从传统电信服务、互联网服务延伸到物联网服务等新业态;2020 年以来,全球数字经济即使在疫情期间也保持了正向态势,互联网、物联网、云计算、大数据等导致电信用户的宽带化趋势明显,移动互联网快速发展也带动了流量的爆发式增长,同时具有充沛现金流量的云服务商、互联网巨头进入海缆领域,共同支持了持久的国际海底光缆建设预期。

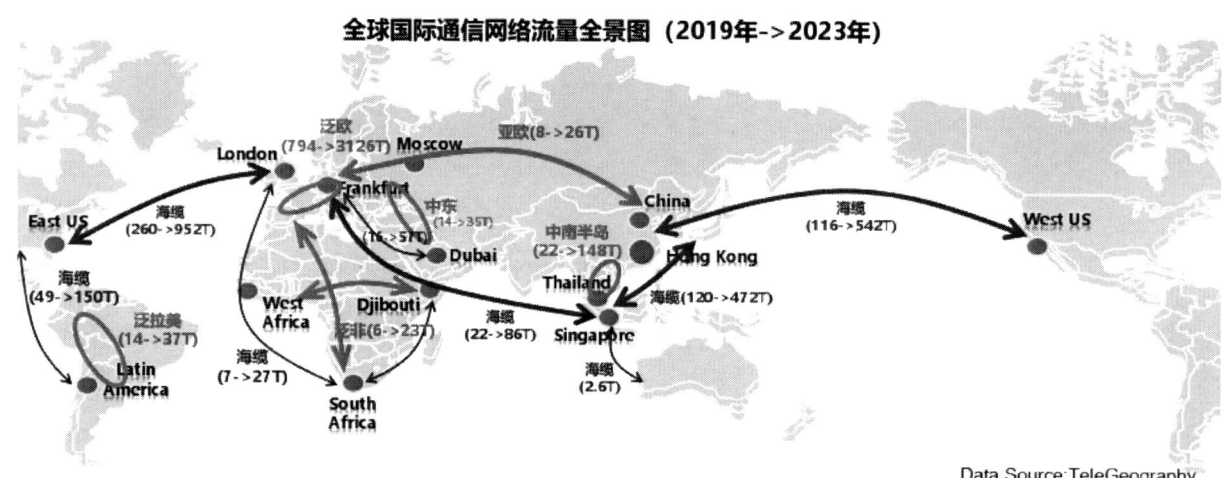

图 1-3 全球国际通信网络流量全景图

未来数年内，跨越大西洋连接西欧和北美、跨越太平洋连接东亚/东南亚和北美、经马六甲海峡和红海连接欧洲与亚洲仍然是洲际海缆的主要投资和建设方向；与此同时，东亚-东南亚、非洲东西海岸、拉美西海岸的区域性海缆也处在不断的研究和实践中。根据市场预测数据，2021—2023 年全球海底光缆市场合同预计达到 85 亿美元，其中东亚-东南亚区域、跨太平洋、环非洲区域的占比将超过 50%。

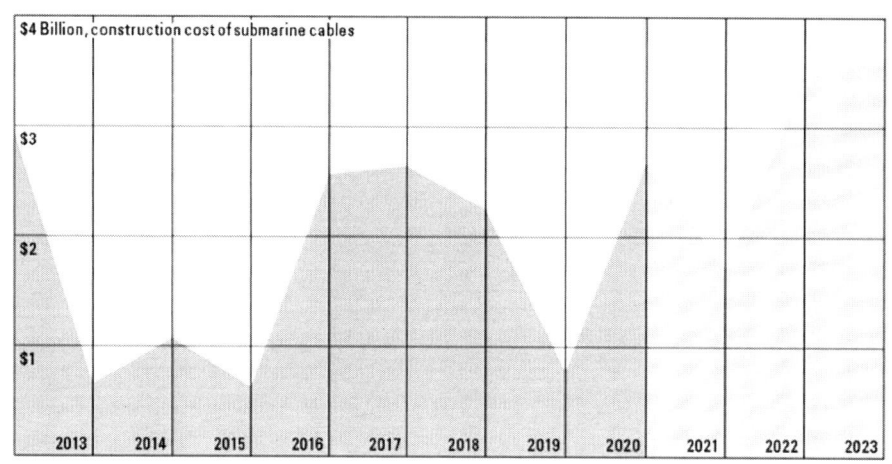

图 1-4 近年来国际海缆建设投资及预测，单位：十亿美元。来源 TeleGeography，2022 年

海底光缆系统的诸要素中，先进超低损耗光纤仍然是最关键的技术之一。结合特殊结构的海缆，以高性能专用光纤预制棒技术、高强度光纤拉丝筛选技术、大长度不锈钢激光焊接、高强度组合结构设计、高压绝缘技术及馈电技术、海缆无损连接技术、深水大洋高压密封和测试技术等为代表，有望用 10 年左右的时间实现低于每公里

0.13dB 的链路性能，从而大大降低越洋电路成本，也将冲击原有市场格局。先进海底光纤光缆技术目前还被少数国外企业所垄断，长远来看，掌握此类技术的企业会有所增加。

海缆安装施工力量的发展较为迅速，这部分得益于海上风电系统在西欧、东亚、北美等地区的大规模安装形成了全球性的广大市场，从而直接驱动了各类海洋光电缆工程专用船舶、施工机具、安装工艺的不断进步，尤其是近年来船舶自动定位技术、智能化高压埋设犁、水下机器人等装备已经形成了普及趋势，提高了海缆行业采用工程措施处理棘手问题的能力，使国际海缆覆盖范围更广、故障率更低。但是，在可以预期的短时间内，全球海缆工程总承包市场仍维持法国 ASN、美国 Subcom、日本 NEC 和中国华海等四家为主的格局，合计份额占比达 80% 以上。

基于全球互联网连接方向、数据中心和云资源分布的国际海缆布局趋势仍将持续，预期大型互联网企业在国际海缆市场中的地位还会逐渐上升，工程建设和运营模式将主动适应这一趋势。前期以传统电信运营商主导的模式中，主要考虑为自身业务发展预留足够的海缆电路资源，少部分可用于对外租售，如果市场经营能力不足则很容易形成沉淀；在新的海缆市场模式下，销售能力直接驱动建设动机，只有主动贴近客户并深度研究市场趋势，才能在不断的技术迭代导致的原有资产贬值前完成投资回笼，实现海缆网络的可持续发展。

此外，新建国际海缆项目因其信息通信设施的特殊敏感性，经常被登陆地国家进行安全审查和路径限制；同时，各相关国家在专属经济区和大陆架可能存在的利益差异、不同的法律法规等复杂因素也在一定程度上制约了工程建设的审批和取证工作，这是国际海缆建设中需要考虑的重要因素。

5. 结语

国际海缆建设保持规模增长，主要受惠于全球数字化经济的快速发展，尤其是通信业务对互联网带宽的需求不断增长、滨海国家之间的光纤连接不断增加；但这一领域也面临技术飞速进步和产品品质趋同带来的激烈的市场竞争，在投资、建设、运营领域必须谨慎考虑相关因素的影响。

作者简介

贺永涛，中讯邮电咨询设计院有限公司国际网络首席总师。长期耕耘于国内外光纤通信工程实践和理论研究一线，参加了多项技术标准规范和政策性文件的编写工作。

联系地址：郑州市中原区互助路一号，邮政编码 450007，电话号码 18637128660，电子信箱 heyt@dimp.com。

面向F6G/6G的未来智能融合光子无线融合接入
Towards F6G/6G with Future Intelligent Optical and Wireless Integrated Network

张俊文

张俊文　迟　楠

复旦大学信息科学与工程学院

摘　要：进入21世纪以来，通信需求的爆炸性增长给有线和无线接入网带来了巨大的考验，也为新型高速接入网的发展提供了机遇。随着下一代5G/6G移动互联网、云计算、物联网、4K/8K高清视频等新兴业务的蓬勃发展，作为连接人、物和云互联互通的宽带接入网，正在演绎一场更高速率、更大容量、更灵活和更广覆盖范围的深刻变革。相比于5G网络，6G的传输速率需求提升了百倍甚至千倍，然而现有的无线频谱资源已经枯竭，必须发展更高频段的新频谱资源（太赫兹、可见光等）。此外，6G网络融合了地面、卫星、空间和海洋等构成天空地海一体化的协同网络，集成智能通信、感知和计算融合，从通信尺度和模式等方面提出了重大的挑战。光具有大带宽、高并行度和高速率的优势，下一代光网络和光无线融合是解决这些问题的关键。本文主要介绍了面向F 6G/6G的未来智能融合光子无线融合接入技术，以及从高速光接入、智能光子无线融合到光子无线感知通信一体化等方面的研究进展。

关键词：光子无线融合　高速光接入　端到端优化　光子无线感知通信一体化

1. 引言

进入21世纪以来，通信需求的爆炸性增长给传统接入网带来了巨大的考验，也为新型高速接入网的发展提供了机遇。随着下一代互联网、云计算、物联网、5G/6G、4K/8K高清视频等新兴业务的蓬勃发展，作为连接人、物和云互联互通的宽带接入网，正在演绎一场更高速率、更大容量、更灵活和更广覆盖范围的深刻变革[1-3]。在有线宽带接入方面，根据我国《国家信息化发展战略纲要》，到2025年，要实现新一代信息通信技术得到及时应用，固定宽带家庭普及率接近国际先进水平，实现宽带网络无缝覆盖；在无线宽带接入方面，我国高度重视6G发展，在"十四五"规划纲要中明确提出，要"前瞻布局6G网络技术储备"。宽带有线和无线接入，作为"十四五"信息化建设的"新基建"之一，是夯实经济社会高质量发展的"基石"。

随着5G规模化商用的加速推进，全球主要国家和研究机构已纷纷开启下一代移动通信技术（6G）的研究。移动通信呈现10年一代变革的重要规律，展望2030年，6G被赋予了深刻而宏大的技术、社会和发展的愿景[4-5]。预计6G的关键性能指标相对于5G将提高10—100倍，包括容量、速度和覆盖范围。此外，智能、传感和定位等新能力将嵌入6G[5]。与此同时，为满足网络带宽需求的飞速发展，无源光网络（PON）基于单波长25Gbit/s的25G/50G NG-EPON已完成标准制定[6]；国际电联ITU-T/FSAN工作组也已展开了50G TDM-PON的标准制定（G.Hsp）[7]。下一代固定接入网速率将突破100G甚至200G，这也成为下一代2030的宽带光接入目标，业内将之称为F6G（Fixed or Fiber-based Sixth-generation Access Network），与下一代移动互联网形成高度相关的代际路线图[8]。

下一代移动通信的宏大发展愿景，离不开通信载体即物理层技术的深刻变革。为了满足这些要求，势必需要颠覆性创新，而光子技术有望发挥关键作用。比如，高速大容量6G网络的部署和发展，离不开高速光纤等前回传网络的支撑，其他潜在技术如光子辅助MMW和THz、基于微波光子的计算、感知和通信一体化等都成为研究的热点。本文围绕这些技术点，重点介绍了面向F6G/6G的未来智能融合光子无线融合接入技术，以及从高速光接入、光子无线融合到智能光子无线感知计算通信融合等方面的研究进展。

2. 超高速灵活光接入

为了满足移动X-haul、8K/16K流媒体和即将到来的3D全息传输等新兴服务不断增长的带宽需求，光接入网行业正在迎来新一轮带宽加速。传统的PON系统为不同的光网络单元（ONU）提供相同的数据速率，数据速率受到性能最差的ONU的限制，因此传输的数据速率与可达到的最大信道容量之间存在很大差距。速率灵活变化的无源光网络最近被提出来解决这些问题[9]；这是一种优秀的解决方案，可以根据可用的信道条件，即光链路插损和有效信噪比以及非线性损伤来优化不同ONU组的信息传输速率，如图1所示。为了在PON中实现灵活速率调控，已经提出了自适应调制格式和结合不同的编码速率等方案。然而这些方案实际操作不够简单，同时速率调节的精细度不够高。相比于传统的低速且速率固定的无源光网络（PON），未来我们需要一种更加灵活高速的PON系统。

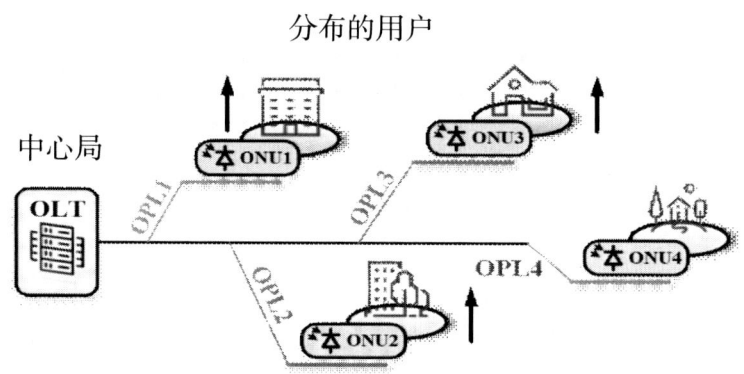

图 1 灵活速率调控的无源光网络示意图

灵活速率调节的相干 PON（FLCS-CPON）是一种有前途的解决方案，也是当前的研究热点，它可极大地扩展系统的功率预算、提升峰值速率以及扩宽动态范围，进而能优化 100G 和超 100G 系统的总体吞吐量。另一方面，为支撑信息产业新兴应用的蓬勃发展，满足网络对延时、灵活度和拓展性的新需求，迫切需要开展新一代更为灵活的高速大容量光接入网的研究，而相干光接入在这一方面则具有独特的优势[10-11]。

近来已经有研究做了利用自适应编码调节在相干系统中实现灵活速率调控的下行演示，实现了 94% 的性能提升[12]。最近，通过应用本振光（LO）功率调节方案，我们还实现了具有超过 30 dB 的动态范围的 200G/λ 相干 PON 传输[13]。针对灵活速率调节的相干 PON 研究，在 2022 年 OFC 大会 PDP 专栏中，复旦大学课题组首次提出并实验证明了一种应用于上行突发模式的速率灵活的相干 TDM-PON。该成果基于概率成型技术和本振光功率调整技术，能够达到大于 35dB 的动态范围、39dB 的功率预算，峰值数据速率 300G。在当前系统中，在经过 20km 的单模光纤传输后，随着信道损耗从 3dB 变化到 38dB 时，净数据速率可以在 255Gbits/s 到 85Gbits/s 之间灵活无间断地变化[14]。

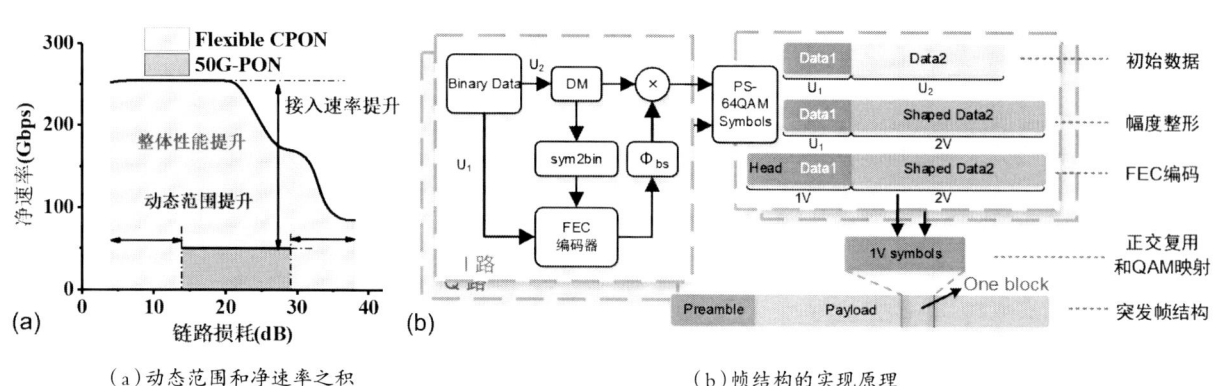

（a）动态范围和净速率之积　　　　　　（b）帧结构的实现原理

图 2 基于概率成型技术和本振光功率调整技术的灵活相干接入网

如图2（a）所示，结合概率成型技术和本振光功率调整技术，可以大大提高动态范围，同时随着OPL的增大实现数据速率渐变的过程。上面的区域面积的差值代表FLCS-CPON相对于50G-PON整体性能的改善。FLCS-CPON可以在更广泛的OPL范围内为更多的ONU提供服务，且具有更高的净速率。图2（b）展示了PS和FEC编码器的协作方式。通过帧结构的变化实现突发PON中的PS和FEC的联合编码。在本文中，利用强大的DSP辅助的相干通信系统、概率成型技术和本振光功率调整技术，我们实现了高达7104dBGbps的动态范围净速率积（DRNRP）（DRNRP表示整个动态范围内对净速率的积分，是能够最完整地体现灵活速率调控系统性能的方式），相比于当前所有论文中可计算的最大值5400dBGbps，提升了32%；而相比当前的50G PON标准下的637.5dBGbps，更是提升了1014%。

3. 光子毫米波端到端优化

毫米波（MMW）频段因其更高的频率和更宽的带宽[16]而成为6G中超高传输容量无线接入网（RAN）技术的潜在推动因素。由于高频电磁波的强视距损耗，其服务具有较小的单元尺寸。为了扩大THz通信的服务覆盖面，基于模拟无线电或光纤中频（IFoF）技术的光纤-无线集成已经成为一种潜在选择[17]。另一方面，人工智能（AI）已经成为6G的基石之一，6G中的原生AI将利用端到端（E2E）优化的优势，实现更好的体验并提高网络性能[18]。

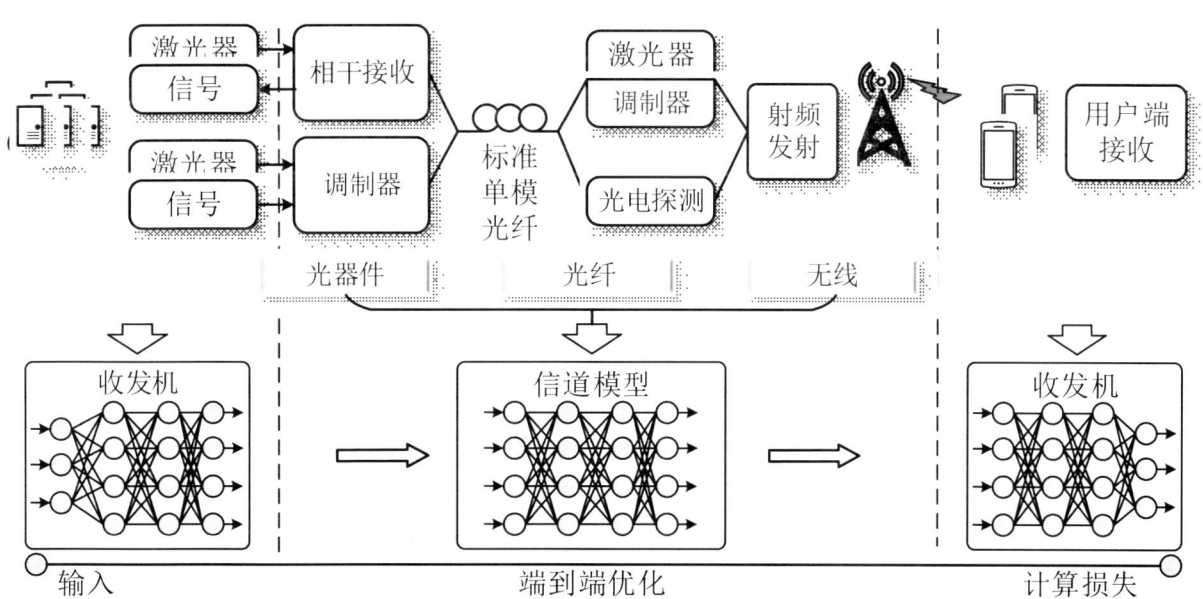

图3　面向光子毫米波通信系统的端到端通信架构示意图

大多数传统的 DSP 方法仅针对光纤或无线系统进行了优化；对于面向 6G 的基于光子学的太赫兹通信系统，这些方法没有充分考虑集成对信号的影响，如光电转换损耗、非线性响应或 LO 泄漏。此外，目前还没有标准化的太赫兹无线通信基带系统模型，因为与传统的低频无线频段相比，毫米波范围内的信道具有更高的稀疏性和非稳定频率[19]。因此，主要依靠简化的数学模型的经典优化方法将不再适用。相比之下，人工智能（AI）和机器学习（ML）可以大大帮助精确的容量预测、覆盖自动优化、网络资源调度和分片。因此，运营商正在转向人工智能和 ML，以提高网络性能、降低成本，同时开发下一代网络[20]。原生的人工智能为实现优化性能和管理面向 6G 的光纤 - 毫米波集成系统的复杂性所需的高水平自动化提供了最佳机会。它通过基于学习的行为，为整个物理层的端到端优化提供了实践的可能。例如通信系统和神经网络（NN）之间的相似性可以用来将整个通信系统映射为一个自编码器（AE）[21]。如图 1 所示为将整个光子毫米波通信系统映射为一个 AE 的原理示意图，通过将发射器、信道与接收机映射为三个串联的 NN 并通过端到端的训练进行收发机的联合优化。与传统的模块化的通信系统相比，使用 E2E 学习技术实现的闭环优化，可对整个通信系统进行全局增强。类似的方法也已经在光纤通信实验中实现，并在基于人工神经网络（ANN）的接收机或前馈均衡器的情况下优于脉冲振幅调制（PAM）[22]。通过更新信道模型的参数和结构以及重训练收发器，E2E NN 可以适应新的通信系统。文献[23]中使用了一个生成对抗网（GAN）来实现 E2E 无线通信系统的优化，通过仿真验证了该 E2E 方法的性能。复旦大学课题组则提出了一种二维的自编码结构，实现了对光纤 - 太赫兹融合通信系统的端到端优化，该端到端优化框架相比传统正交幅度调制（QAM），在实验中展示出了更优越的通信性能与抗非线性能力[24]。

传统方法将物理层的整个链条分为许多独立的块，每个块都有一个简化的模型，这些模块并不能正确或全面地捕捉真实世界系统的特征，因此理论性能存在着客观的提升空间。相比之下，AE 使用一个网络层作为数字孪生子来模拟和描述硬件和信道损伤的组合的状态、行为和规则；然后，在深度学习算法的帮助下，AE 能够在发射器和接收器之间的端到端反馈回路中进行自我学习和自我优化。因此，这种智能的端到端优化解决方案有望突破传统的方法的性能瓶颈，从而为 6G 通信发展带来更加智能的自主和自我优化。

4. 光子无线感知通信一体化

在 6G 的网络架构下，有着诸如智慧城市、智慧家居、智慧医疗、智能车联网等更多有潜力的应用方向，在这些应用中感知将发挥更大的作用[25]。感知通信一体化（Integrated sensing and communication，ISAC）可以有效解决频谱资源紧张等问题，并为系统提供集成收益与协作收益[26]。这也意味着在 6G 中，每个网络上的节点都将具备智能和感知周围环境的能力，并可以将这些观察的结果通过通信功能共享。

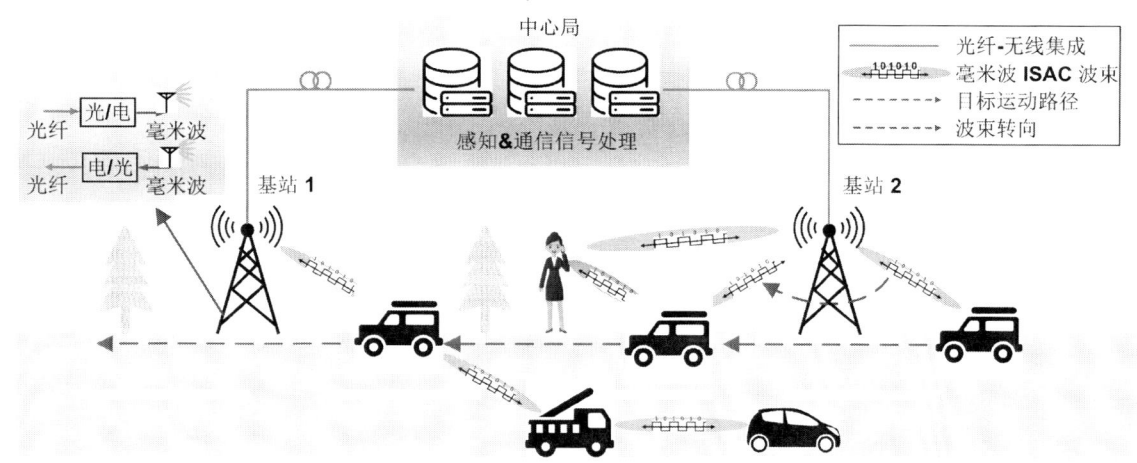

图 5　光子毫米波感知通信一体化系统应用场景

光子毫米波系统具有信号带宽大的优势，可以提高感知分辨率和通信的速率。同时，光子毫米波系统通过使用光纤具备了实现分布式网络的能力，这有助于提高感知和通信处理的协作能力并增加覆盖范围。光子毫米波系统已被证明可有效实现超高速光纤 - 无线集成接入，在 6G 无线接入网（radio access network，RAN）中具有巨大应用潜力[27]。在雷达感知领域，许多研究使用基于微波光子学的方法，使雷达在分辨率、覆盖范围和扫描速度等方面的性能得到了显著的提升[28]。因此，光子毫米波感知通信一体化系统正逐渐成为研究的热点。

目前已有许多研究实现了光子毫米波感知通信一体化系统[29-36]。其中一种技术路线是将通信信息调制在如线性调频信号等传统雷达信号上[29-32]，这种方法可以最大限度地保证雷达感知的性能，但是可实现的最高通信速率较低，难以满足高速通信的需求。另一些研究中使用频分复用[33-35]或时分复用[36]的方法，同时实现了高分辨率感知和高速通信，但是由于雷达感知信号和通信信号的组合方式固定，难以满足复杂的应用需求。如何实现感知和通信性能的灵活调整和权衡，将是未来需要重点研究的问题。

另一方面，在单个 ISAC 网络节点的处理能力有限的情况下，集中 - 分布式的网络架构将发挥其独特优势。光纤网络可以有效连接起每个节点，将感知信息送至中心局集中处理，实现对如车辆等移动目标的动态感知和对多个基站的联合感知。中心局还可以整合来自基站或周围其他设备获取的环境信息并进行联合处理，以实现更强大的传感功能网络。可以预见的是，随着研究的不断深入，光子毫米波感知通信一体化系统将在未来多变的应用场景中发挥重要的作用。

5. 总结

光子技术已成为下一代接入网的关键基础，无论是有线的光纤接入还是无线的光子毫米波接入。下一代移动通信的宏大发展愿景，离不开通信载体即物理层技术的深刻变革。光子技术，是实现这些宏大愿景的颠覆性物理创新基础，必将发挥更大的关键作用。新一代光纤接入网有望进一步支撑高速大容量6G网络的部署和发展，从前回传网络到光子辅助毫米波太赫兹，以及基于微波光子的感知和通信一体化等，光子技术展示了卓越的发展潜力和巨大的可能性。

参考文献

[1] J. WEY AND J. ZHANG. Passive optical networks for 5G transport: technology and standards [J]. J. Lightwave Technol., 2019, 37（12）:2830-2837.

[2] Z. JIA AND L. A. CAMPOS. Coherent Optics for Access Networks [M]. CRC Press, Taylor & Francis Group, 2019.

[3] 5G wireless fronthaul requirements in a PON context [S]. ITU-T G.sup.5GP, 2018.

[4] W. SAAD, M. BENNIS, M. CHEN. A vision of 6G wireless systems: Applications, trends, technologies, and open research problems [J]. IEEE network, 2019, 34（3）: 134-142.

[5] IMT-2030（6G） PROMOTION GROUP 6G推进组.《6G总体愿景与潜在关键技术》白皮书[R/OL].（2021-06-06）[2022-08-01]. https://mp.weixin.qq.com/s/Hwoj9nGJhqeOc33916Qi6w.

[6] IEEE draft standard for Ethernet amendment: physical layer spec ifications and management parameters for 25 Gb/s and 50 Gb/s passive optical networks [S]. IEEE P802.3ca/D3.0, 2019.

[7] Higher speed passive optical networks—requirements [S]. ITU-T Recommendation G.9804.1, 2019.

[8] X. LI, Y. LIU, Y. ZHAO, Z. LI, Y. LI, J. ZHANG. All Optical Service Network for F5G [C]// 2021 IEEE 21st International Conference on Communication Technology （ICCT）, 2021: 710-714.

[9] R. BORKOWSKI, M. STRAUB, et al. FLCS-PON – A 100 Gbit/s Flexible Passive Optical Network: Concepts and Field Trial [J]. J. Light. Technol., 2021, 39（16）:5314-5324.

[10] J. ZHANG, Z. JIA, H. ZHANG, M. XU, J. ZHU, L. ALBERTO. Rate flexible single-wavelength TFDM 100G coherent PON based on digital subcarrier multiplexing technology [C]. OFC, 2020: paper W1E.5.

[11] A. RASHIDINEJAD, et al. Real-Time Demonstration of 2.4Tbps （200Gbps/）Bidirectional Coherent DWDM-PON Enabled by Coherent Nyquist Subcarriers [C]. OFC, 2020: paper W2A.30.

[12] J. ZHANG, Z. JIA. Coherent Passive Optical Networks for 100G/λ-and-Beyond Fiber Access: Recent Progress and Outlook [J]. IEEE Network, 2022, 36（2）: 116-123.

[13] M. XU, H. ZHANG, Z. JIA, L. A. CAMPOS. Adaptive Modulation and Coding Scheme in Coherent PON for Enhanced Capacity and Rural Coverage [C]. Optical Fiber Communication Conference （OFC） 2021, Washington, DC, 2021: p. Th5I.4.

[14] G.LI, S. XING, Z. LI, J. ZHANG, N. CHI. 200-Gb/s/λ Coherent TDM-PON with Wide Dynamic Range of >30-dB based on Local Oscillator Power Adjustment [C]. Optical Fiber Communication Conference （OFC） 2022, San Diego, California, 2022: p. Th3E.3.

[15] S. XING et al. First Demonstration of PS-QAM based Flexible Coherent PON in Burst-Mode with 300G Peak-Rate and Record Dynamic-Range and Net-Rate Product up to 7,104 dB·Gbps [C]. 2022 Optical Fiber Communications Conference and Exhibition （OFC）, Mar. 2022: 1-3.

[16] M. GIORDANI et al. Toward 6G Networks: Use Cases and Technologies [J]. IEEE Commun. Mag.,

2020, 58（3）：55-61.

[17] S.-R. MOON, et al. RoF-based indoor distributed antenna system that can simultaneously support 5G mmWave and 6G terahertz services [J]. Opt. Express, 2022, 30（2）:1521.

[18] K. B. LETAIEF, et al. The Roadmap to 6G: AI Empowered Wireless Networks [J]. IEEE Commun. Mag., 2019, 57（8）：84-90.

[19] C. -X. WANG, J. WANG, S. HU, Z. H. JIANG, J. TAO, F. YAN. Key Technologies in 6G Terahertz Wireless Communication Systems: A Survey [J]. IEEE Vehicular Technology Magazine, 2021, 16（4）：27-37.

[20] B. ZONG, C. FAN, X. WANG, X. DUAN, B. WANG, J. WANG. 6G Technologies: Key Drivers, Core Requirements, System Architectures, and Enabling Technologies [J]. IEEE Vehicular Technology Magazine, 2019, 14（3）：18-27.

[21] T. O'SHEA, et al. An introduction to deep learning for the physical layer [J]. IEEE Trans. Cogn. Commun. Netw, 2017, 3（4）：563-575.

[22] B. KARANOV et al. End-to-End Deep Learning of Optical Fiber Communications [J]. J. Light. Technol., 2018, 36（20）：4843-4855.

[23] H. YE, et al. Deep Learning-Based End-to-End Wireless Communication Systems with Conditional GANs as Unknown Channels [J]. IEEE Trans. Wirel. Commun., 2020, 19（5）:3133-3143.

[24] Z. LI, C. HUANG, J. JIA, et al. Two-dimensional End-to-end Deep Learning Autoencoder in G-Band Fiber-Terahertz Integrated Transmission for 6G RAN [C]. OECC/PSC, 2022.

[25] W. SAAD, M. BENNIS, M. CHEN. A Vision of 6G Wireless Systems: Applications, Trends, Technologies, and Open Research Problems [J]. IEEE Network, 2020, 34（3）：134-142.

[26] Y. CUI, F. LIU, X. JING, J. MU. Integrating Sensing and Communications for Ubiquitous IoT: Applications, Trends, and Challenges [J]. IEEE Network, 2021, 35（5）：158-167.

[27] K. WANG, L. ZHAO, J. YU. 200 Gbit/s Photonics-Aided MMW PS-OFDM Signals Transmission at W-Band Enabled by Hybrid Time-Frequency Domain Equalization [J]. J. Lightwave Technol., 2021, 39（10）：3137-3144.

[28] S. PAN, Y. ZHANG. Microwave Photonic Radars [J]. J. Lightwave Technol., 2020, 38（19）：5450-5484.

[29] W. BAI, X. ZOU, P. LI, W. PAN, L. YAN, B. LUO. 60-GHz photonic millimeter-wave joint radar-communication system [C]. 2021 International Conference on Microwave and Millimeter Wave Technology（ICMMT）, Nanjing, China, May 2021: 1-3.

[30] W. BAI et al. Photonic Millimeter-Wave Joint Radar Communication System Using Spectrum-Spreading Phase-Coding [J]. IEEE Trans. Microwave Theory Techn., 2022, 70（3）：1552-1561.

[31] M. LEI et al. Integrated Wireless Communication and mmW Radar Sensing System for Intelligent Vehicle Driving Enabled by Photonics [C]. 2021 19th International Conference on Optical Communications and Networks（ICOCN）, Qufu, China, Aug. 2021: 1-3.

[32] L. HUANG, R. LI, S. LIU, P. DAI, X. CHEN. Centralized Fiber-Distributed Data Communication and Sensing Convergence System Based on Microwave Photonics [J]. J. Lightwave Technol., 2019, 37（21）：5406-5416.

[33] S. JIA et al. A Unified System With Integrated Generation of High-Speed Communication and High-Resolution Sensing Signals Based on THz Photonics [J]. J. Lightwave Technol., 2018, 36（19）: 4549-4556.

[34] Y. WANG, J. LIU, J. DING, M. WANG, F. ZHAO, J. YU. Joint communication and radar sensing functions system based on photonics at the W-band [J]. Opt. Express, 2022, 30（8）: 13404.

[35] R. SONG, J. HE. OFDM-NOMA combined with LFM signal for W-band communication and radar detection simultaneously [J]. Opt. Lett., 2022, 47（11）: 2931.

[36] Y. WANG et al. Photonics-assisted joint high-speed communication and high-resolution radar detection system [J]. Opt. Lett., 2021, 46（24）: 6103.

作者简介

张俊文，复旦大学研究员，博士生导师。国家特聘青年专家、上海市特聘专家。长期从事高速光传输、光无线融合和光接入网的研究，在下一代高速光传输、光接入以及无线融合方面取得突出成就，迄今已在IEEE和OSA杂志以及国际会议上发表超过200篇论文（其中SCI论文100篇），包括以代表领域最高水平的OFC Post-deadline paper论文2篇；出版英文著作一部。发表美国专利/PCT专利22项和中国专利1项，获得12项美国专利授权。2018年当选美国光学学会数字系统光学技术组主席；担任2019年IEEE SUM会议接入网分会主席、2022年OFC N4委员会主席以及IEEE Networks客座编辑、Frontier Commun. Netw.杂志AE等。持续多年担任OFC、SPIE-PW等国际大会技术委员。先后获得马可尼青年学者奖、第三届全国光学工程学会优秀博士论文提名奖、IEEE光子学会博士奖、王大珩光学奖等。

迟楠，复旦大学教授、信息学院院长，鹏城国家实验室研究员。长期从事高速光无线通信方面的研究，为国家杰出青年科学基金获得者、美国光学学会会士（OSA Fellow）。承担了国家自然科学基金、国家"973"、国防科技创新特区等国家级课题6项。5次担任光通信国际会议主席，在本领域顶级会议做大会主题报告、国际会议邀请报告30余次，其中包括OFC（美国，2017）、SPIE Photonics West（美国，2018）、IEEE Photonics Society 年会IPC（美国，2017）、IEEE Summer Topicals（美国，2016和2019）等国际顶级学术会议。发表SCI检索论文260余篇，累计SCI他引2400余次、Google引用7300余次。发表国际重要期刊邀请论文8篇，出版专著5部，其中《水下可见光通信关键技术》入选国家新闻出版署"十三五"国家重点图书，*LED based visible light communication*（Springer, 2018）入选国务院新闻办公室"中国图书对外推广计划"。

"二龙戏珠，众星拱月"
——全球卫星激光通信发展综述
Progress of Satellite Laser Communication in the World

胡卫生

胡卫生
上海交通大学

> **摘 要**：当前，卫星激光通信已然成为全球通信领域的一颗璀璨的明珠，受到光纤通信和移动通信两个领域的追捧，形成了"二龙戏珠"的局面。尤其是基于"第一性原理"的一箭多星商用化火箭的发展，极大地推进了大规模低轨卫星星座的商业化进程，全球化星座数量和规模增长空前，与以月球和火星为代表的深空科学探索，形成了"众星拱月"的局面。本文试图从"二龙戏珠"和"众星拱月"两个层面，综述全球激光通信的发展概貌，总结全球卫星激光通信的里程碑成就；最后，指出巨星座卫星激光通信发展所面临的若干挑战并进行思考。
>
> **关键词**：激光通信 卫星星座 光通信 6G

1. 引言

近年来，卫星激光通信成为一颗璀璨的明珠，受到了来自光纤通信和移动通信两个行业的追捧，形成"二龙戏珠"的局面。光纤通信和移动通信的发展，未来必然指向卫星激光通信的长远目标。

从"第一性原理"出发，太空探索（SpaceX）突破了变革性一箭多星火箭发射和低轨通信卫星技术，推进了大规模星座的商业化进程。同时，以月球和火星为代表的深空科学探索，持续推进高轨卫星、空间站、空间激光中继、月球卫星网络乃至火星激光通信的发展，形成"众星拱月/火星"的局面。

本文试图从"二龙戏珠"和"众星拱月"两个层面，简述近年来全球卫星激光通信的发展概况，系统地总结卫星激光发展的重要里程碑成就；最后，指出卫星激光通信进一步发展所面临的挑战并对其做些思考。

2. OFC 大会与卫星激光通信

2022 年全球光纤通信大会（OFC）共有三个大会报告，分别是光子集成、光网络和卫星激光通信。作为领域风向标，它凸显了当前卫星激光通信的全球关注度，报告人 NASA 科学家 James Green 博士围绕深空探索，介绍了航天器、着陆器、漫游器和人类深空科学探索的通信技术，展示了月球和火星的科学探索在激光通信方面的发展计划。

此外，分会环节设置了"卫星激光通信进入新时代"专题，来自美国 NASA 中心、欧空局、日本 NICT、欧洲空客、德国空天中心、日本 NTT 实验室、德国 ADVA 公司、美国 MIT 大学等的科学家，全方位、多视角地展示了各国和各机构在空间激光卫星研究方面的成就和发展计划。

上述报告表明，光纤通信领域开始高度关注卫星激光通信的发展。

3. 5G/6G 与卫星通信

全球地面蜂窝移动通信，大约覆盖 20% 的陆地面积和 6% 的地球表面积，尚有海洋、山川、森林、沙漠等地区无法通过地面蜂窝基站提供网络覆盖。因此，卫星通信与移动通信融合，构成空、天、地一体化网络，成为 6G 发展愿景。

从 5G 开始，国际电信联盟（ITU）就着手立项研究"将卫星系统集成到下一代接入技术的关键因素"，包括 ITU-RM.2083"下一代移动通信网应满足用户能随时随地访问服务的需求"和 ITU-RM.2460"卫星系统整合到下一代接入技术中的关键因素"。第三代合作伙伴计划（3GPP）从 R14 开始，着手对卫星通信进行了研究；R15 明确将支持卫星接入作为 5G 系统需求；R16 对 NR（New Radio 新空口）支持 NTN（非地面网络）解决方案立项；R17 针对卫星接入对核心网影响问题及解决方案进行研究和评估；R18 研究卫星接入多连接、核心网上星和星上边缘计算等卫星与 5G 融合增强特性；R19 将研究基站与核心网上星。希望这些发展愿景在 6G 时代得以实现。

4. 大规模低轨卫星星座

早在 1991 年，摩托罗拉就设计出"铱星一代"低轨卫星星座，这是一个划时代的构想。铱原子序数 77，实际发射 66 颗星，星座覆盖全球区域，包括南北两极，提供全球任何地点的电话通信业务。1999 年 8 月，进入破产保护，随后重组成独立公司。2017—2019 年，75 颗"铱星二代"卫星通过 SpaceX 火箭分 8 批被送入预定轨道，提供宽带服务；目前全球用户 147.5 万，成为第一个规模化商用卫星星座。

SpaceX 火箭发射技术的变革是卫星通信的一个分水岭。"猎鹰 9 号"一箭多星发射方式的颠覆性突破，加上工厂化低成本卫星制造技术的巨大进步，降低了卫星部署成本，推进了巨星座（mega-constellation）的发展。每个巨星座的卫星数量，从 66 颗到 42000 颗不等。代表性的巨星座计划有中国国网、美国星链和亚马逊 Kuiper 等，如图 1 所示。

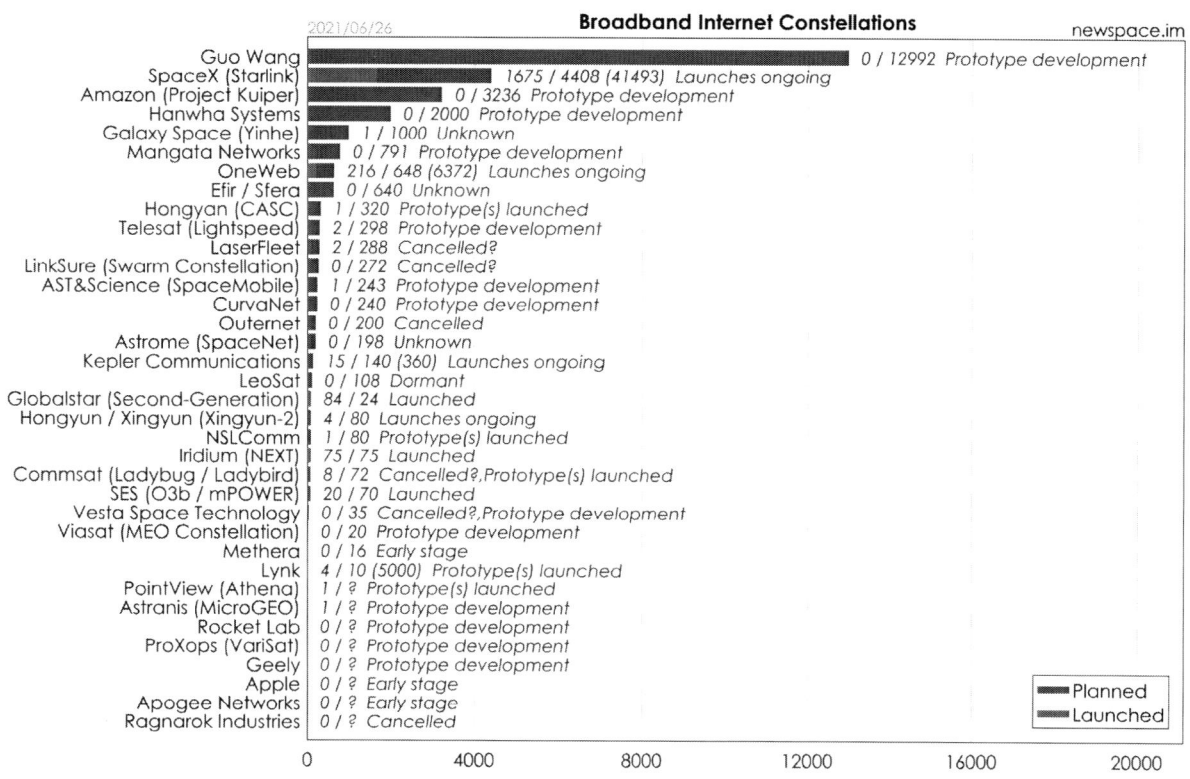

图1 全球星座计划。数据引自 Erik Kulu. Satellite Constellations - 2021 Industry Survey and Trends [C]. 35th Annual Small Satellite Conference. Aug 10, 2021.

以星链计划为例。2018年发射了2颗原型试验卫星（MicroSat2A、2B），2019年发射了V0.9版卫星和V1.0版卫星。V1.5版卫星在V1.0版基础上增加了星间激光链路载荷，将支撑星链系统形成空间组网能力。2022年6月，马斯克透露已生产出第一颗V2.0版卫星，长约7米、重约1250kg。可见，卫星毫米波通信将向着激光通信的技术方向迈进。

5. 深空探索激光通信

自古以来，人类就对宇宙的探索充满了好奇，其中，月球和火星两个重要目标。深空通信提供了地球与离开地球卫星轨道进入太阳系的飞行器之间的通信，距离可达几百万公里、几千万公里以至亿万公里以上。与毫米波相比，激光通信具有更窄的光斑半径和更高的通信速率，将为人类征服遥远的星球提供更重要的通信手段。

（1）美国卫星激光通信。

美国卫星激光通信分别在国防部太空发展局（SDA）和宇航局（NASA）中部署。SDA"下一代太空体系架构"采用光学星间链路（OISL），每颗传输层卫星通过4条OISL连接轨道的前、后、左、右四个方向，分别与同轨道的两颗卫星和异轨道的两颗卫星通信。NASA负责制定和实施美国的太空计划和太空科学研究,包括水星计划、双子星计划、阿波罗计划、太空实验室、航天飞机、国际空间站(与俄、加、欧、日合作)、星座计划和未来载人登陆火星的猎户等。激光中继实验卫星从2013年开始,长远目标是建立一个月球网络(LunaNet),如表1所示。

表1 美国宇航局深空激光通信计划(数据引自NASA网站)

名　　称	描　　述
1. 月球激光通信演示(LLCD)(2013)	2013年,LLCD演示了从月球轨道到地球622Mbps激光通信,以及从地球到月球轨道20Mbps激光通信。验证了在月球上使用激光通信的可行性,为进一步的研究和开发奠定了基础。
2. 激光通信科学光学有效载荷(OPALS)(2014)	2014年,OPALS在国际空间站进行了4个月的激光通信演示,在短短7秒钟内将1969年阿波罗二号登月的高清视频下传,而此前使用现有基础设施将视频上传需要12个小时。
3. 光通信和光传感演示(OCSD)(2017—2021)	2017年,OCSD推出一组三个立方卫星,首次实现了从立方卫星到地面站的高速激光通信下行链路,数据速率达到2.5Gbps。
4. 激光通信中继演示(LCRD)(2017—2021)	LCRD是美国宇航局第一个端到端激光中继系统,演示和测试美国宇航局开发的激光技术。LCRD有两个光学终端,每个终端能够以1.2Gbps速率发送和接收数据。在支持近地轨道任务之前,LCRD将花费两年时间为地基激光实验中继转发数据。
5. 太字节近红外传输(TBIRD)(2022—2025)	TBIRD演示从近地轨道上的立方体卫星到地球的直接激光通信链路。载荷激光终端每天能够传输超过50TB的数据。
6. 集成化激光通信中继近地轨道用户调制解调器和放大器终端(ILUMA-T)(2022—2025)	ILLUMA-T成为LCRD的第一个用户,为国际空间站带来激光通信能力,将接收来自载荷实验的大量科学数据,并将其发送到LCRD,然后由LCRD将其中继到地面。
7. 深空激光通信(DSOC)(2022起)	DSOC将测试深空探索的独特激光通信技术,将搭载在Psyche航天器上飞行,以研究在火星和木星之间围绕太阳旋转的一颗独特的金属小行星。
8. 猎户座阿尔忒弥斯2号激光通信系统(O2O)(长远目标)	O2O将利用猎户座飞船上的激光通信,该飞船将自阿波罗任务以来再次将人类送上月球,实现宇航员和地球之间的实时超高清视频传输。
9. 月球网络(LunaNet)(长远目标)	LunaNet是美国宇航局的月球互联网计划。使用射频通信或激光通信,月球轨道器或月面漫游器将连接到LunaNet网络,并接收联网、导航和检测等服务。

卫星-地面之间的激光链路必然要受到大气变化。因此，实验中选择两个光学地面站（OGS-1 和 2），分别位于加利福尼亚的桌子山和夏威夷的哈雷阿卡拉，以避免同时受到恶劣天气的影响。两个光学地面站都采用了自适应光学技术，使用传感器测量信号的失真，通过可变形的镜子，改变其形状来消除大气层所引起的信号畸变，更真实地恢复出原始信号。

（2）欧洲卫星激光通信

欧空局（ESA）部署的数据中继系统，被誉为"空间数据高速公路"或"星纤"计划（Fibre in the Sky）。一期为两个地球静止轨道节点（EDRS-A 和 EDRS-C 卫星），二期扩展到 EDRS-D/-E 卫星，形成"全球网络"（GlobeNet）。在低轨卫星与中继卫星之间采用激光通信。欧空局规划的"空间大容量光网络"（HYDRON），长远目标是建立一个空间的全光网络。

（3）日本卫星激光通信

日本卫星激光通信研究部门主要有日本宇航探索局（JAXA）和日本国家信息与通信技术研究所（NICT）。日本在激光通信方面进展十分迅速，其"地面轨道间激光通信演示验证"（GOLD）项目已取得巨大成功。通过与美欧合作，对高速中继服务系统投入大量资源，致力于将激光通信应用于卫星组网和数据中继服务方面，在全球范围内首次验证微小卫星实现激光通信的可行性。

（4）中国激光通信

2011 年，哈尔滨工业大学研制了国内首个 LCT 并搭载在"海洋二号"HY-2A 卫星上，完成了 504Mbps 单路星地激光通信实验。2013 和 2017 年，长春理工大学在飞行器对地和飞行器之间的激光通信方面取得很多研究成果，实现了两架相距 144km 的运 12 飞机之间的 2.5Gbps 激光通信实验。2016 年，中科院和中科大联合发射了"墨子号"量子卫星，使用激光链路构建天地一体化的量子密钥传输、保密通信和科学实验体系，并搭载 5Gbps 星地激光通信试验。2017 年，东方红三号 B 平台发射的首发星——实践十三号（中星十六号），承担了中国首次在地球同步轨道卫星上开展对地高速激光通信试验。2020 年，实践二十号卫星，完成了我国首套高阶 10Gbps 高速激光通信终端的在轨验证，满足空间高速通信终端设备小型化、轻量化、功耗的应用要求。

6. 卫星激光通信里程碑总表

自 1995 年以来，美国、欧洲、中国、日本、俄罗斯等在卫星激光通信试验方面持续创新，从 1.024Mbps 强度调制/直接探测速率起步，发展到 10Gbps 相干检测，正在向 100Gbps 甚至更高速率迈进，里程碑进展如表 2 所示。

表2 全球卫星激光通信里程碑总表

时间	国家/地区	链路	摘要说明
1995	日本	星地	ETS-VI卫星试验，世界首次成功的星地激光通信，强度调制/直接探测技术，速率1.024Mbps
2000	美国	航天飞机-地	激光通信演示系统（OCD）试验，实现航天飞机与地面之间通信链路的性能演示，传输速率100Mbps。
2001	欧洲	星间	ARTEMIS卫星与SPOT-4卫星试验，世界首次成功的星间激光通信，前向链路速率2.048Mbps，返向速率50Mbps
2004	欧洲	星地	ARTEMIS卫星与ESA地面站试验，前向链路速率2.048Mbps，返向速率50Mbps.
2005	欧洲 日本	星间	ARTEMIS卫星与日本OICETS卫星终端进行星间双向激光通信试验
2006	日本 欧洲	星地	OICETS卫星与ESA地面站试验，前向链路速率2.048Mbps，返向速率50Mbps
2006	欧洲	卫星-飞机	世界首次成功的GEO卫星（ARTEMIS）与飞机实现激光通信，首次通过非相干通信方式实现星空激光通信链路
2008	欧洲 美国	星间	欧洲LEO TerraSAR-X卫星与美国LEO NFIRE卫星试验，世界首次成功利用相干技术进行星间激光通信，通信距离4900km，传输速率5.625Gbps
2008	欧洲 美国	星地	美国LEO NFIRE卫星与欧洲TESAT地面站试验，世界首次成功利用相干技术进行星地激光通信，传输速率5.625Gbps
2011	中国	星地	中国海洋二号卫星，中国首次LEO卫星与地面激光通信试验，通信距离大于1650km，上行码速率2Mbps，下行码速率最大504Mbps
2013	美国	月地	成功完成首次绕月卫星激光通信演示试验（LLCD），上行速率20Mbps，下行速率622Mbps
2013	俄罗斯	空间站-地面	借助国际空间站向北高加索地面光学站进行激光通信试验，通信速率分别为125Mbps和622Mbps
2014	日本	星地	小型光学通信终端（SOTA）开展LEO卫星对地激光通信试验，最远通信距离达1000km，下行通信速率10Mbps
2016	中国	星地	中国"墨子号"量子科学实验卫星试验，世界首次成功实现卫星对地面的量子通信，使用激光链路构建天地一体化的量子密钥传输、保密通信与科学实验体系

四 光纤通信科学技术发展

续表

时间	国家/地区	链路	摘要说明
2016	欧洲	星间	欧洲数据中继系统首个激光通信中继载荷EDRS-A（搭载于Eutelsat 9B卫星）成功发射，可提供激光和Ka波段两种双向星间链路，星间激光传输速率18Gbps，星间最远距离45000km
2017	中国	星地 星间	中国实践十三号（即中星十六号）卫星试验，建立中国首个GEO卫星激光通信系统，世界首次GEO卫星与地面站直接双向激光高速通讯试验
2017	美国	星间	OCSD-2（1.5U）卫星试验，星地上行速率10kbps，下行速率可达5-200Mbps
2017	欧洲	星间	哨兵2B卫星与EDRS-A进行中继系统激光通信。将地球观测的数据和图像传至地面
2018	中国	星间	北斗三号全球系统M11和M12卫星，可实现星间毫米级高精度距离时间测量和1Gbps的星间高速通信
2019	欧洲	星间	欧洲发射国际通信卫星集团Intelsat 39卫星和欧洲航天局EDRS-C卫星。EDRS-C卫星是欧洲"太空数据高速公路"系统的第2颗卫星，EDRS-C（ESA），GEO-LEO，1.06um，BPSK，1.8Gbps
2020	中国	星地	中国实践二十号同步轨道卫星，Q/V频率带宽达到了5GHz，完成了我国首套高阶高速激光通信终端的在轨验证，实现了卫星与光学地面站间10Gbps的QPSK信号
2020	日本	星间 星地	日本发射JDRS-1中继卫星，搭载了由日本宇航研发机构（JAXA）研发的激光通信系统（Laser using Communication System，简称LUCAS），通过近红外激光束与遥感卫星连接，实现高速数据传输，带宽达到1.8Gbps
2021	美国	星间	美国国防部太空发展局（SDA）与通用原子电磁系统（GA-EMS）首次发射激光互联网络通信系统（LINCS）卫星，由12颗微型"立方卫星"（CubeSats）组成，每颗卫星载有一个C波段双波长全双工光通信终端（OCT）和一个红外（IR）有效载荷
2021	美国	星间，卫星-无人机	美国太空发展局发射了4颗"下一代太空体系架构"试验卫星，包括2颗"曼德拉"2卫星和2颗"激光互联和组网通信系统"卫星，主要用于验证星间及卫星与MQ-9无人机之间的激光通信技术，传输距离2400—5000km，通信速率5Gb/s
2021	美国	星地	美国NASA激光通信中继试验（LCRD），是国防部空间测试计划卫星-6（STPSat-6）上的一个托管有效载荷，验证同步卫星-地面光链路，上行和下行速率均为1.244 Gb/s

7. 主要挑战与思考

华为公司提出的未来十年光通信9大挑战中，8个关于光纤通信、1个关于卫星激光通信"能否构建高动态、大带宽、大规模光网络"。主要是：①星间激光通信速率能否突破100Gbps/400Gbps？②激光通信载荷如何实现工业器件应用，以降低建造成本？③卫星星座规模宏大，如何实现激光通信载荷规模化生产以满足供应？④激光通信载荷如何实现低功耗和轻量化演进？⑤如何有效实现千/万级卫星巨星座的网络管控和安全性保障？

就概念的外延而言，光通信包括地面光纤通信和空间激光通信。借用毛主席诗词来概括，光通信"可上九天揽月，可下五洋捉鳖"，它奠定了全球信息高速公路的基础，跨越五大洲四大洋，正在向太空和深空延伸。

最后，需要说明的是，由于篇幅所限，本文参考文献从略，谨此特别向所引用的文献作者致谢！

作者简介

胡卫生，上海交通大学教授，主要从事光通信研究和教学工作。享受国务院政府特殊津贴，曾获国家自然科学基金杰出青年科学基金；为"百千万人才工程"国家级人选、全国优秀博士学位论文导师等。先后任国家"863"计划"中国高速信息示范网"和"高性能宽带示范网"总体组专家、国家自然科学基金信息学部学科评审组专家、教育部电子信息类教学指导委员会委员等；曾任区域光纤通信网与新型光通信系统国家重点实验室主任、上海交通大学电子工程系党总支书记等；历任 *Optics Express*、*Journal of Lightwave Technology*、*Chinese Optics Leteters*、*China Communications* 等期刊编委，OFC等国际会议TPC委员等。发表论文约500篇，参研成果获国家科技进步二等奖2项。

五

《中国光纤通信年鉴：2021年版》
获奖优秀作品选登

光纤预制棒工艺发展趋势
Development Trend of Optical Fiber Preform Technology

兰小波

兰小波
长飞光纤光缆股份有限公司

> **摘 要**：本文介绍了光纤预制棒主要制备技术的特点，指出预制棒制备工艺的技术难点在于原材料提纯、高精度管材制备以及掺氟管材制造装备，展望了制棒技术的发展趋势：绿色经济、高沉积速率、智能化是发展方向。
>
> **关键词**：预制棒 制备 高精度 均匀性 掺氟 工艺 高速率

1. 引言

光纤预制棒是用于制造光纤的石英玻璃棒，一般直径为几十毫米至几百毫米，是光纤制造工艺中最重要的部分，属于产业链上游产品，在产业链中附加值最高，其利润在产业链中占比约70%。由于技术门槛高，需要较大资本投入。当前商业化光纤预制棒生产工艺已经发展成为"两步法"，第一步为生产芯棒，第二部为在芯棒上附加外包层，制成预制棒。芯棒和外包层的制造工艺主要包括改进的化学气相沉积法（MCVD：Modified Chemical Vapour Deposition）、外部化学气相沉积法（OVD：Outside Chemical Vapour Deposition）、轴向气相沉积法（VAD：Vapour phase Axial Deposition）、等离子体激活化学气相沉积法（PCVD：Plasma activated Chemical Vapour Deposition）。在这四大工艺基础上，通过改变原料和加热方式还衍生出其他制造方法。

"十三五"期间，国内 3G/4G 建设提振光纤预制棒需求。中国移动大力推进 FTTX 建设，促使光纤预制棒需求量逐年增加，国内光纤预制棒自给率由 2014 年的 64% 上涨至 2018 年的 91%，已基本实现自给自足。在此期间，国内预制棒厂商积极引入预制棒主流工艺技术，主要厂商通常都拥有两种或以上生产工艺。其中长飞公司成为唯一掌握四种主流工艺的厂商。本文就预制棒制造的主流工艺为研究对象，重点探究"十四五"期间预制棒工艺发展趋势，以及主要重、难点攻克方向。

2. 光纤预制棒工艺发展探讨

MCVD 工艺为朗讯等公司所采用的方法，是一种以氢氧焰为热源、发生在高纯度石英玻璃管内进行的气相沉积，其化学反应机理为高温氧化。该工艺是由沉积和成棒两个工艺步骤组成。沉积是获得设计要求的光纤芯折射率分布，成棒是将已沉积好的空心高纯石英玻璃管熔缩成一根实心的光纤预制棒芯棒。MCVD 技术折射率控制较好，便于操作。针对 MCVD 工艺沉积速率低、几何尺寸精度差的缺点，提高了质量，降低了成本，增强了 MCVD 工艺的竞争力。

OVD 是 1970 年美国康宁公司的 Kapron 研发的简捷工艺，其特点是沉积速度快，生产率高，对原料纯度要求较低。OVD 工艺的化学反应机理为火焰水解，即所需的芯玻璃组成是通过氢氧焰或甲烷焰中携带的气态卤化物产生"粉末"逐渐地一层一层沉积而获得。OVD 工艺有沉积和烧结两个具体工艺步骤：先按所设计的光纤折射率分布要求进行多孔玻璃预制棒芯棒的沉积，预制棒生长方向是沿径向由里向外；再将沉积好的预制棒芯棒进行烧结处理，除去残留水分，制得一根透明无水分的光纤预制棒芯棒。OVD 工艺发展经历了从单喷灯沉积到多喷灯同时沉积，由一台设备一次沉积一根棒到一台设备一次沉积多根棒，从而大大提高了生产率，降低了成本。目前主要用以制造包层。

VAD 技术是 1977 年由日本电报电话公司的伊泽立男等人，为避免与康宁公司的 OVD 专利的纠纷所发明的连续工艺。VAD 工艺的化学反应机理与 OVD 工艺相同，也是火焰水解。与 OVD 工艺不同的是，VAD 工艺沉积获得的预制棒的生长方向是由下向上垂直轴向生长的。烧结和沉积是在同一台设备中不同空间同时完成的，即预制棒连续制造。VAD 工艺的最新发展由 20 世纪 70 年代的芯、包同时沉积烧结，到 20 世纪 80 年代先沉积芯棒再套管的两步法，再到 20 世纪 90 年代的粉尘外包层代替套管制成光纤预制棒。

PCVD 是 1975 年由荷兰飞利浦公司的 Koenings 提出的微波工艺，其特点是折射率控制良好，原料利用率高。PCVD 与 MCVD 的工艺相似之处是，它们都是在高纯石英玻璃管内进行气相沉积和高温氧化反应。所不同之处是热源和反应机理，PCVD 工艺用的热源是微波，其反应机理为微波激活气体产生等离子使反应气体电离，电离的反应气体呈带电离子，带电离子重新结合时释放出的热能熔化气态反应物形成透明的石英玻璃沉积薄层。PCVD 制备芯棒的工艺有两个具体步骤，即沉积和成棒。沉积是借助低压等离子使流进高纯石英玻璃衬管内的气态卤化物和氧气在大约 1 000℃的高温下直接沉积成设计要求的光纤芯玻璃组成；成棒则是将沉积好的石英玻璃管移至成棒用的玻璃车床上，利用氢氧焰或电炉高温作用将该管熔缩成实心的光纤预制棒芯棒。PCVD 工艺的最新发展是采用大直径合成石英玻璃管为沉积衬管。

3. 技术难点分析

3.1 预制棒用管材

预制棒用管材包括套管和衬管。套管用于 RIT 和 RIC 工艺，用来制造光纤的包层部分。主流的套管外径规格从 50mm 发展到更大外径，目前比较主流的是 180～210mm。套管的技术难点在于大尺寸、高精度、高均匀性。套管尺寸越大，越有利于高速连续拉丝，越有利于降低光纤制造成本。当套管外径增大时，其长度也相应增加，对内孔的几何参数、粗糙度、加工难度也大幅度增加。"十三五"期间，国内外径 200mm 规格的套管仍然被国外少数几家公司掌握，目前国内领头企业已经掌握 180mm 的制备技术。大尺寸套管对几何、材料组成结构的均匀性要求极高，一旦出现不均匀，将会导致光纤的扭转、翘曲、断裂、光纤使用寿命下降等。所以，未来大尺寸、高精度、高均匀性套管是预制棒领域的一大技术难点。但基于 OVD 工艺，棒的日渐成熟，RIC 套棒将逐步被替代。

衬管是管内法必不可少的材料，要求是具有高纯度、高精度、高均匀性的薄壁透明石英玻璃管。为了匹配超大规格预制棒，要求衬管具有相应的直径和长度，而且要满足严苛的同心度、弓曲度、壁厚一致性的要求。为了满足光纤低衰减的需求，要求衬管具有足够优良的纯度和均匀性。衬管属于薄壁管，高纯薄壁管只能通过合成法制备；由于石英玻璃熔体具有高黏度，熔融温度高达 1 700℃～2 000℃。所以，高温下衬管的制作只能采用拉伸延长工艺，而且制造条件极度苛刻，薄壁管极易偏壁，稍有偏差就会导致报废。目前国内衬管已由完全依赖进口实现部分国产替代。对于光纤预制棒用衬管的制备，仍然是未来的技术难点。

3.2 八甲基环四硅氧烷（D4）的制备和提纯

目前，国内主要厂家均建立 OVD 的生产能力，其光纤预制棒用沉积材料，要求易于制造、性能稳定，气化温度在 350℃以下，杂质可控，副产物不影响光纤预制棒性能。在多种含硅化合物中，有机硅化合物由于不含卤素，热裂解之后不产生毒性腐蚀性产物。综合评价，八甲基环四硅氧烷（D4）是绿色环保合适的原料。但是，D4 中往往会混杂同系物组分杂质和金属元素化合物杂质。光纤外包层用要求水分子含量小于 100ppm，金属杂质含量小于 50ppb，高沸点大分子量化合物含量小于 2ppm，低沸点小分子量化合物含量小于 100ppm。因此 D4 的提纯是未来的技术难点。这方面国内比国外有较大差距，研发和产业化步伐仍需加快。

3.3 开发掺氟石英玻璃制造工艺技术装备

新型的抗弯曲、大有效面积、超低衰减光纤要求折射率剖面结构具有"下陷"结构，这种下陷结构是通过掺氟来实现的。管内法在沉积和烧结过程中掺氟，但是受限于衬管的尺寸，管内掺氟不能制造大尺寸预制棒。因此有必要开发用外部法制造掺氟石英玻璃的技术和装备。而外部法，无论是 VAD 还是 OVD，都需要用到反应腔，如何控制腔体里的含氟原料的气氛、范围、温度、压力、时间就成了工艺技术的难点。

因此，开发外部法掺氟石英玻璃装备是研发和产业化的难点。

4. 发展趋势分析

4.1 更高沉积速率

低成本高性能是制造业永恒的主题。光纤制造业为了降低成本，一直在追求更高的沉积速率。MCVD 装置的沉积速率达到 2g/min，PCVD 装置的沉积速率达到 2.5～5g/min，多喷灯 OVD 高速沉积装置的沉积速率可达 100～200g/min，VAD 装置的沉积速率可达 10～20g/min。

各种沉积方法各有优缺点，没有哪一种能够完全取代其他方式。追求更有效率的组合方式、更高的沉积速率、更高的整体性价比是未来的一个发展趋势。

4.2 循环经济，绿色环保

《中国制造 2025》作为我国实施的制造强国战略，明确提出了"创新驱动、质量为先、绿色发展、结构优化、人才为本"的基本方针，强调坚持把可持续发展作为建设制造强国的重要着力点，走生态文明的发展道路。

长飞光纤潜江有限公司在国内率先实现 OMCTS 制棒应用，实现了 OVD 沉积无氯环保工艺，践行了绿色制造方针，打造了循环经济。长飞科技园毗邻江汉盐化工业园，预制棒生产原料来自江汉油田盐化总厂离子膜烧碱工艺生产的氢气、氯气、烧碱，预制棒生产副产物返回盐化总厂循环利用，实现了传统工业废气废液的循环利用和废弃物零排放。

4.3 智能化

长飞光纤潜江有限公司推进智能制造，以数据化、自动化为指导思想，实现工艺流程高效节能。采用先进制造技术和自动化技术，提升了光纤预制棒生产阶段信息化管控、物流仓储自动化、实施系统集成中央管理，实现光纤预制棒生产制造全过程可视化管理，产品信息全流程信息自动采集可追溯，建设成高度自动化的智能制造车间。

5. 结束语

各类工艺各有优缺点，相互之间不能完全替代，而是可以互为补充。VAD+OVD 技术可提高光纤预制棒制造效率，有效降低生产成本。MCVD 制造效率低，当前仅用于制造特种光纤。PCVD 因其具备折射率分布控制更精确以及加工灵活性更大的优势，更符合市场发展需要，成为 5G 周期主流光纤预制棒制造技术。

近年来，国内光纤价格仍然在低位波动，但是光纤预制棒的需求将长期存在且稳步增长，预制棒制造技术的进步使制造成本不断降低。光纤预制棒的技术发展趋势是大尺寸、高速率、绿色环保、智能化。高速率的多种工艺配合，将走出一条绿色发展、结构优化的可持续发展道路。

参考文献

[1] 黄本华,洪留明,王正江,冯术娟. 浅谈我国光纤预制棒产业的现状与发展[J]. 光纤与电缆及其应用技术, 2013（03）.

[2] CRU's Optical Fiber &.Fiber optic Cable Monitor. 2019.

[3] 黄本华,洪留明,王正江,冯术娟. 浅谈我国光纤预制棒产业的现状与发展[J]. 光纤与电缆及其应用技术, 2013（03）.

[4] 罗双云,邱玲,白丽娜. 一种提高八甲基环四硅氧烷收率的生产方法［P］. 江西：CN104497035A,2015-04-08.

[5] 谢文龙,田国才,王友兵,肖华. 环保型光纤预制棒制造工艺的研究［J］. 现代传输,2017（03）:71-74.

[6] ChOI J, LEE T K, PARK S G, et al. Formation of Optical Fiber Preform Using Octamethylcyclotetrasiloxane[J]. Korean Journal of Materials Research, 2018, 28（1）: 6-11.

作者简介

兰小波，长飞光纤光缆股份有限公司集团创新中心总经理，在光纤、光纤连接器等方面颇有研究并拥有多项发明专利，有多篇论文在国内外著名期刊发表。

C+L波段超大容量通信单模光纤的研究
Research on C + L Super-capacity communication Single-mode Fiber

陈 伟

陈 伟　张功会　李永通　罗 干
江苏亨通光纤科技有限公司

摘 要：针对大容量通信对光纤传输带宽提升的迫切需求，本文提出了拓展L波段通信的基本路径，研究了不同截止波长、不同波导结构的产品、涂覆材料等对G.652.D光纤在C波段和L波段上衰减性能的影响。试验分析表明，优化波导结构、调整截止波长可以适当优化G.652.D光纤在C和L波段的衰减平坦特性，降低C波段与L波段的衰减系数差值，这有助于对现有G.652.D光纤产品进行技术迭代，如将该C+L波分复用大容量光纤进行推广应用，将大大有利于光纤通信系统的未来扩容与升级，对于提升光纤通信系统的容量具有前瞻性的重要价值。

关键词：大容量通信　C波段　L波段　衰减平坦　C+L波分复用

1. 引言

随着数据流量与信息消费对网络传输容量和传输速度要求的提高，光纤通信正向着超大容量、超高速率、超长距离的技术进行迭代与演进。作为光信号传输主要介质的光纤材料在系统中发挥着核心作用，光纤是大容量高速率光纤通信技术发展的关键传输载体。DWDM密集波分复用技术的诞生大大提高了光纤的通信容量，而采用该技术去提升光纤的通信容量可以从3个途径进行[1]：第一是增加光纤的波分复用的信道数目，第二是提高单个信道的传输速率，第三是提高光谱效率。由于受光纤材料特性和光学设备性能限制，目前单纯地提高单个信道的传输速率已愈发困难，因此提高光纤通信容量的有效办法就是提高光纤的波分复用的信道数目。由于受光纤自身的色散性能和通信光源谱宽的制约，依靠降低信道间隔的方法来提高信道数也越来越有限[2]，增加波分复用的信道数目可以通过拓宽光纤的有效波段的宽度来实现[3]。

随着5G通信技术的逐渐成熟及推广应用，光纤通信技术已经向超大容量通信方向不断发展[4]，工业和信息化部已明确提出要加强超宽带创新能力建设。本文主要以G.652.D单模光纤作为主要研究对象，重点探究光纤截止波长、不同产品类型、涂料类型等对光纤在C波段与L波段上衰减性能的影响。

2. 单模光纤在 C+L 波段的衰减特性

从目前通信用 G.652.D 单模光纤的波长 - 衰减损耗示意图（图1），可以看出 G.652.D 单模光纤在 L 波段（1 565nm ～ 1 625nm）的衰减系数有明显的升高趋势，且斜率随着波长增大而呈现逐渐上升的趋势。

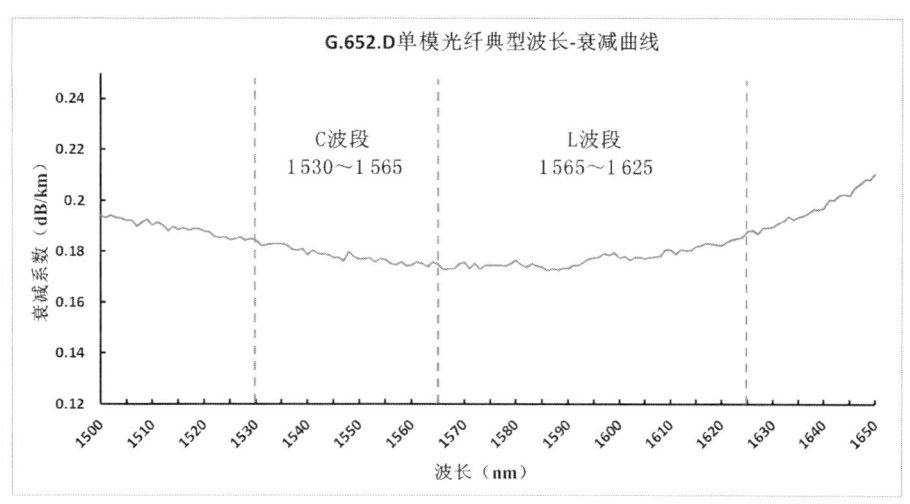

图 1　G.652.D 单模光纤典型波长 - 衰减曲线示意图

为拓宽现有单模光纤的通信带宽与传输容量能力，需要在保持 C 波段的低损耗外，再开发在 L 波段同样具备与 C 波段衰减水平相当的光纤新产品（C+L 光纤），从而为实现超宽带大容量通信提供基础支撑。这就需要根据 G.652.D 单模光纤在 C 波段及 L 波段上的衰减特性，探索新一代 C+L 波段衰减损耗平坦光纤。

C+L 波段光纤产品典型谱损曲线（该光纤属于 G.652 类光纤）如图 2 所示。由图 2 可看出，C+L 波段大容量通信光纤产品的 C+L 波段衰减具有在 L 波段衰减升高相对平缓的特性。

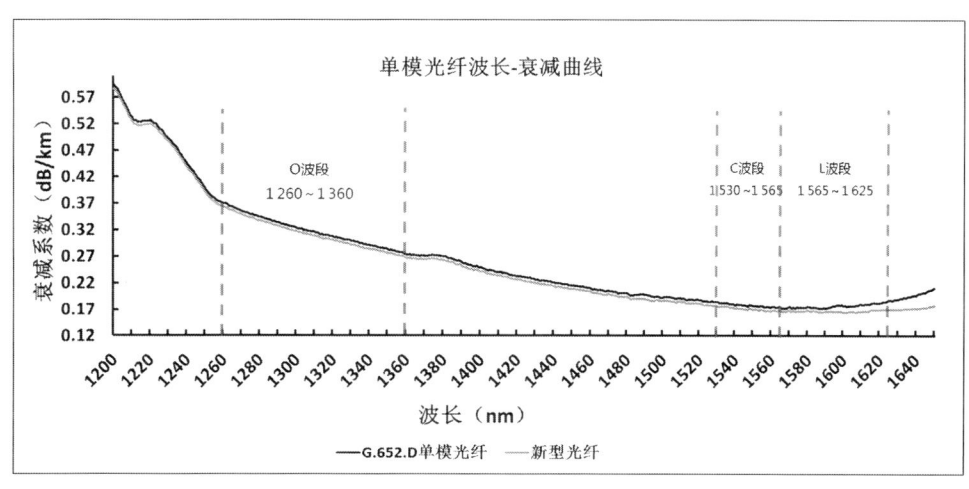

图 2　G.652.D 单模光纤与新型光纤波长 - 衰减曲线示意图

通过研究大量 G.652.D 光纤的波长 - 衰减曲线特性，从统计学理论初步界定 C+L 波段大容量光纤产品范围。根据最小值统计结果（如图3），本试验被测光纤批量样品统计最小衰减窗口均值为 1 570.2nm，最小值衰减波长的中位数为 1 573nm。按上下四分位数为 1 569nm ～ 1 579nm 的范围，因此建议以 1 570nm 窗口衰减值为基准，C 波段和 L 波段各波长衰减的最小值与 1 570nm 窗口衰减值水平相当，可以初步探索并逐渐评估出 C+L 波段大容量通信光纤产品的技术标准。

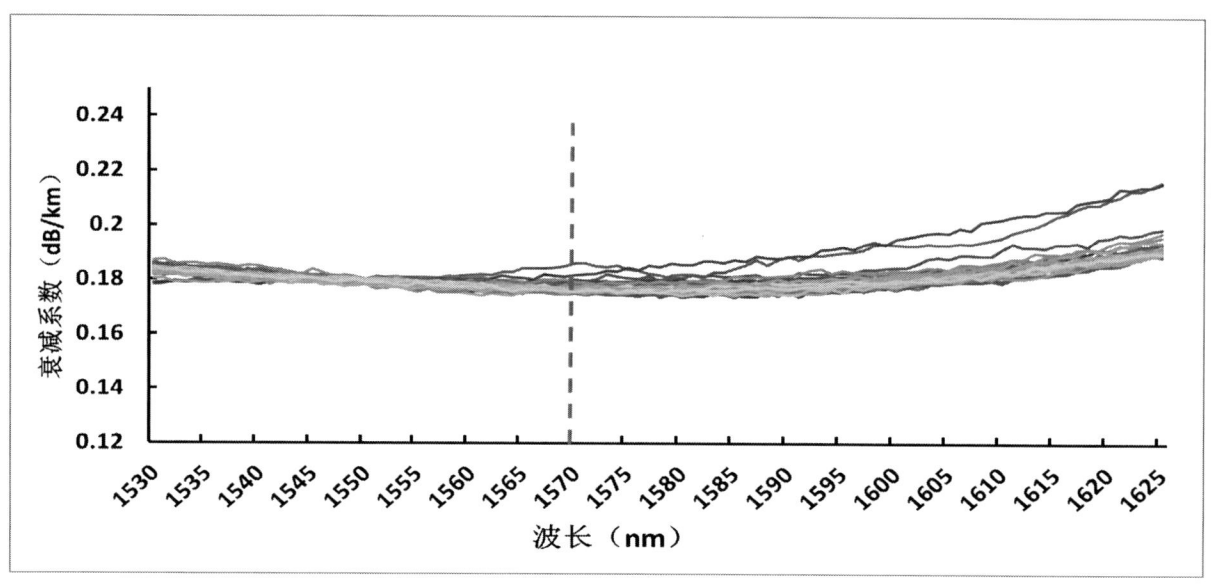

图 3　G.652.D 单模光纤 C 波段与 L 波段波长 - 衰减曲线

3. 不同因素对光纤 C 波段和 L 波段的影响

本文研究了不同光纤参数、原材料类型、产品类型等因素对 G.652.D 光纤在 C 波段和 L 波段在性能的影响。

3.1 光纤截止波长参数对 C 波段和 L 波段的影响分析

3.1.1 光纤截止波长对 C 波段衰减的影响

按照光纤截止波长数据间隔 20nm 为标准选取部分 G.652.D 光纤进行 C 波段波长 - 衰减测试（图4），对比分析 C 波段衰减数据极差（即 C 波段各波长衰减系数最大值与最小值差值，$\triangle \alpha_C$）及 C 波段中衰减系数最大值与1550nm 波长衰减差值（$\triangle \alpha_{C-1550}$），结果显示：不同截止波长下，C 波段衰减系数随着波长的增加逐渐降低；当 G.652.D 光纤截止波长为 1300nm 时，光纤 C 波段的 $\triangle \alpha_C$ 和 $\triangle \alpha_{C-1550}$ 均相对较小，分别为 0.0068dB/km 和 0.0042dB/km；但从数据上看，各截止波长衰减极差变化相对较小，一般在 0.001dB/km 左右。

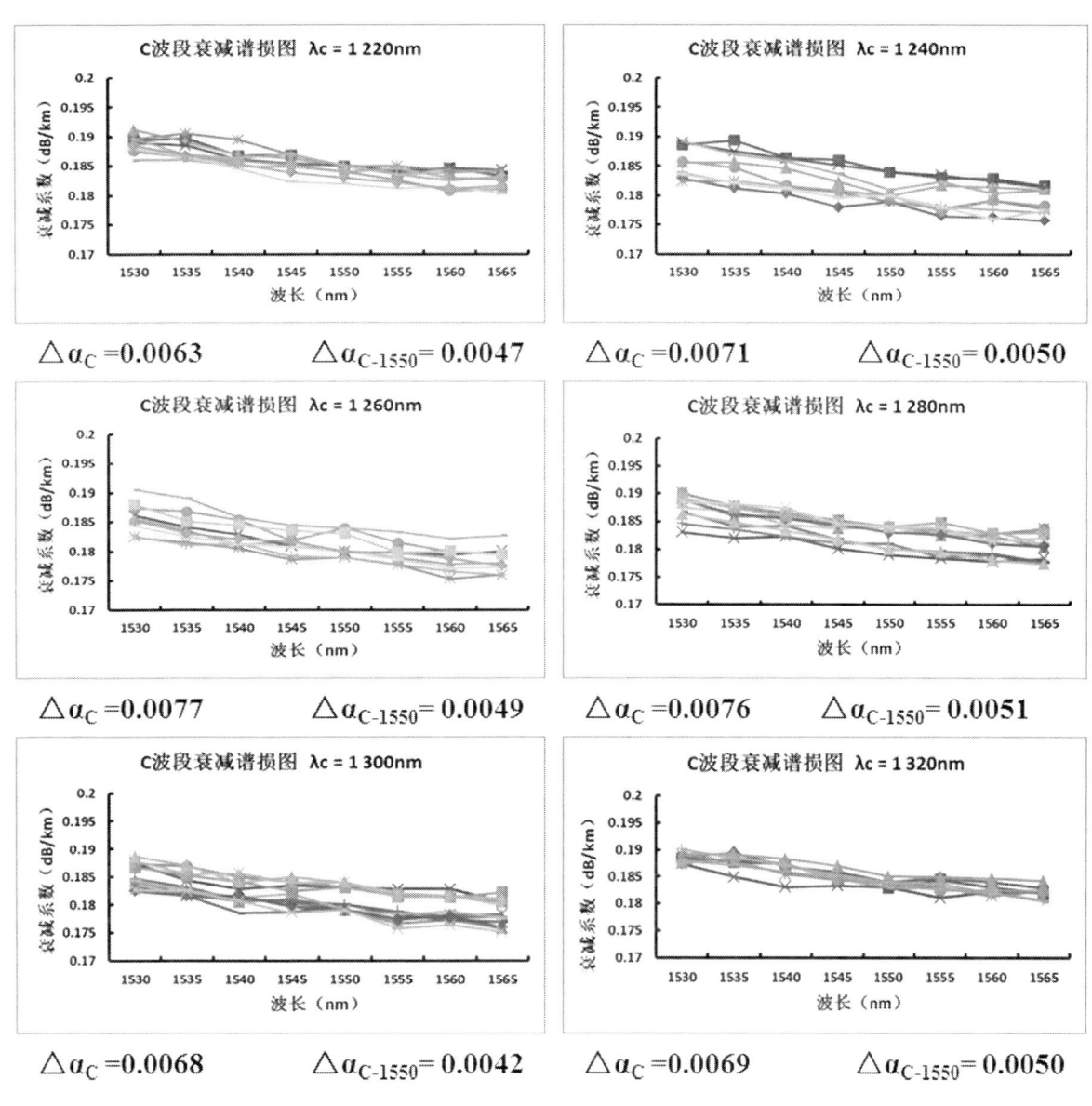

图 4　不同截止波长下的 △α_C 和 △α_{C-1550}

3.1.2　光纤截止波长对 L 波段衰减的影响

按照截止波长数据间隔 20nm 为标准选取部分 G.652.D 光纤进行 L 波段波长 - 衰减测试（图 5），对比分析 L 波段衰减数据极差（即 L 波段各波长衰减系数最大值与最小值差值，△α_L）及 L 波段中衰减系数最大值与 1550nm 波长衰减系数差值（△α_{L-1550}），结果显示：不同截止波长下，L 波段衰减系数随着波长的增加逐渐升高；当 G.652.D 光纤截止波长为 1260nm 时，光纤 L 波段的 △α_L 和 △α_{L-1550} 均相对较小，分别为 0.0148dB/km 和 0.0113dB/km；但相比 C 波段衰减极差 △α_C 和 △α_{C-1550} 而言，L 波段衰减极差 △α_L 和 △α_{L-1550} 均有约 50% 增幅。

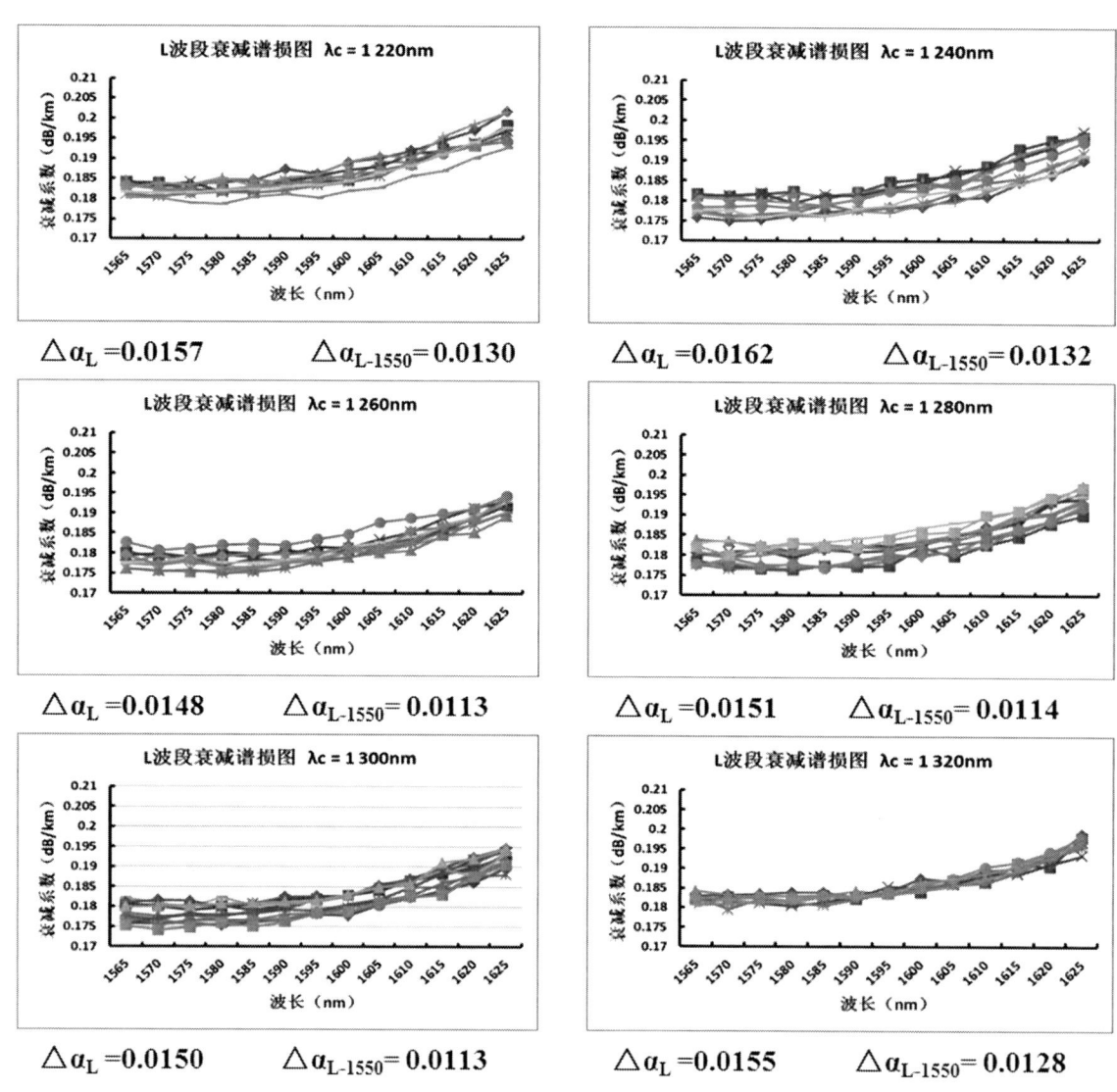

图5 不同截止波长下的 $\triangle \alpha_L$ 和 $\triangle \alpha_{L-1550}$

3.1.3 C 波段和 L 波段衰减与最低衰减差值分析

按照截止波长数据间隔 20nm 为标准选取部分 G.652.D 光纤进行 C 波段和 L 波段波长-衰减测试（图6），从数据可以看出，C 波段最大衰减系数在 1 530nm 波长处，而 L 波段最大衰减系数在 1 625nm 波长处；对比分析 C 波段和 L 波段中 1 530nm 和 1 625nm 波长相对 1 570nm 的衰减差值（分别用 $\triangle \alpha_{1530}$ 和 $\triangle \alpha_{1625}$ 表示），可以分别代表 C 波段最大值和 L 波段最大值与 1 570nm 处衰减系数的差值。结果显示：不同截止波长下，C 波段和 L 波段整体衰减系数随着波长的增加呈先降低后升高的趋势，且波长衰减系数在 L 波段升高的趋势较 C 波段更快；当光纤截止波长 λc=1 300nm 时，G.652.D 光纤 C 波段和 L 波段相对 1 570nm 处衰减差值出现最小值，分别为 0.0097dB/km 和 0.0143dB/km。两者仍有一定差距，需要进一步优化光纤结构及生产工艺。

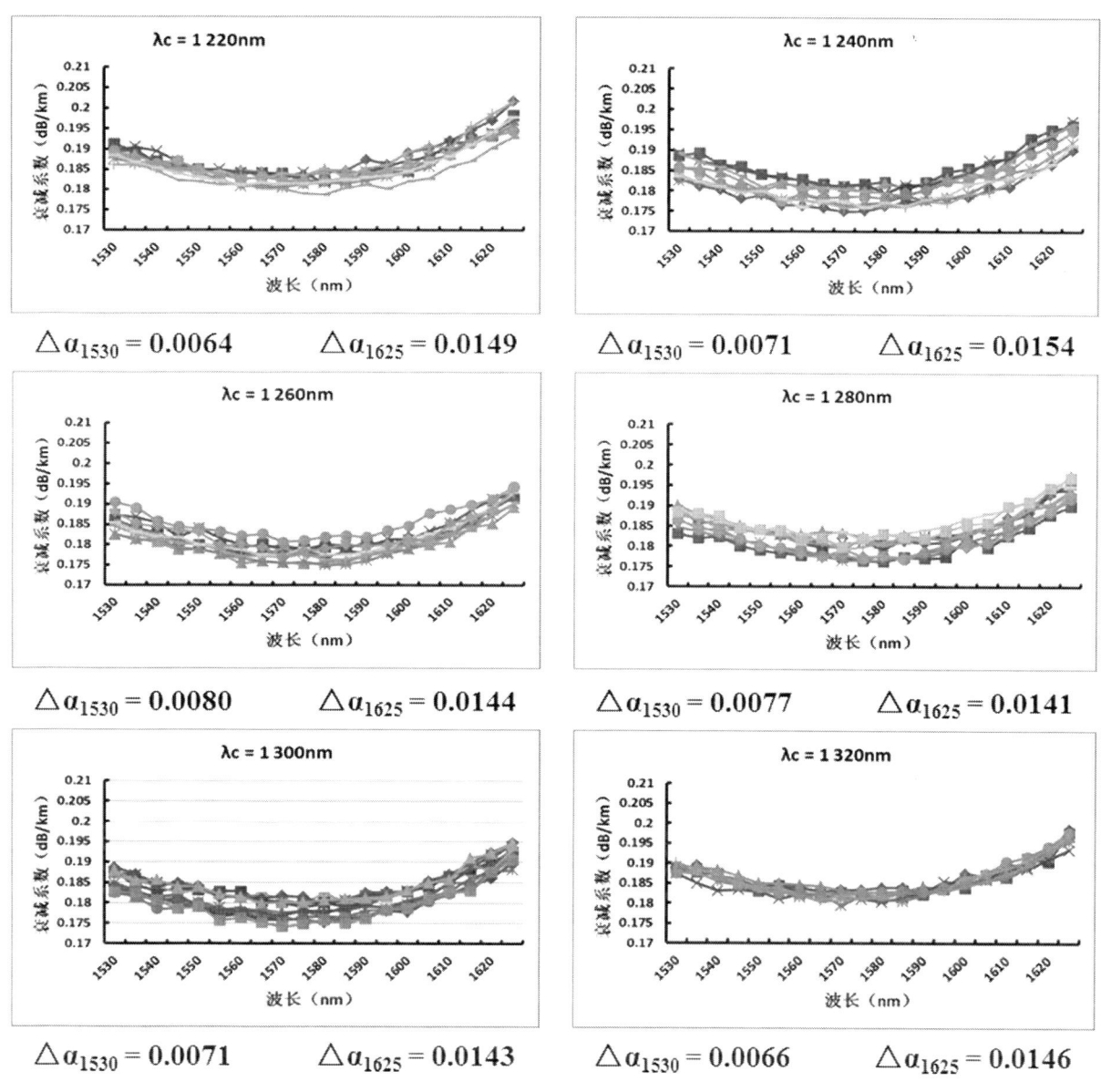

图6 不同截止波长下的 $\triangle\alpha_{1520}$ 和 $\triangle\alpha_{1625}$

3.2 不同涂覆材料对光纤C波段和L波段的影响

选取使用不同模量涂覆材料生产的光纤进行测试（图7），其中涂料1为常规涂覆材料（内涂特定模量约1.2～1.4MPa），涂料2为抗微弯改善涂覆材料（内涂特定模量约0.5～1.2MPa）。从图7数据可以看出：在差值平均值上，涂料1与涂料2在C波段和L波段上的平均值相差不大；但在C波段和L波段衰减系数最大值上，涂料2相对涂料1的波长衰减系数有所降低。说明内涂特定模量较小的涂覆材料对光纤在C+L波段衰减情况具有一定的改善效果。

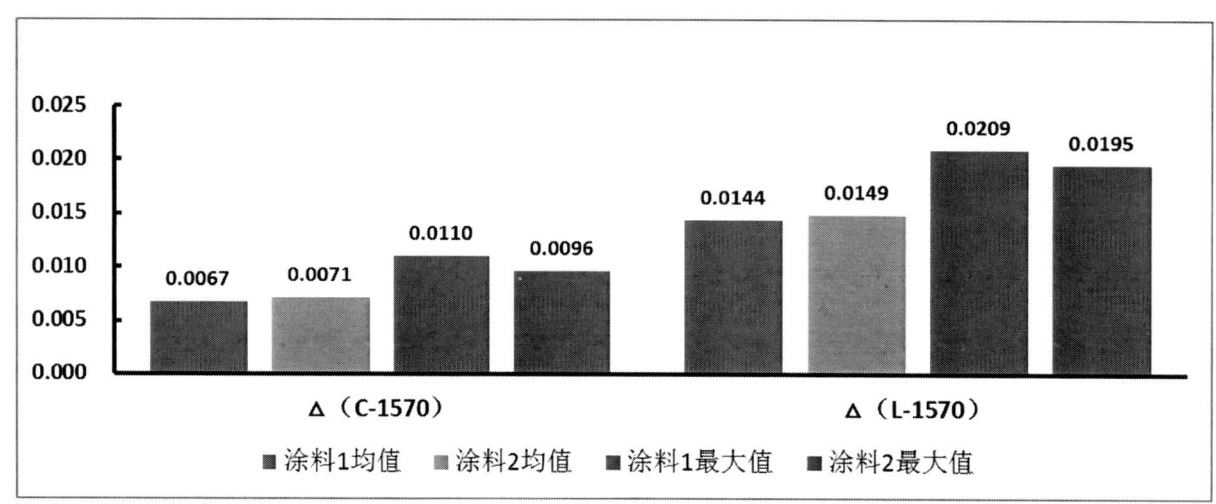

图7 不同模量涂覆材料对光纤C波段和L波段的影响

3.3 不同产品类型的光纤C波段和L波段的影响

选取不同类型的光纤产品（G.652.D光纤和G.654.E光纤）进行测试（图8），结果显示，不同厂商的G.652.D光纤曲线基本保持一致，而G.654光纤在L波段翘起更快：G.654.E光纤在1610nm以后斜率明显增大（相同波长下每增加10nm波长，G.654.E光纤衰减值较G.652.D光纤衰减增幅高0.0012dB/km）。

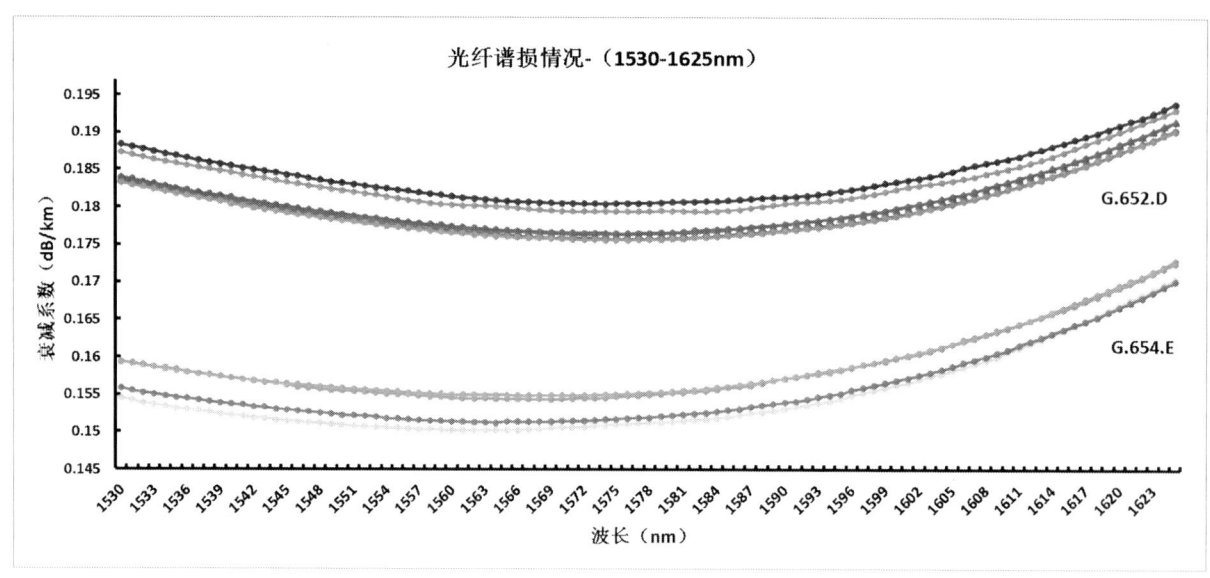

图8 不同产品类型的光纤C波段和L波段的衰减特性

3.4 不同厂商的光纤C波段和L波段的基本情况

课题组对比了不同厂商生产的相同类型光纤的数据（图9），在相同截止波长情况下,不同厂商光纤在相同 C+L 波段表现出的衰减及变化情况有所不同,这可能与各厂商光纤结构设计及相关工艺存在差异有关。因此,如何评估不同厂商之间的波段表现差异性,仍需要进一步深入探索。

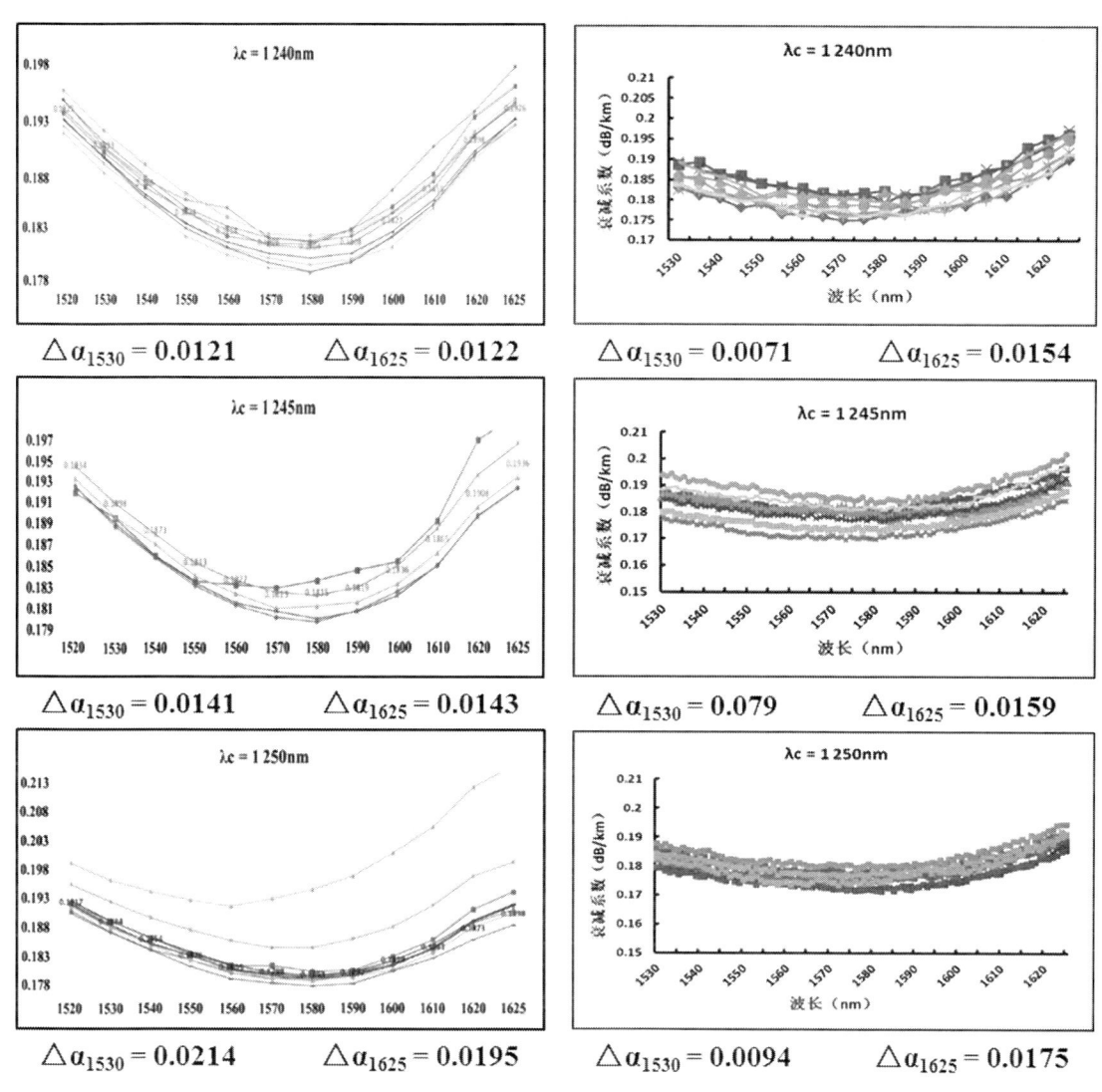

图 9 不同厂商光纤 C 波段和 L 波段衰减系数情况

4. 结论

本文提出了拓展 L 波段通信的基本路径,研究了不同截止波长、不同波导结构的产品、涂覆材料等对 G.652.D 光纤在 C 波段和 L 波段上衰减性能的影响。试验分析表明,优化波导结构、调整截止波长可以适当优化 G.652.D 光纤在 C 和 L 波段的衰减平坦特性,降低 C 波段与 L 波段的衰减系数差值,这有助于对现有 G.652.D 光纤产品进行技术迭代;如将该 C+L 波分复用大容量光纤进行推广应用,将大大有利于光纤通信系统的未来扩容与升级,对于提升光纤通信系统的容量具有前瞻性的重要价值。

参考文献

[1] 余少华, 何炜. 光纤通信技术发展综述[J]. 中国科学: 信息科学, 2020, 50 (09): 1361-1376.
[2] 刘博, 李丽楠. 大容量光传输系统发展现状[J]. 科技导报, 2016, 34 (16): 20-33.
[3] 吕向东, 梁雪瑞, 喻千尘, 马卫东. 光通信技术研究现状及发展趋势[J]. 电信科学, 2019, 35 (2): 70-78.
[4] 谈仲纬, 吕超. 光纤通信技术发展现状与展望[J]. 中国工程科学, 2020, 22 (3): 100-107.

作者简介

陈伟, 博士、教授级高工, 享受国务院政府特殊津贴, 江苏亨通光纤科技有限公司总经理。作为课题负责人先后承担或主持国家强基工程1项、国家"973"计划2项、国家"863"计划3项, 拥有授权发明专利36项、PCT2项, 参与制定国家标准4项、行业标准6项、军标7项, 发表学术论文30余篇。

张功会, 硕士, 江苏亨通光纤科技有限公司研发模块经理。从事超低损耗光纤、超弯曲不敏感光纤、超大容量通信用新型光纤等产品的研究和应用, 先后承担了10余项国家和省市科技项目, 累计申请专利22项, 制定企业标准8项, 参与发表国内外科技论文12篇。

张功会

李永通, 硕士, 江苏亨通光纤科技有限公司研发工程师。主要研究方向为新型通信光纤的研发与应用, 尤其是超低损耗光纤及超大容量通信用新型光纤的研究开发。参与多项国家和省部级科技项目, 发表多篇科技论文, 申报发明专利4项。

李永通

罗干, 硕士, 江苏亨通光纤科技有限公司研发工程师。主要研究方向为超低损耗大有效面积光纤及超大容量通信用新型光纤的研发、光纤的可靠性测试研究等。参与多项国家和省部级科技项目, 发表多篇科技论文, 累计申请专利30余项。

罗 干

高环境稳定性空心光子带隙光纤的制造工艺研究与性能分析
Fabrication and performance analysis of hollow photonic band gap fiber with high environmental stability

杜 城

杜 城[1]　李 伟[1]　罗文勇[1]　高福宇[2]　柯一礼[3]　邵 帅[3]
1. 烽火通信科技股份有限公司
2. 北京航空航天大学仪器科学与光电工程学院
3. 锐光信通科技有限公司

摘　要：空心光子带隙光纤(Air-Core Photonic-Bandgap Fiber, PBF)是基于包层空气孔结构在石英玻璃柱状体中形成周期性结构，且纤芯为空气孔的光子晶体光纤。由于光子带隙光纤独特的材质与结构，其克尔效应、瑞利背向散射效应、法拉第效应和舒珀效应在其空气芯结构中比常规光纤石英芯区材料中低，尤其在高精度光纤陀螺较长光路应用条件下，能够使系统实现较高的性能与稳定性。

文章提出了一种适用于光纤陀螺仪的中空光子带隙光纤结构，并基于专属装备改进与技术创新迭代，研究形成了高结构完整性的光子带隙光纤研制工艺，使烽火实现了损耗小于20dB/km的光子带隙光纤的自主研发；并在此基础上开展了光子带隙光纤光学特性随径向压力及轴向拉力作用的变化特性研究，选择了契合中空带隙光子晶体光纤的绕环工艺，对应光子晶体光纤环经系统验证，静态精度达 0.4°/h (10s)，表明采用该结构空心光子带隙光纤研制的光纤陀螺具备良好的环境稳定性。本研究为极端环境下的光纤传感提供了理想的敏感光纤。

关键词：光子晶体光纤　光纤陀螺　中空带隙　高稳定性

1. 引言

惯性导航技术具有自主性好、信息全面、实时连续及抗干扰能力强的优点，已成为海陆空天各类运动载体导航、姿态控制和定位定向等传感的核心技术，而陀螺则是惯性导航系统的核心器件。在目前可选的陀螺种类中，光纤陀螺最具发展潜力，已经成为我国大部分卫星和飞行器的主流选择。光纤陀螺内部结构无活动部件，理论上具有高精度、高可靠性、长寿命等优点，但在辐照、温度和磁场环境下性能劣化和可靠性降低的问题使得其优点无法发挥，成为严重制约陀螺应用的"瓶颈"，急需突破。究其原因，是因为目前光纤陀螺采用石英基保偏光纤，纤芯和包层掺杂 Ge、B、P 等元素，由于元素自身及掺杂均匀性导致光纤对辐照、温度和磁场敏感，从而使光纤在外界环境作用下损耗增大、吸收/透射谱以及双折射等光学性能变化和机械强度降低，导致光纤陀螺精度劣化和使用寿命下降，甚至失效。采取金属屏蔽、温控等被动防护措施能够在一定程度上减缓、降低环境对陀螺性能的影响，但抑制效果有限且会增加体积、重量、功耗、成本。提高光纤环境适应性是提高光纤陀螺性能最根本的技术途径，是突破陀螺深空应用"瓶颈"的核心和基础，空芯光子带隙光纤为解决上述问题提供了可能。

空芯光子带隙光纤是近年来提出的一种新型特种光纤，具有基于光子带隙效应的导光机制与传输特性。它的纤芯是空气孔，包层是多层周期性排列的空气孔阵，光被限制在纤芯空气孔中进行传输（而传统光纤的光波模是在实心的石英纤芯中传输的），因此克尔效应、瑞利背向散射效应、法拉第效应和 Shupe 效应远低于传统光纤。因此，利用空芯光子带隙光纤作为光纤陀螺的敏感光纤，能有效降低辐射、温度和磁场等外界环境变化对陀螺性能的影响，从根源上提高光纤陀螺的环境适应性。

本文根据本单位的技术特点，针对目前空芯光纤结构和制备存在的问题，通过建立空芯光子带隙光纤有限元模型，从光子带隙特性、损耗特性和偏振特性进行多维度分析。文章提出了一种适用于光纤陀螺的空心光子带隙光纤结构设计，并介绍了一种原创性的单步法制备空芯带隙光子晶体光纤的工艺方法。在此基础上，开展了光子带隙光纤预制棒的不同处理对光纤衰减的影响的研究，并通过系统性的工艺验证，成功制备出契合光纤陀螺绕制需求的高环境稳定性空心光子带隙光纤，光纤衰减小于 20dB/km。研究团队采用该空心带隙光子晶体光纤，进行了 300 米脱骨架光纤环绕制工艺研究与优化，实现了基于该光子带隙光纤环装备的光纤陀螺的性能验证。

2. 空芯带隙光纤结构设计

目前商用光子带隙光纤损耗大且存在严重的交叉耦合[1]，无法满足光纤陀螺的需求，需针对光子带隙光纤结构进行设计。光子带隙光纤中出现严重的偏振交叉耦合，其根本原因是由于拉制和设计的不完善，导致此类光纤的中空纤芯存在残余椭圆度。该椭圆度导致了光子带隙光纤中存在两个正交的偏振模式，并且折射率不同，从而产生了双折射，而该椭圆的不均匀导致了强烈的偏振交叉耦合。为了减小光子带隙光纤的偏振交叉耦合，可以尽可能减小光纤纤芯椭圆度，以保证六重对称性。本论文参考其他科研团队的研究成果[2]，并结合大量数据的模拟计算，优化了模拟的带隙光纤的设计结构，如图 1 所示。

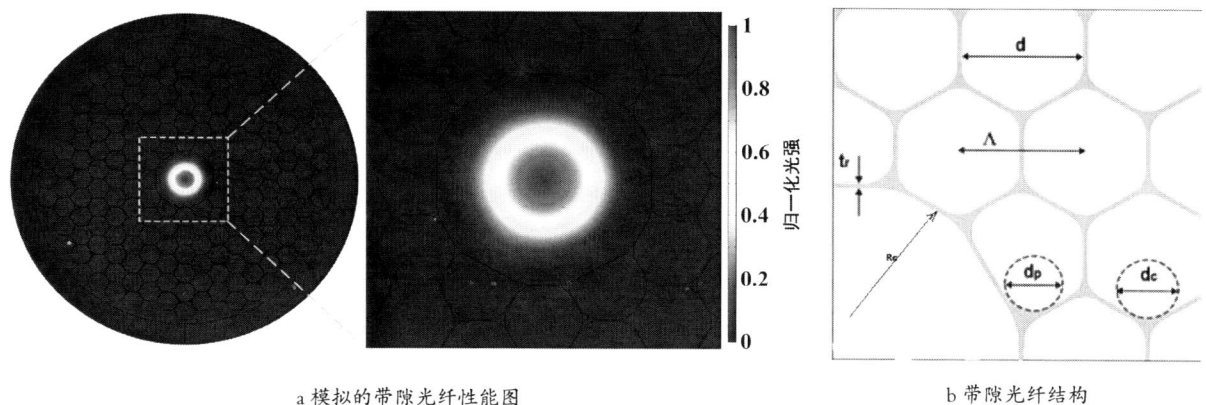

a 模拟的带隙光纤性能图　　　　b 带隙光纤结构

图 1　结构示意图

根据上述结果，综合对光子带隙光纤的光子带隙设计、损耗特性及偏振特性研究，确定了光纤结构参数设计结果，如表 1 所示；对应光子带隙光纤制备工艺研究，将以此设计参数作为结构目标。

表 1　优化设计得到的光子带隙光纤几何参数

几何参数	t_r	Λ	d_c	d_p	R_c	d	涂覆层直径
数值（μm）	0.116	4	2.21	0.459	5.82	3.892	240～260

3. 空芯光纤预制棒制备工艺

3.1 毛细管的制备

传统的方法如图 2 所示采用两步法，制备毛细管后堆积成预制棒拉成中间体，再进行套管制备光纤；如此一来拉制光纤时光纤在预制棒的外径较细（一般≤ 15mm），因此单位长度能够拉制的长度有限，且光纤轴向均匀性也受到了较大的限制，将导致各批次中间体存在差异性，各批次光纤的性能也参差不齐，不适合于广泛的生产运用。

本文通过工艺装备优化与匹配工艺研究，在常规两步法的基础上进行工艺改进。采用原创性的新型一步法制备空芯带隙光纤，通过专属定位平台及匹配的在线固化工艺技术，能够实现毛细管精确定位与同步洁净，且在全部结构定位完成后在定位平台进行辅助材料的固化，以实现同样采用毛细管堆积方法达成空芯带隙光纤预制棒的制备。

因毛细管的均匀性直接影响带隙光纤预制棒的性能，制备过程中采用德国 HERAEUS 生产的 F300 管材作为母管进行毛细管的拉制，其原始尺寸为 50mm×2.5mm（外径 × 壁厚）。为了确保毛细管制备过程中所有毛细管在原始的占空比基础上不会有过大变化，经过大量的实验优化，最终选择拉制功率 48%，所得毛细管占空比跟母管

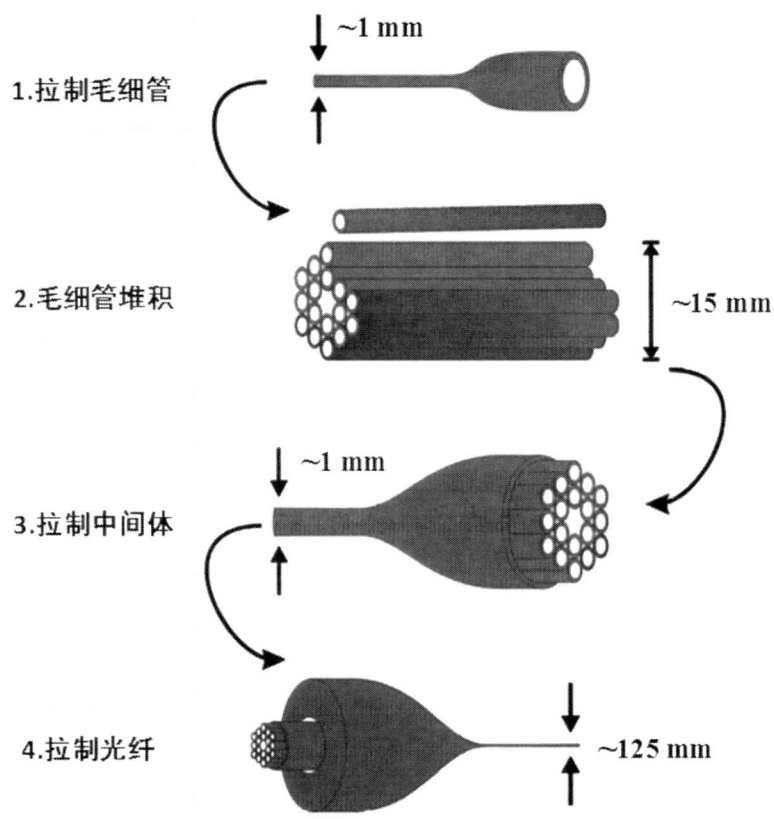

图 2　常规采用的两步法制备空芯带隙光纤流程

无差别，并且毛细管的外径均匀性偏差可控制在 5% 以内。

3.2 预制棒堆积预处理

图 3a 是最终采用制备的各种尺寸的毛细管堆积的空芯带隙光纤的预制棒，各毛细管尺寸见图 3b。

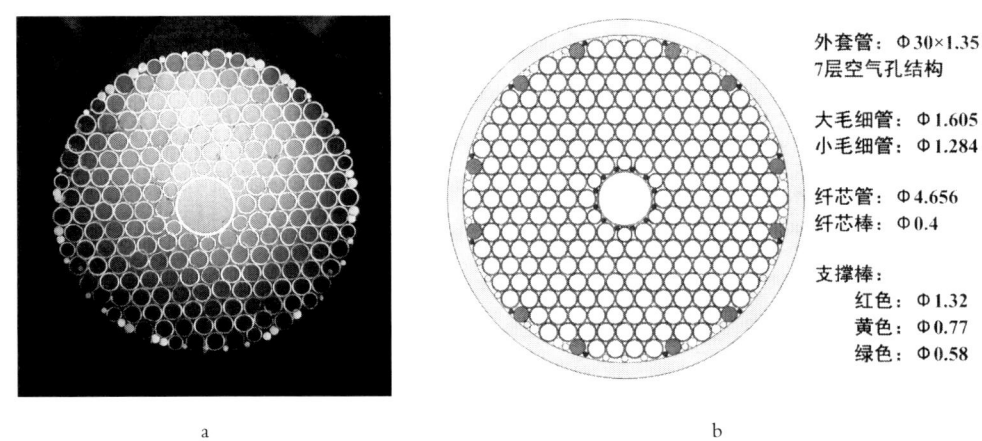

图 3　a. 堆积好的空芯带隙毛细管束结构　b. 设计的空芯带隙光纤预制棒详细尺寸

由于在毛细管制备、切割、堆积过程中不可避免存在毛细管表面或者内壁划伤，并且毛细管在清洗过程中表面会引入大量的羟基，而目前通常认为带隙光纤内孔壁的粗糙度以及预制棒的羟基含量，是带隙光纤衰减较大的重要原因之一。

研究团队在毛细管堆积好后，将其整体套入外径35mm内径26.3mm的套管中，对毛细管束进行了内外壁粗糙度以及表面羟基集团进一步的工艺处理。具体的处理方式是将预制棒整体放置在可移动的氢氧焰上，保持氢氧焰中心温度在1 200℃，氢氧焰灯的移动速度10cm/min，堆积好的预制棒持续通入流量为50sccm的氯气；氢氧焰灯如此来回移动处理30min，对两根同样材料制备的预制棒进行工艺对比试验，其中一根进行上述处理，一根不进行处理。如图4所示，对两根预制棒里面取出的毛细管进行原子力显微镜测试，可以明显观测到相关处理工艺能够显著改善毛细管内外壁的粗糙度和表层依附的羟基集团[3]。

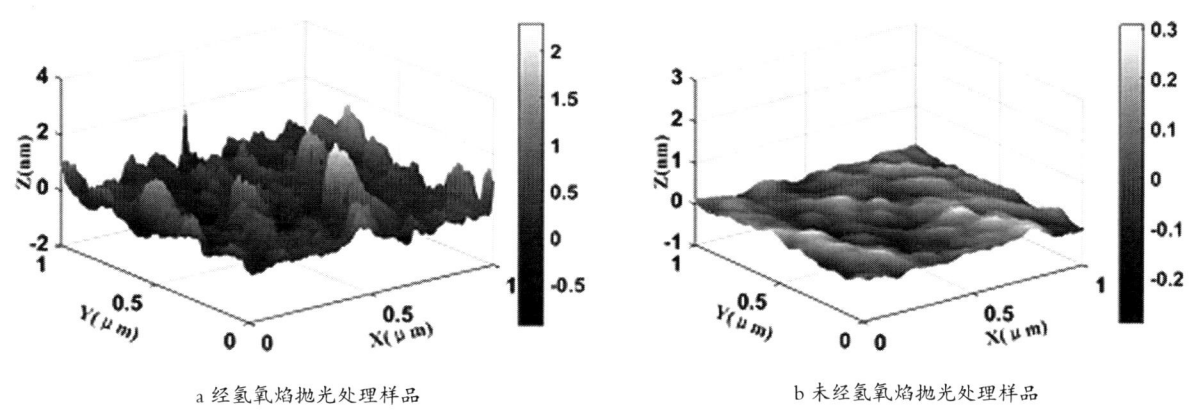

a 经氢氧焰抛光处理样品　　　　　b 未经氢氧焰抛光处理样品

图4　毛细管粗糙度测试结果

4. 空芯光子带隙光纤拉制与测试

研究团队采用新型一步法拉制空芯带隙光纤，因而光纤的拉制过程不涉及具体的气压控制，光纤的拉制相对于常规文献报道的更简单[5]。在实际拉制带隙结构调整过程中，须关注光纤直径、拉丝速度、功率及拉纤张力等参数，其变化关系如图5所示。可见影响带隙结构完整性保持的诸多拉丝工艺因素中，张力与光纤直径的关系微弱，与速度关系相对明显，与拉丝功率相关性较大[4]。

在开展相关因素研究基础上，实际光纤拉制过程中，采取实时截取光纤端面测量其结构尺寸来调整光纤的拉制工艺参数，经过系统性优化后，光纤结构达到设计尺寸时的工艺条件为：拉丝功率17.4kw，拉丝速度178.5m/min。

实验制备空芯带隙光纤的截面图如图6所示。对所拉制的光子带隙光纤进行了测试，其透射谱如图7所示，光纤最低损耗约为20dB/km，并且将测试的衰减图谱跟设计图谱进行了比较，光纤的衰减曲线较好地符合了原始的设计。

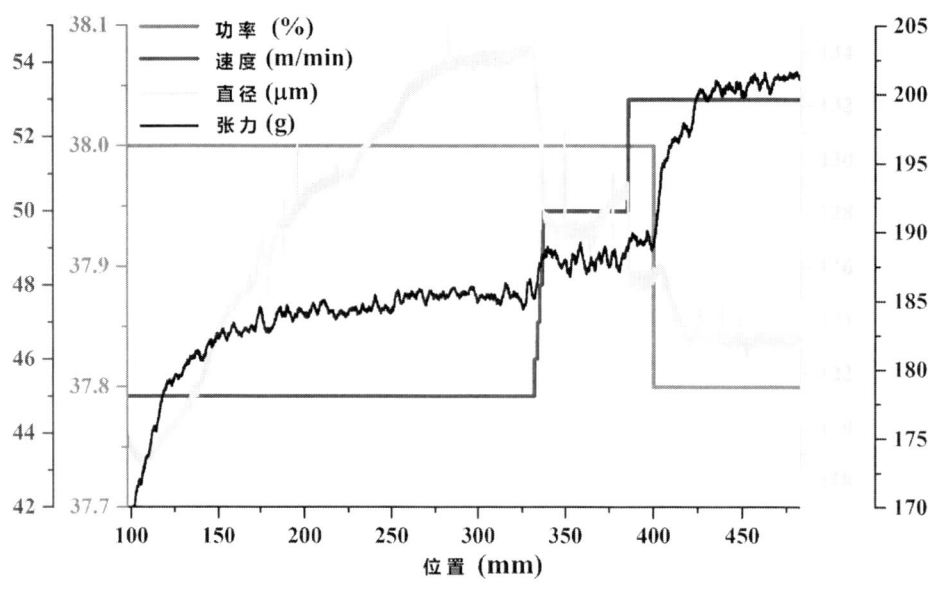

图5 光纤拉制过程中参数变化曲线

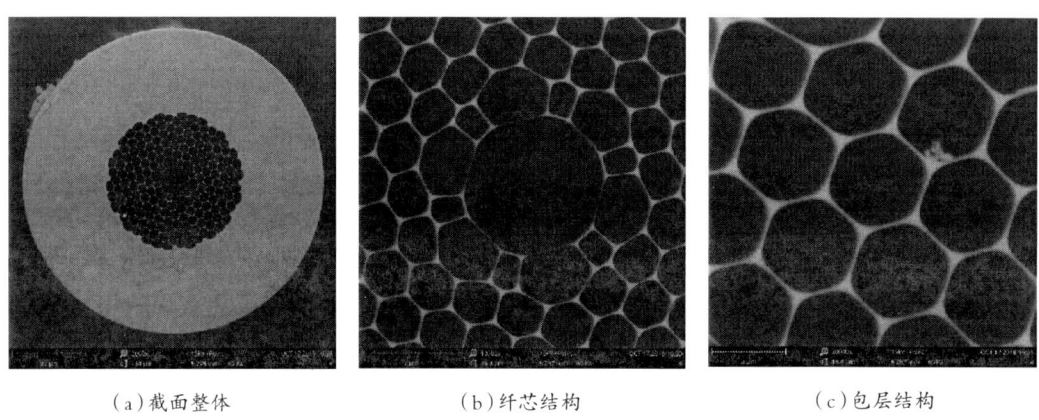

（a）截面整体　　　　　　（b）纤芯结构　　　　　　（c）包层结构

图6 光子带隙光纤结构

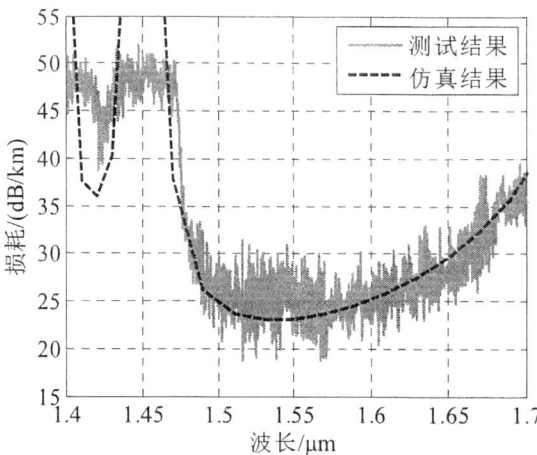

图7 光子带隙光纤透射谱测试

同时我们也对图4 b中未进行抛光处理的带隙光纤预制棒进行了拉制实验，光纤拉制实验条件采用跟上文同样的参数，成功拉制出了结构较为完美的带隙光纤；同样对光纤的端面进行了电镜测试以及损耗测试，测试发现光纤的结合机构尺寸几乎毫无差异，但光纤的损耗如图8，在1 550nm附近却增长到了40dB/km。

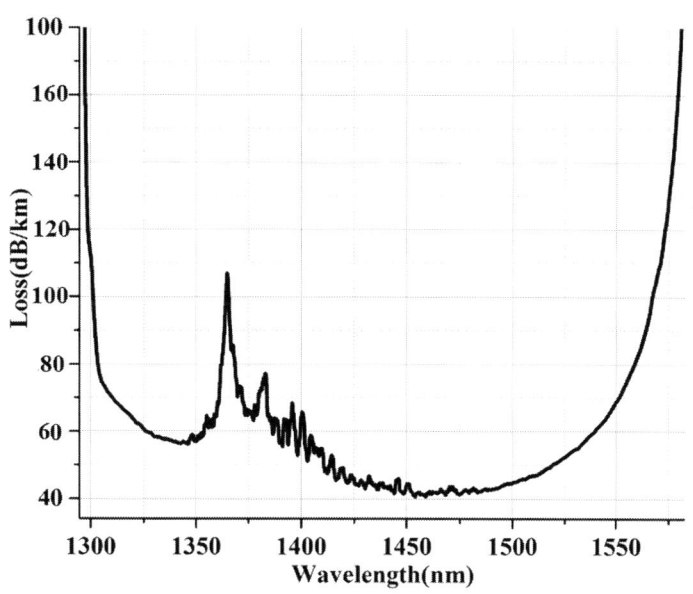

图8　未做抛光处理预制棒拉制光纤的透射谱

5. 空芯光子带隙光纤环绕制与性能验证

基于传统光纤绕环技术，团队开展了外应力对光子带隙光纤光传输特性的影响研究，并选择合适的绕环张力、绕制速度、胶体材料匹配等，实现了基于带隙光纤的光纤环绕制。

通过测试光纤环圈的损耗、传输窗口、温度等特性来衡量绕制效果，并进行了系统层面的光纤陀螺性能对标研究，对应基于本研究制成的空心带隙光纤制作的光纤陀螺的静态精度指标为0.4°/h（10s），如图9所示。

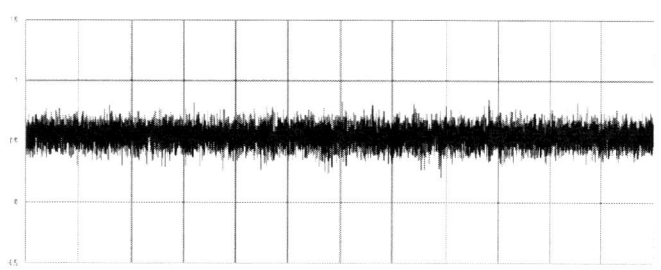

图9　空心光子带隙光纤环静态测试曲线

6. 结论

本文从高环境稳定性空心光子带隙光纤结构设计出发，通过采用全新的制备方法简化了带隙光纤的制备工艺，制备了7芯陀螺用空芯带隙光子晶体光纤，并且搭建了空芯带隙光纤预制棒的定型平台与抛光处理平台，实现了契合光纤陀螺应用需求的低衰减高环境稳定性空心光子带隙光纤研制的目标，且对研制的空心带隙光纤应用特性进行了验证研究，能够实现较好的系统应用性能，为我国自主研制性能优良的空芯带隙光纤打下了良好的工艺研究基础，并且为我国空芯带隙光子晶体光纤陀螺的发展提供了核心和原材料器件，在航空航天、军用惯导、汽车导航、船用通导等诸多领域拥有广泛应用前景。

参考文献

[1] 戴娟. 光子带隙型光子晶体光纤及其应用的研究[D]. 北京邮电大学, 2009.

[2] 程胜飞. 空芯光子晶体光纤的制备研究[D]. 华中科技大学, 2012.

[3] 李彦, 王旭, 徐小斌, 等. 空芯带隙型光子晶体光纤残余双折射特性研究[J]. 半导体光电, 2016, 37（2）: 207-212.

[4] 王立文. 新型宽带光子晶体光纤的设计与制作研究[D]. 北京交通大学, 2013.

[5] J. C. KNIGHT, T. A. BIRKS, P. S. RUSSELL, D. M. ATHINH. All-silica single-mode optical fiber with photonic crystal cladding[J]. Optics Letters, 1996, 21（19）:1547-1549.

作者简介

杜城，高级工程师，锐光信通科技有限公司总经理，兼任烽火通信科技股份有限公司线缆产出线光纤产品线副总监。参加或主持国家项目10余项，包括预先研究项目、工信部工业转型2025项目、科技部重点研发专项、国家"973"计划项目、军口"863"计划项目、重点自然科学基金项目等。申请特种光纤相关发明专利19项，其中国际专利（PCT）3项。在国内外核心刊物上发表学术论文10余篇，组织起草《双包层铒镱共掺光纤》国家标准，并参与2项国家标准和2项行业标准的起草。曾获中国通信学会科学技术奖一等奖、湖北省技术发明二等奖、总装备部颁发的军队科技进步一等奖、中国电子学会科技发明二等奖、中国优秀专利奖等奖项及武汉市东湖高新第九批"3551光谷人才"资助。

李伟

李伟，高级工程师。主要负责前沿管子晶体光纤的技术开发工作，负责研发的保偏光子晶体光纤达到世界先进水平，并在天舟一号上进行了世界首次太空应用。参加或主持国家项目多项，包括预先研究项目、工信部工业转型2025项目、科技部重点研发专项；以第一作者授权发明专利5项。曾获中国通信学会科学技术奖一等奖、湖北省技术发明二等奖。

罗文勇

罗文勇，正高级工程师，烽火通信科技股份有限公司线缆产出线研发中心总经理，为武汉黄鹤英才（科技专项）。从事光纤新技术研究15年，相继开发出色散补偿光纤、宽带多模光纤、保偏光纤、系列光子晶体光纤等新型光纤。以第一发明人申请发明专利20余项，主持或作为核心人员参与"973""863"等国家课题20余项。曾获中国专利奖、国家科技进步二等奖、中国通信学会科学技术一等奖、湖北省科技进步一等奖、湖北省技术发明二等奖等。现研究方向为新型光纤光缆技术。

高福宇

高福宇，北京航空航天大学仪器科学与光电工程学院"卓越百人"博士后。长期从事光纤陀螺、光子晶体光纤技术研究，突破了光子晶体光纤设计、研制与应用的关键技术，研制细径保偏光子晶体光纤、低损耗空芯光子晶体光纤、反谐振原子导引光纤等。作为核心人员参与了国家自然基金面上基金与重点基金、国防预研、民用航天等项目研究。

柯一礼

柯一礼，中国信息通信科技集团下属锐光信通科技有限公司技术总监，高级工程师。曾获中国通信学会科学技术一等奖、湖北省技术发明二等奖、中国专利优秀奖等奖项及第十一批"3551光谷人才"资助。从事10余年光纤新产品与新工艺的研究与开发工作，发表各类期刊论文10余篇，参与/主持科技部重点研发专项、重大仪器专项、工信部工业转型升级项目等国家、省市纵向项目10余项，申请国家发明专利40余项，其中PCT专利（授权）2项。主持/参与起草光纤类国标2项、行标3项。

邵 帅

邵帅，锐光信通科技有限公司销售总监。主要负责保偏光纤、掺稀土光纤、光子晶体光纤、掺铒光纤等特种光纤销售工作。从事过光缆工艺、质量、市场、特种光纤销售等相关工作。参与《一种多波段使用的保偏光纤》《一种熊猫型保偏光纤》等10余项专利。带领的销售团队在光纤传感领域、激光领域均取得良好销售成绩。

塑料光纤的研究进展与工业智能化应用
Research progress and industrial intelligent application of plastic optical fiber

储九荣

储九荣　孔德鹏　张海龙　袁　苑　张用志　李乐民　刘中一
四川汇源塑料光纤有限公司

摘　要：塑料光纤因无电磁干扰和辐射、抗干扰能力极强、可靠性和保密性强，光缆具有轻质、柔软、易耦合等特点，被广泛应用于数据通信、工业控制、消费电子、传感器及装饰照明等领域。本文重点介绍了连续反应共挤热扩散法制备GI-POF的工艺；为利用太赫兹波的特性，对用于传输太赫兹波的光子晶体光纤也做了深入研究；此外介绍了塑料光纤通信链路的研究进展和在工业智能化中的应用。
关键词：塑料光纤　GI-POF　太赫兹　微结构光纤　通信链路 工业智能化

1. 前言

塑料光纤（Plastic Optical Fiber，POF）也称作聚合物光纤（Polymer Optical Fiber），是以高折射率的高分子光学透明材料作为纤芯，以低折射率的高分子光学透明材料作为包层。POF无电磁干扰和辐射、抗干扰能力极强、可靠性和保密性强，具有轻质、柔软、芯径大易耦合等特点，被广泛应用于工业控制、消费电子和传感器、汽车工业、装饰照明等领域。

梯度型塑料光纤（Graded-Index Plastic Optical Fiber，GI-POF）采用从纤芯到包层折射率逐渐降低的梯度折射率分布，减小了模式色散，解决了阶跃型塑料光纤（SI-POF）带宽低的问题，信号传输带宽在100m范围内可传输2.5Gbit/s。光子晶体光纤有着较大的设计自由度和与传统光纤相比优越的传输特性。光子晶体理论也被充分利用到太赫兹技术中，特别是基于二维光子晶体机理的太赫兹光子晶体光纤，成为太赫兹技术中的一个重要研究方向。

光收发器是塑料光纤通信链路的重要组成部分，由于塑料光纤在工业控制领域的大量应用，四川汇源塑料光纤公司对低速工控光收发器做了重点研究生产，并实现了几款产品的国产商品化。

2. 塑料光纤及器件的研究进展

2.1 GI-POF 的研究

GI-POF 的结构和传输模式[1]，如图 1 所示，其芯层折射率在光纤中心为最大 n_1，向外沿径向方向逐渐减小，直到包层处折射率为 n_2，折射率剖面分布曲线呈抛物线。理论证明这样的折射率分布可使光纤色散降低到最小，原因是：虽然不同模式（不同频率和波长）的光线以不同的路径在纤芯内传播，但因为光纤的折射率不是一个常数，所以不同模式的光线的传输速度也各不相同。沿光纤轴线传输的光线 1 速度最慢（这里的折射率 n_1 最大，传输速度 c/n_1 最小，c 为真空中光速），但传输的距离最短；光线 3 到达终点的传输距离最长，但其传输速度较快（光线路径上的折射率 n 较小，传输速度 c/n 较快）。最终不同模式的光线到达终点的时间几乎相同，输出光的脉冲展宽不大。当信号传输速率为 2.5Git/s 时，信号传输距离可达 100 m，信息传输容量比 SI-POF 大 100～200 倍，这样既保持了塑料光纤纤芯大的优势，又解决了带宽低的问题。

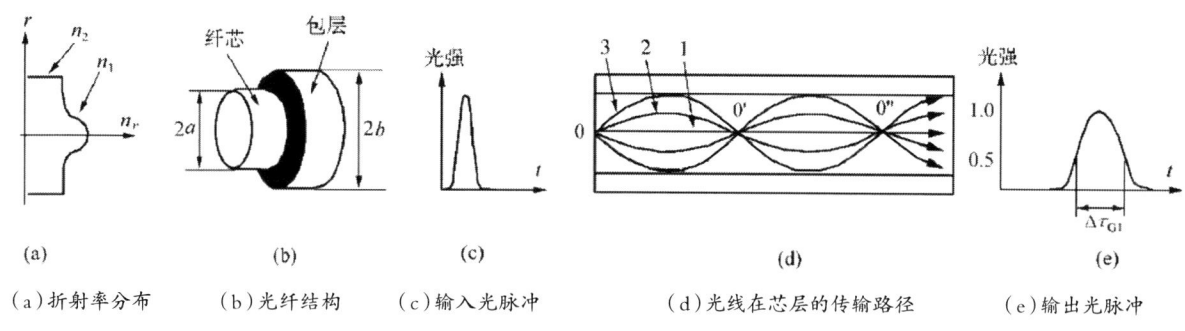

（a）折射率分布　（b）光纤结构　（c）输入光脉冲　（d）光线在芯层的传输路径　（e）输出光脉冲

图 1　GI-POF 传光原理

作为 GI-POF 的研究重点——制造工艺研究，应该着重研究解决的问题有：①设法降低衰减；②精确地控制折射率分布；③提高高温、高湿的稳定性；④改善弯曲损耗等。

目前，GI-POF 的主要制造工艺有两类：预制棒拉丝工艺和共挤出工艺。预制棒拉丝工艺借鉴了石英光纤的制备工艺，是研究比较成熟的制造工艺；共挤出工艺是一种连续高效的制造工艺，是发展的新热点，也是本文研究的重点。

共挤出工艺是一种连续制造 GI-POF 的工艺，采用连续反应共挤热扩散法[2]，四川汇源塑料光纤公司在实际研究过程中的工艺流程如图 2 所示。

连续反应共挤热扩散法的原料包括主单体甲基丙烯酸甲酯、惰性掺杂剂溴苯、增柔改性剂、引发剂以及链转移剂，各原材料首先需要1-提纯，主单体纯度≥99.99%，其他芯层材料分别提纯，提纯方法为常规的减压蒸馏、过滤等，以除去杂质、提高

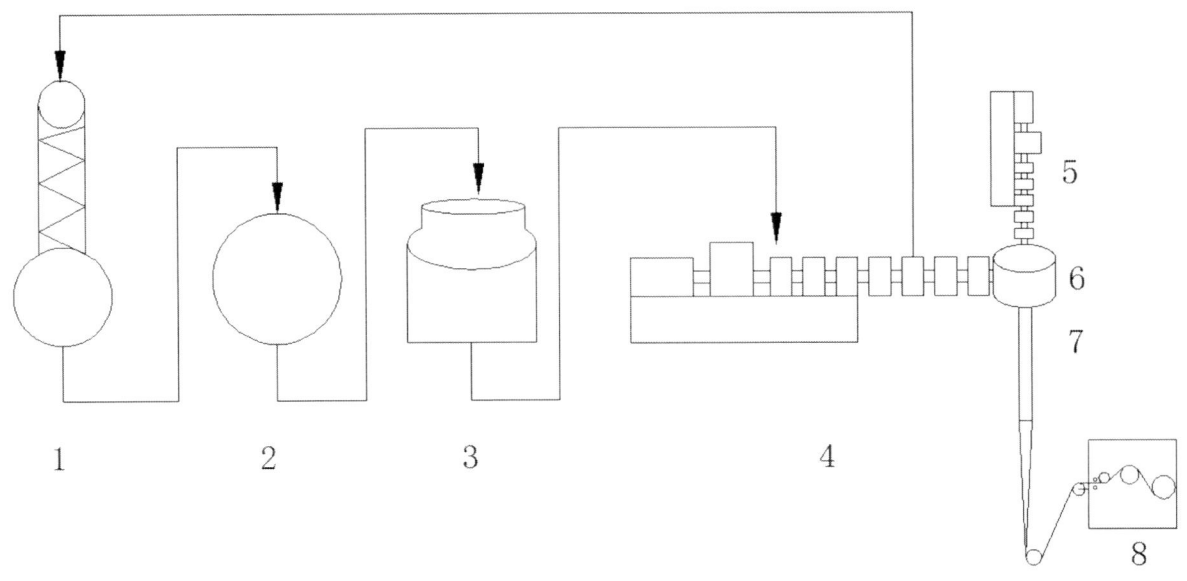

1-原料单体提纯　　2-配料混合　　3-本体聚合　　4-芯层连续反应挤出机　　5-包层挤出机
6-双层共挤模具　　7-热扩散成型区　　8-牵引收线机（含测径仪）

图2　共挤出工艺流程

纯度。提纯后的单体按质量百分浓度进行2-配料混合，各组分配比为：惰性掺杂剂3%～20%、增柔改性剂2%～20%、引发剂0～0.4%、链转移剂0～0.6%，主单体余量。混合后的配料输送到一个预聚灌进行3-本体聚合，本体聚合过程中，预聚灌的温度可以设置60～160℃，使其预聚转化率达到10%～50%；之后通过管路输送到4-芯层连续反应挤出机，继续提高转化率达到80%～90%，并在连续反应挤出机中脱单挤出。挤出的熔融物与另一台5-包层挤出机挤出的包层材料在6-共挤模具中汇合，共挤出形成圆截面的聚合物。聚合物从双层共挤模具出来后，通过一个温度控制7-热扩散成型区，双层聚合物的外径逐步由大变小，同时折率由内至外逐步随温度扩散，最后通过8-牵引收线机牵引卷绕上盘，完成生产。热扩散成型区的温度控制在160～200℃，停留时间10～20min，以保证掺杂剂扩散所需要的时间。由于挤出物中心惰性掺杂剂浓度最高，根据热扩散的原理，高折射率的掺杂剂小分子从高浓度区向低浓度区扩散，直至光纤冷却，扩散过程停止。通过扩散，掺杂剂浓度形成梯度型分布，如采用6%溴苯，可得到中心折射率n最大为1.50的聚合物，随着掺杂剂在挤出物中沿同心圆截面的径向由内到外的扩散，使原先单一的包层材料聚甲基丙烯酸甲酯PMMA（折射率1.49）出现溴苯浓度沿径向从6%减为0，而对应的折射率由1.50减为1.49，并形成均匀的梯度型分布，接近二次抛物线分布。另外，可以把光纤放入大于80℃的烘箱中恒温加热一定时间，进一步加强掺杂剂的扩散，优化折射率梯度分布，使其更接近二次抛物线分布，使带宽更大，达到 1GHz·100m。连续反应共挤热扩散法的整个生产过程采用密闭管路系统，最大限度地减少了杂质的进入，提高聚合物的透光率；而通过对转化率、掺杂剂的扩散率、扩散区的温度和长度等因素的调整，能够改变最后得到的掺杂剂浓度梯度，从而获得理想的折射率梯度分布曲线，利于提高光纤的带宽；通过连续稳定生产，可生产出损耗小于 0.2dB/m、带宽高于 1GHz·100m 的 GI-POF。

2.2 太赫兹聚合物光子晶体光纤

太赫兹（Terahertz, THz）波是一种频段介于微波和远红外波间（约 0.1～10 THz）的电磁波，有高带宽、低能量、相干性等特性，应用潜力巨大。研制高品质太赫兹光纤有助于实现太赫兹系统的轻量化、小型化，推动太赫兹技术的发展。太赫兹光纤的传输损耗主要来自材料吸收，而聚合物材料如高密度聚乙烯（High-density Polyethylene, HDPE）、聚四氟乙烯（Polytetrafluoroethylene, PTFE）、环烯烃聚合物（Cycio Olefins Polymer, COP）/ 共聚物（Cyclicolefin Copolymer, COC）等在太赫兹波段有高透明特性，是太赫兹光纤的首选基材；光子晶体光纤（Photonic Crystal Fiber, PCF，也叫微结构光纤 / 多孔光纤）有较大的设计自由度和与传统光纤相比优越的传输特性，故将聚合物光子晶体光纤作为太赫兹波导可实现太赫兹波的有效传输。

THz PCF 按结构分为实芯（Solid-core）、多孔芯（Porous-core）和空芯（Hollow-core）三大类，其导光机理各不相同。对前两类光纤来说：（1）若纤芯等效折射率大于包层，导光机理基于全内反射（Total Internal Reflection, TIR）；（2）若纤芯等效折射率小于包层，导光机理基于光子带隙（Photonic Bandgap, PBG）。对空芯 PCF，导光机理为 PBG 或抗共振（Anti-resonances, AR）。

THz PCF 的开拓者 H. Han 等人在 21 世纪初制造的以 HDPE 为基材的实芯 PCF 传输损耗 <2.2 dB/cm（0.1～3 THz）[3]，实芯 PCF 传输损耗可通过低吸收材料的选取降低，但可选种类有限，实芯 PCF 固有的高传输损耗使其逐渐淡出研究视野。表 1 为 THz PCF 近 10 年研究情况。多孔芯 PCF 由于纤芯中空气孔的引入减少了传输区域材料，传输损耗降低 [4-7, 9-11]。此外可看出对多孔芯 PCF，TIR-PCF 与 PBG-PCF 相比传输带宽更宽，因为 TIR-PCF 是利用高低折射率差形成的全内反射效应导光，包层气孔排列要求宽松，造成其高带宽属性。而 PBG-PCF 只能传输带隙范围内特定频率的光，包层中光子禁带的形成对气孔排列要求非常严格，导致其窄带宽。更进一步地，研究人员通过特殊设计将 THz 波限制在空气芯中传输，减少波与材料的相互作用，再次降低了传输损耗 [8, 12-14]，空芯 PCF 的传输损耗与多孔芯相比降低了一个数量级；此外，空芯 AR-PCF 的带宽较空芯 PBG-PCF 宽，因为对空芯 AR-PCF，满足谐振条件的光会被谐振出纤芯，其他不满足谐振条件的光被纤芯 - 包层界面反射回纤芯，从而实现光在空芯中的有效传输，而反谐振频谱很宽，造成其高带宽特性。

表1 THz PCF 近 10 年研究情况

剖面结构	传输机理	材料	纤芯直径（um）	带宽（THz）	传输损耗（cm^{-1}）	说明	年份
	PBG	COC	600	0.7～1.4	<0.4	芯中引入多孔，损耗降低	2011[4]
	PBG	COC	800	0.75～1.05	<0.25	采用钻拉工艺实现了近乎完美的孔结构	2012[5]
	TIR	COC	—	0.4～1.5	<0.2	高占空比的设计进一步降低了传输损耗	2013[6]
	TIR	COC	810	0.5～1.5	0.05～0.3	将 THz 波限制在亚波长直径的多孔芯中传输	2013[7]
	PBG	COC	—	1.4～1.6	0.03～0.1	>80% 的能量限制在空气芯中传输	2014[8]
	TIR	PE	—	0.3～1.5	0.025～0.15	引入梯度折射率分布，低损耗的同时降低了模间色散	2015[9]
	TIR	COC	360	0.6～1.5	0.0342	低损耗的同时实现了近零平坦色散	2017[10]
	TIR	COC	432	0.35～1	0.062	引入支撑壁从而构成梯度折射率悬浮芯结构，实现了近零平坦色散	2019[11]
	PBG	COP	—	2.51～2.71	0.0089	THz 波被很好地限制在空芯中，传输损耗大幅度降低	2020[12]
	AR	Clear V4 树脂	300*513	0.29～0.42	<0.0023	部分负曲率	2020[13]
	AR	COC	700	0.2～1	0.009 (0.82 THz)	完全负曲率，带宽进一步提升，同时保持低传输损耗	2021[14]

2.3 POF 光收发器的研究

POF 光收发器是塑料光纤通信链路的重要组成部分，根据应用领域和传输速率划分，可分为低速工控收发器和高速网络通信收发器。

低速工控收发器传输速率为 1～50MBd，650nm 光收发器是市场用量最大的光收发器，传输距离要求在 100m 以内。主要厂商有四川汇源、AVAGO、TOSHIBA、INFINEON、FIRECOMMS 等公司。

近年来，随着智能电力抄表系统的应用需求，日本滨松、爱尔兰 Firecomms、四川汇源相继开发了 520nm 的绿光收发模块，解决了 100m 以上、300m 以内塑料光纤传输距离的需求。

在低速工控收发器方面，5M、10M 国产 POF 光收发器在接收灵敏度和传输距离方面均已达到国际同类产品的先进水平，打破了国外长期垄断的局面。四川汇源收发器与低损耗的塑料光纤光缆配合使用，10MBd 650nm 传输距离可达 150m，10MBd 520nm 传输距离可达 300m；10MBd 650nm 和 520nm 光收发器与 PCF 光缆配合使用，链路传输距离可达到 1 000m。

图3 四川汇源产 HY-1521/2521、HY-1528/2528、HY-1428/2428 光收发器

高速网络通信收发器传输速率为 125Mbps～1.25Gbps，主要厂商有 TOSHIBA、AVAGO、FIRECOMMS、东莞一普。由于高速塑料光纤收发器在局域网通信中的应用量小，并且在芯片设计开发过程中需要投入大量资金，短期内难以产生良好的经济效益，因此国内设计开发高速塑料光纤收发器的企业相对后劲不足。

随着 5G 通信技术、车载网络、工业物联网技术、智能家居的应用发展需求，光收发器将向小型化、低成本、低功耗、高速率、高可靠性与高稳定性的方向发展。国产化或国产替代的机遇给我们打造生态营造了一个好的氛围，同时我们也要通过技术突破和应用创新来把握新兴市场的机遇。

3. 塑料光纤通信链路在工业智能化中的应用

3.1 电力信息智能抄表系统

目前电力信息智能抄表的主要方式有低压电力载波、RS485总线通讯、微功率无线通讯技术等，但这些抄表方式的实时性和可靠性不理想。塑料光纤是一种可用于通信线路的新型线缆，具有实时性好、可靠性高、耦合效率高、容量大、重量轻、不受电磁干扰、防雷电、柔韧性好、无需熔接等优异性能，其实时抄表的及时率和准确率可达到100%[15]。

塑料光纤在电力信息智能抄表系统的应用一般采用全光通信方案，其主回路双芯塑料光纤闭环、次回路单芯塑料光纤串联，方案结构如图4所示：需要新增POF采集器，更换集中器三相模块为塑料光纤集中器模块，更换电表模块为塑料光纤单相模块，这些仪器模块内置POF光收发器，以双芯闭环塑料光纤连接集中器和采集器，以单芯塑料光纤连接采集器和连接表箱所有电表。采集器、表模块具有自动中继功能，支持两级塑料光纤的故障定位、电表档案自动生成纠错、主回路光纤支持单点失效保护（任意一点光纤失效，不影响抄表功能），次回路支持任意两点光纤连接的故障指示。

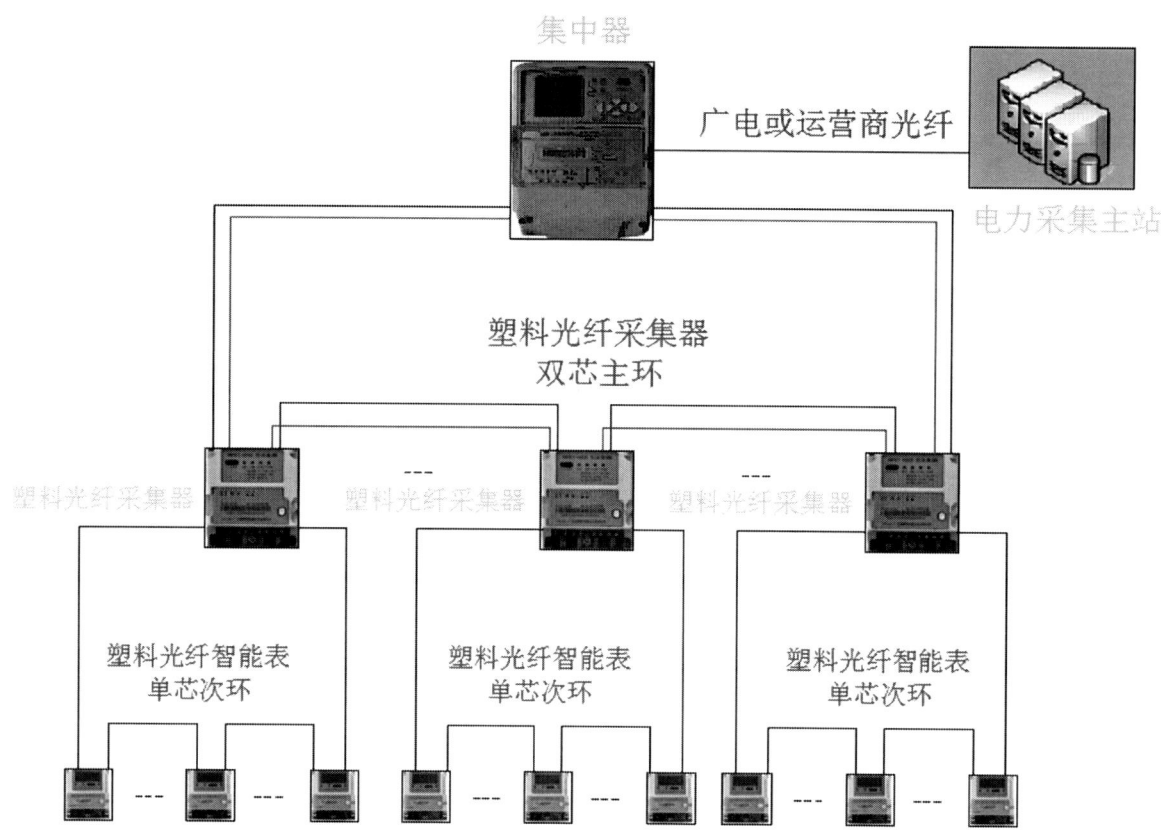

图4 塑料光纤在电力信息智能抄表系统的全光通信方案图

自2012年以来，中国电科院用电所在北京、广东、四川、重庆、广西、陕西等省进行基于塑料光纤的电力信息智能抄表试点应用，运行至今，抄收稳定、可靠、快速，一次抄收成功率均为100 %，取得了很好的运行效果；而贵阳供电局的试点工程[16]，以最高0.6s/次的采集频率进行了100万次不间断通讯测试，100%完全成功。如此高的采集频次及通讯成功率是低压电力载波、RS485总线通讯、微功率无线通讯技术所不能比的。

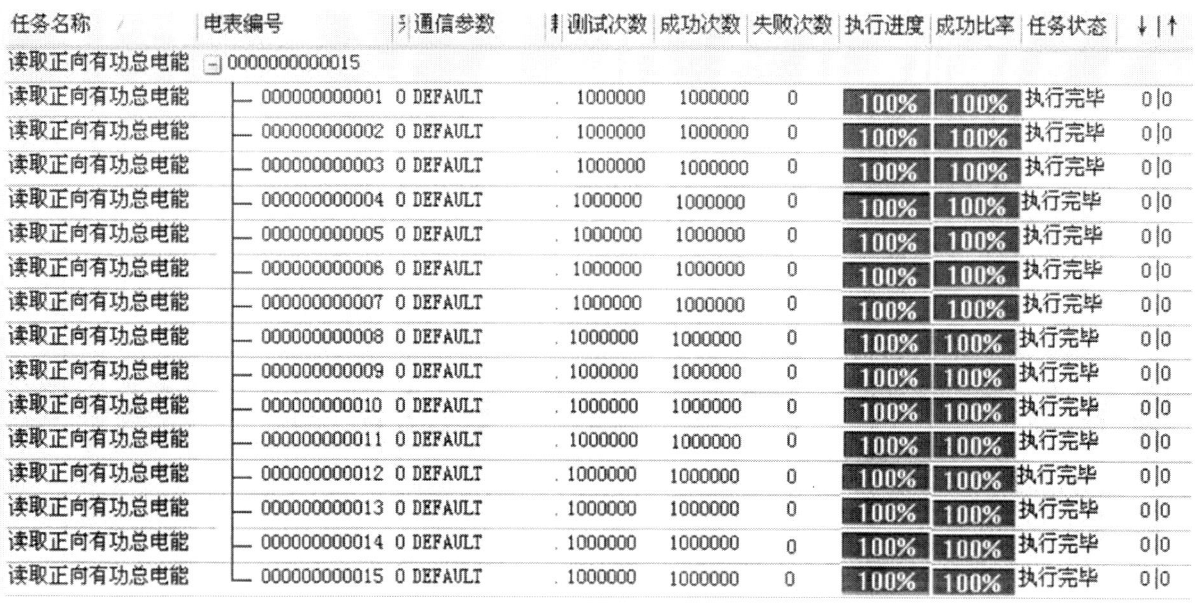

任务名称	电表编号	引	通信参数	扌	测试次数	成功次数	失败次数	执行进度	成功比率	任务状态	↓|↑
读取正向有功总电能	0000000000015										
读取正向有功总电能	000000000001	0	DEFAULT		1000000	1000000	0	100%	100%	执行完毕	0|0
读取正向有功总电能	000000000002	0	DEFAULT		1000000	1000000	0	100%	100%	执行完毕	0|0
读取正向有功总电能	000000000003	0	DEFAULT		1000000	1000000	0	100%	100%	执行完毕	0|0
读取正向有功总电能	000000000004	0	DEFAULT		1000000	1000000	0	100%	100%	执行完毕	0|0
读取正向有功总电能	000000000005	0	DEFAULT		1000000	1000000	0	100%	100%	执行完毕	0|0
读取正向有功总电能	000000000006	0	DEFAULT		1000000	1000000	0	100%	100%	执行完毕	0|0
读取正向有功总电能	000000000007	0	DEFAULT		1000000	1000000	0	100%	100%	执行完毕	0|0
读取正向有功总电能	000000000008	0	DEFAULT		1000000	1000000	0	100%	100%	执行完毕	0|0
读取正向有功总电能	000000000009	0	DEFAULT		1000000	1000000	0	100%	100%	执行完毕	0|0
读取正向有功总电能	000000000010	0	DEFAULT		1000000	1000000	0	100%	100%	执行完毕	0|0
读取正向有功总电能	000000000011	0	DEFAULT		1000000	1000000	0	100%	100%	执行完毕	0|0
读取正向有功总电能	000000000012	0	DEFAULT		1000000	1000000	0	100%	100%	执行完毕	0|0
读取正向有功总电能	000000000013	0	DEFAULT		1000000	1000000	0	100%	100%	执行完毕	0|0
读取正向有功总电能	000000000014	0	DEFAULT		1000000	1000000	0	100%	100%	执行完毕	0|0
读取正向有功总电能	000000000015	0	DEFAULT		1000000	1000000	0	100%	100%	执行完毕	0|0

图5　电力信息智能抄表测试情况

塑料光纤应用于电力信息抄表系统是具有创新性的示范项目，适应国家“低碳、节能、环保”的产业发展方向。

3.2 高压电力电子设备中的应用

塑料光纤连接的发射器与接收器之间没有直接的电连接，这有助于减轻地环路噪声问题，并且可隔离各种电压，以防止相互干扰。塑料光纤的另一特点是不产生附加辐射，对电磁干扰（EMI）不敏感，这将防止光纤干扰临近的导线，并防止临近导线的感应或耦合噪声干扰。因此POF通信链路相对于铜线应用于工业控制系统中具有明显的优势，尤其在高压变频器、高压SVG等高压电力电子设备中应用较多。

图6是典型高压变频器系统[17]，其系统两个主要部分是控制系统和主电路。控制系统包括主控系统、AD采样系统、保护系统和监控系统等，其中主控系统是整个系统的核心；主电路主要由集成门及换流晶闸管（IGCT）的逆变单元构成。光纤通信系统是各子系统之间的纽带，它同保护系统和AD采样系统一样跨越强、弱电区域。在变频器中，PC上位机是人机交互的主要平台，它可以通过光纤通信系统实现对整个变频器

系统的控制；监控系统主要用于对系统的实时监视、显示数据，保证系统的正常工作；主控系统采用多DSP结构，是整个系统的控制核心；内部接口系统主要负责接收并处理AD采样系统传送过来的数字信号，以及根据主控系统中DSP的计算结果，结合自身处理结果，发出PWM光脉冲控制主电路的IGCT；用户I/O系统收集并传送各种保护信号，监视驱动电源和直流母线上的短路情况，控制主回路电源的开合等；AD采样系统负责数据采集并转换成模拟信号，把相关的数字信号经过光纤通信系统发送到内部接口系统；保护系统通过测量故障点获得数据，在发生故障时将故障数据通过光纤通信系统发送至用户I/O系统处理，及时采取保护措施。因此，在该变频器中，光纤通信系统是其中很重要的组成部分，系统中的信号都通过光纤通信系统进行传输，包括子系统之间的通讯、IGCT的驱动以及各种保护信号的传输，这样不仅保证IGCT驱动信号和各种保护信号的快速准确传输，而且有效抑制各子系统之间由于强电磁环境造成的通讯干扰。

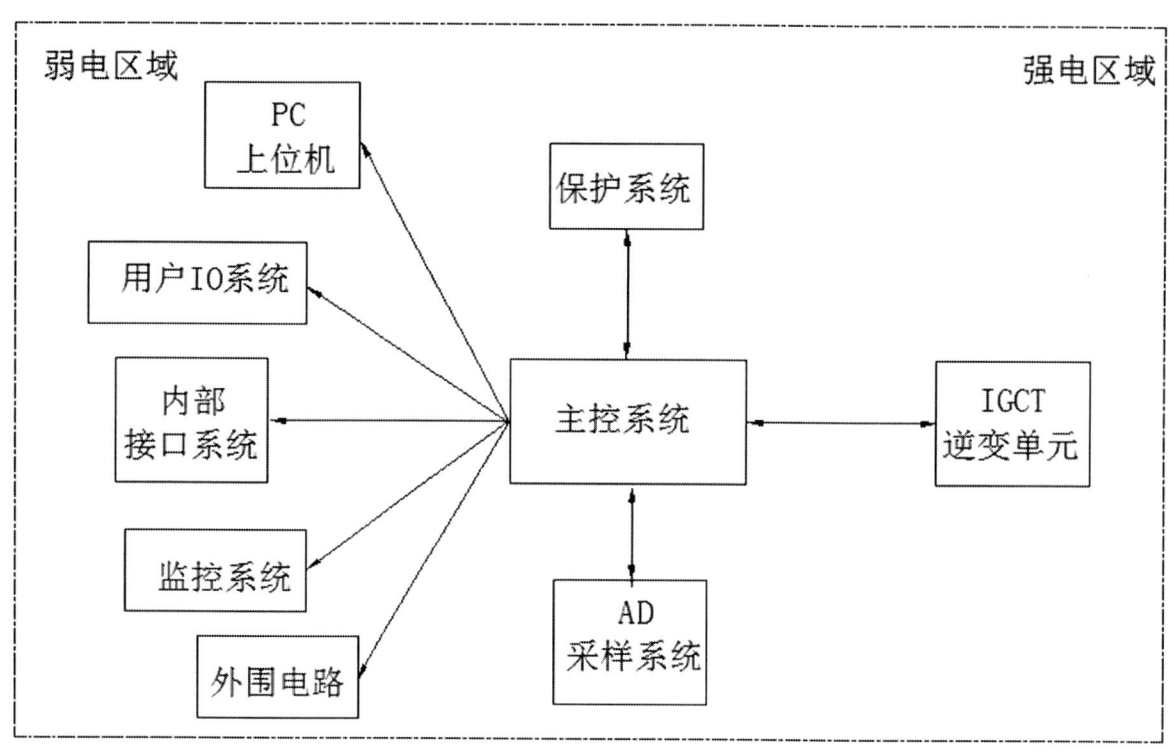

图6 典型高压变频器系统

高压电力电子设备的控制开关除IGCT外，另一种常用控制开关是绝缘栅双极晶体管（IGBT）。在以IGBT为控制开关的案例中，塑料光纤通信链路——POF跳线和POF光收发器在控制高电压和电流开关设备中，提供了可靠的控制和信号反馈。

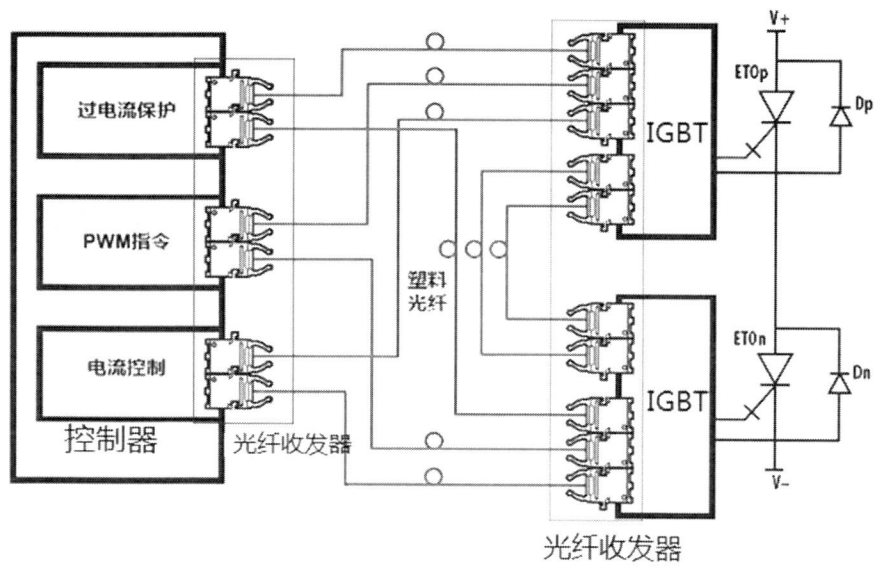

图7 POF通信链路在IGBT中的应用

3.3 汽车多媒体系统中的应用

早在 1998 年，由 BMW、Daimler Chrysler、Harman/Becker 和 OASIS Silicon Systems 建立了 MOST（媒体定向系统传输）标准。MOST 标准针对塑料光纤传输介质而优化，基于光纤的网络能够支持 24.8Mbps 的数据速率，与以前的铜缆相比具有减轻重量和减小电磁干扰（EMI）的优势，专门用于满足要求严格的车载环境。MOST 标准采用环形拓扑结构，各个控制单元之间通过塑料光纤相互连接而形成一个封闭环路，因此每个控制单元拥有两根塑料光纤，一根用于发射器，一根用于接收器，音频、视频信息在环形总线上循环，并由每个节点（控制单元）读取和转发，其应用如图8所示。

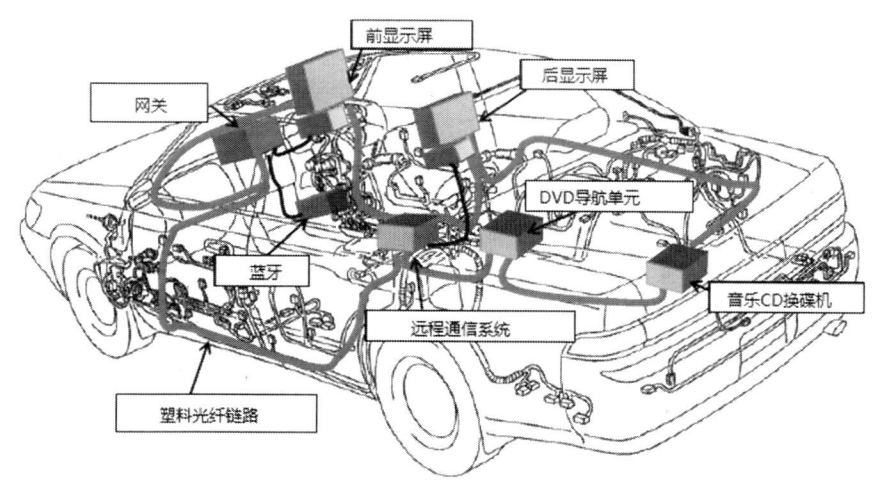

图8 基于塑料光纤的MOST标准拓扑结构图

汽车用塑料光纤通信链路由MOST专用塑料光缆配以符合MOST标准的插针、壳体、壳体盖、防尘帽、波纹管等组成，其常用汽车用塑料光纤连接线型号规格如图9所示。

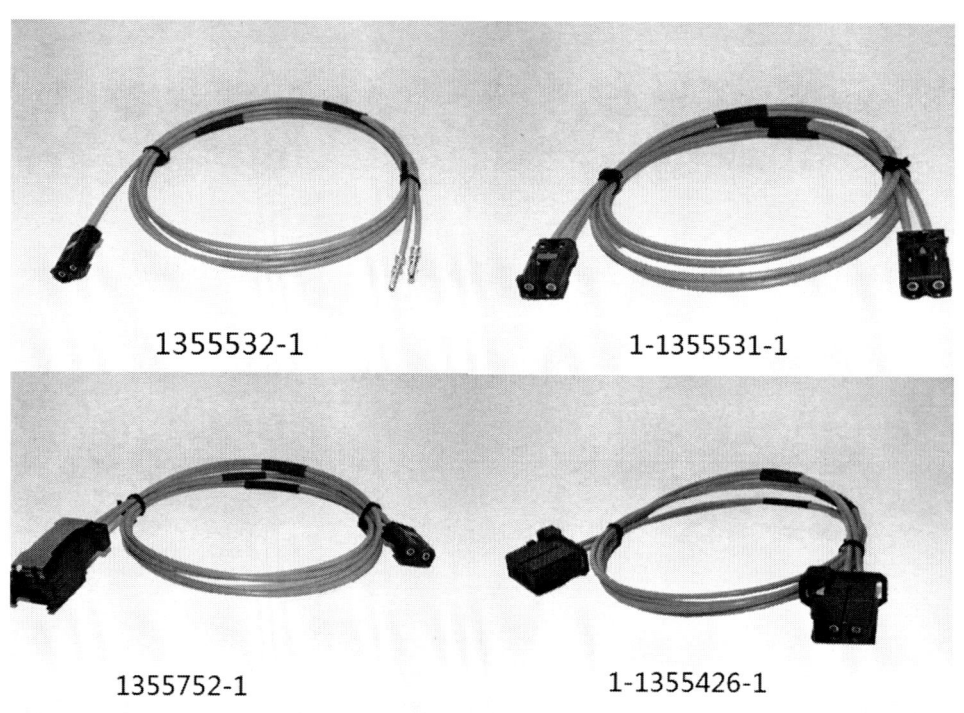

图9 常用汽车用塑料光纤连接线及器件

2017年，IEEE发布IEEE 803.3bv"以太网补充标准：1000Mbps POF光纤的物理层规范和管理参数"，为塑料光纤在千兆领域应用奠定基础。塑料光纤在汽车、工业以及家庭网络连接等短距离应用领域被认为有广泛的市场前景。IEEE指出，塑料光纤在汽车等领域的市场应用近年来不断增长，在一些对电磁环境要求严格的场合诸如工业自动化等领域，塑料光纤也有很大的应用前景。

西班牙塑料光纤通信芯片和模块开发商KDPOF在2020年2月份慕尼黑汽车以太网大会期间，展示了其25Gbps POF汽车用塑料光纤网络连接方案。该公司指出，凭借其EMC特性光纤将是最好的车内网络传输媒介，包括车内的控制模块互联、自动驾驶架构、驾驶员辅助系统、ADAS传感器互联等，未来这一方案有望写入IEEE 802.3的多G比特汽车用光PHY标准。2021年3月，KDPOF宣布推出新型集成光纤收发器（FOT）KD9351，可进一步降低千兆（1Gb/s）车载光学网络的成本。KD9351是一款将发射和接受光电子器件整合至一个组件，尺寸小，可支持100Mb/s甚至1Gb/s的光纤收发器。

基于塑料光纤通信链路的总线系统在汽车应用中有许多优点：POF光缆重量轻，以低成本获得高数据传输速率，抗电磁干扰且传输安全性强，无光纤间串扰，完全电绝缘，无接地回路，操作/连接容易，系统成本低。随着信息娱乐网路和ADAS系统日益增长的需求，塑料光纤通信链路的优势和技术进步，提供了一个可以满足汽车网络不断变化需求的高扩展性和灵活性解决方案。

4. 结束语

基于POF轻质、柔软、易耦合、抗干扰、可靠性和保密性强等特点，作为光纤通讯及光纤广泛用途中的特定补充，塑料光纤也将迎来新的机会：工业控制、消费电子和传感器、汽车工业、装饰照明等领域，随着研究的深入和技术的进步，新的应用和产品不断涌现，POF在整个光纤领域将发挥更加重要和独特的作用，也将具有更广阔的市场应用前景。

参考文献

[1] 郭毅，李庆春，信春玲.梯度折射率分布聚合物光纤制备工艺的进展[J]，中国塑料，2005（05），17-22.

[2] 储九荣，等.连续反应共挤热扩散法制备梯度型塑料光纤的方法[P]，中国专利：200910059259.2,2009-09-30.

[3] HAN H, PARK H, CHO M, et al. Terahertz pulse propagation in a plastic photonic crystal fiber[J]. Applied Physics Letters, 2002, 80（15）: 2634-2636.

[4] NIELSEN K, RASMUSSEN H K, JEPSEN P U, et al. Porous-core honeycomb bandgap THz fiber[J]. Optics letters, 2011, 36（5）: 666-668.

[5] BAO H, NIELSEN K, RASMUSSEN H K, et al. Fabrication and characterization of porous -core honeycomb bandgap THz fibers[J]. Optics Express, 2012, 20（28）: 29507-29517.

[6] 王豆豆，王丽莉. 低损耗传输太赫兹波的Topas多孔纤维设计[J]. 红外与激光工程, 2013, 42（9）: 2409-02413.

[7] 马天，孔德鹏，姬江军，等. 环烯烃共聚物多孔太赫兹纤维的设计与特性模拟[J]. 红外与激光工程, 2013, 42（3）: 632-636.

[8] 王豆豆，王丽莉，张涛，等. 低损耗高双折射太赫兹TOPAS光子带隙光纤[J]. 光子学报, 2014, 43（6）: 0606002.

[9] MA TIAN, MARKOV A, WANG LILI, SKOROBOGATIY. Graded index porous optical fibers – dispersion management in terahertz range[J]. Optics Express, 2015, 23（6）: 7856-7869.

[10] ISLAM M S, SULTANA J, ATAI J, et al.. Design and characterization of a low-loss, dispersion-flattened photonic crystal fiber for terahertz wave propagation[J]. Optik, 2017（145）: 398-406.

[11] MEI Sen, KONG De-peng, WANG Li-li, et al. Suspended graded-index porous core POF for ultra-flat near-zero dispersion terahertz transmission[J]. Optical Fiber Technology, 2019（52）:101946.

[12] YAN DEXIAN, MENG MIAO, LI JIUSHENG, WANG LI. Proposal for a symmetrical petal core terahertz waveguide for terahertz wave guidance[J]. Journal of Physics D: Applied Physics, 2020（53）: 275101.

[13] 穆启元, 祝远锋, 薛璐, 等. 部分负曲率太赫兹空芯波导研究[J]. 光子学报, 2020, 49（9）: 0923001.

[14] YANG ShUAI, ShENG XINZHI, ZHAO GUOZHONG, et al. 3D Printed Effective Single-Mode Terahertz Antiresonant Hollow Core Fiber[J]. IEEE ACCESS, 2021（9）: 29599-29608.

[15] 郝为民. 加强塑料光纤技术宣传开拓电力信息传输应用[J]. 电气应用, 2015年增刊, 2-3.

[16] 陈波. 基于塑料光纤的集抄方案研究[J]. 工业控制计算机, 2019,32（3）:159-160.

[17] 崔志良, 赵争鸣, 等. 高压大容量变频器中光纤通信系统研究[J]. 电工电能新技术, 2005,24（4）: 72-76.

作者简介

储九荣, 博士后, 正高级工程师, 塑料光纤制备与应用国家地方联合工程实验室主任, 四川汇源塑料光纤公司总经理。从事塑料光纤及器件研究20余年, 成功研发的低损耗塑料光纤、650nm工控级光收发器件, 填补了国内空白, 替代进口。承担制订了"通信用塑料光纤"国家通信行业标准, 申请发明专利10余项、实用新型专利30余项。先后获得四川省青年科技奖, 中国科协、科技部、国家发改委联合评定的"技术标兵"以及成都市"优秀共产党员""五一劳动奖章""人才培养计划""第十批有突出贡献的优秀专家"等荣誉称号。

孔德鹏, 博士, 副研究员, 硕士生导师。2008年参加工作, 先后任中科院西安光机所瞬态光学与光子技术国家重点实验室信息光子学研究室副主任（主持工作）、光子功能材料与器件研究室副主任、特种聚合物光纤方向学科带头人, 中国生物物理学会太赫兹生物物理分会委员及集体会员负责人。为美国光学学会（OSA）会员、中国光学学会高级会员、中科院青促会会员。长期致力于特种聚合物光纤和光纤器件方面的研究, 主要包含聚合物太赫兹波导纤维、聚合物传像光纤、聚合物光纤面板、聚合物闪烁材料等。在 *Optics Letters*、*Journal of Lightwave Technology*、*Applied Materials Today*、*ACS Applied Nano Materials* 等SCI期刊上发表学术论文30余篇。主持某委"H863"计划项目、国家自然科学基金等国家项目, 并为多项国家任务提供关键技术支撑。

孔德鹏

张海龙, 高级工程师。2001年参加工作, 任四川汇源塑料光纤有限公司技术研发部经理、副总经理。长期从事低损耗塑料光纤理论、材料与生产技术及应用开发研究, 有4项科研项目通过四川省科技厅鉴定, 其中"可具色条标识的耐热塑料光纤光缆研制"项目获得成都市科学技术进步奖二等奖和崇州市科学技术进步奖一等奖。累计申请发明专利（实用新型）30项, 发表论文10余篇。2020年获成都市"劳动模范"和崇州市"优秀人才"等荣誉称号。

张海龙

袁苑

袁苑，女，2015年获得西北大学理学学士学位，目前就读于中国科学院大学，在中国科学院西安光学精密机械研究所攻读博士学位。主要从事轨道角动量光纤通信与太赫兹波导方面的研究。

张用志

张用志，工程师。2001年参加工作，任四川汇源塑料光纤有限公司光模块事业部经理。主要研究方向为塑料光纤光收发器的应用开发和质量控制。

李乐民

李乐民，中国工程院院士，电子科技大学宽带光纤传输与通信系统技术国家重点实验室教授。为中国通信学会理事、学术工作委员会委员，四川省科学技术顾问团成员，国家教委科技委信息部成员，《通信学报》编辑委员会委员，第六、第七、第八届全国人大代表。1980年4月被评为四川省劳动模范，1989年被评为全国先进工作者，1997年11月当选为中国工程院院士。共发表论文160余篇，出版专著1部，完成10余项重大科研任务，获国家级、省部级奖16项。

刘中一

刘中一，硕士，高级工程师，四川汇源塑料光纤有限公司董事长。为光纤光缆行业知名技术专家与企业家，研发的"SZ绞型光纤带光缆"曾获"国家新产品奖"及国家知识产权局与世界知识产权局联合颁发的"中国专利金奖"。他领导的企业获得国家科技部认定的高新技术企业、四川省"小巨人计划"企业、四川省企业技术中心、成都市46家工业重点优势企业、成都市工业50强、四川名牌产品称号、四川省及成都市科技进步奖等多项荣誉。他研发的通信光缆、电力光缆、带状光缆等产品累计实现销售50亿元以上。

杨建义

硅基光子器件研究进展与发展趋势
Progress and development trend of silicon photonic devices

杨建义　张肇阳　叶立傲　刘笑之　苏梁灏　王曰海

浙江大学信息与电子工程学院微电子集成系统研究所

浙江大学现代光学仪器国家重点实验室

摘　要：硅基光子器件因其可实现低成本、高集成度、低功耗和低噪声的片上光学系统，在领域内产生了一场深刻的变革。本文回顾了过去的几年中硅基集成光子基本器件的研究进展，这些工作为大规模、高性能、可实现复杂功能的集成光学系统奠定了基础。

关键词：硅基光子学　光子集成回路　集成光子器件

1. 引言

光子作为新的信息载体成为学术界工业界的关注焦点，其中硅材料的良好特性和CMOS工艺兼容的优势使得硅基光子技术在实现低成本、高传输速率、低功耗的光子集成回路方面具有明显优势。通过近20年高速发展，硅基光子技术从功能器件到集成芯片、从制备技术到封装测试等逐步积累完善，已经开始进入应用。当然，持续指数发展的数字经济对信息技术的需求，使得硅基光子技术必须保持不断提升，以支撑未来应用的需要。

本文主要从功能器件的角度，结合研究进展情况，来分析硅基光子学的发展趋势；这些功能器件包括片上异质集成光源、硅基光学调制器、锗硅探测器、波分复用器、光量子集成、片上非线性等。

2. 硅基集成光子器件

2.1 片上异质集成光源

硅材料的间接带隙结构和晶体中心反演对称性无法实现高效的受激辐射，限制了硅基光电子有源和无源器件的集成化；近年来一系列量子点激光器的突破性工作，展示了量子点激光器在未来科学和商业应用中的前景。2019年加州大学圣巴巴拉分校

Jonathan Klamkin 课题组实现了硅衬底上直接外延生长的1 550nm 电泵浦激光器，室温下最大连续输出功率为18mW[1]。同年加州大学圣巴巴拉分校 John E. Bowers 课题组实现了硅衬底直接生长的量子点可调激光器，边缘模式抑制比 >45dB，室温下波长可调范围16nm，输出功率 >2.7mW[2]。

2.2 硅基光调制器

高速硅基光学调制器由于其低成本、低功耗、集成度高，同时有 CMOS 工艺兼容等特点在工业界和学术界都受到了广泛关注，被广泛应用于数据中心、微波光子、5G回传等场景。为了满足急剧增长的数据通信带宽需求，基于载流子耗尽型马赫-曾德尔调制器、载流子耗尽型微环调制器、电吸收调制器、铌酸锂薄膜调制器等工作不断涌现，高阶调制格式及相干光探测技术的使用进一步提高了频谱利用率。

载流子耗尽型马赫-曾德尔调制器受制于有限的调制效率导致的模拟带宽和驱动功率间的相互约束，主要采用高阶调制格式加速光通信链路。2020年 NeoPhotonics 采用载流子耗尽型纯硅 IQ 调制器实现了单波长 120Gbaud QPSK 和 100Gbaud 32-QAM 通信[3]；同年，McGill 大学 David V. Plant 课题组基于光电共封装多段马赫-曾德尔调制器，采用 80Gbaud PAM-8 首次实现了单波长 240Gbit/s 数据传输，调制器功耗为 73fJ/bit[4]。

载流子耗尽型微环调制器基于谐振腔效应具有更小的器件尺寸及更高的能量效率。2020年 Intel 展示了具备片上集成光源及共封装 28nm CMOS 驱动的单波长 112Gbit/s PAM4 微环调制器[5]；同年国家信息光电子中心展示了 67GHz 带宽的硅基微环调制器，$V\pi L$ 仅为 0.8Vcm，同时实现了单波长 200Gbit/s PAM4 光通信链路[6]。

锗硅电吸收调制器基于 Franz-Keldysh 效应实现信号调制，其较小的尺寸带来了更小器件电容和更低功耗。2020年贝尔实验室基于锗硅电吸收 IQ 调制器，分别实现了 50Gbaud 16QAM 和 100Gbaud SP-QPSK 信号产生[7]。当然，电吸收调制器存在适用波长太窄的问题。

铌酸锂材料作为一种低损耗具备强 Pockels 效应的电光材料，被广泛用于光通信系统中。传统的铌酸锂调制器，其波导由体材料扩散掺杂形成，较弱的光场限制难以降低器件尺寸。近年来薄膜铌酸锂调制器逐渐成为高速光调制器实现的又一选项。2018年哈佛大学报道了 3dB 带宽为 100GHz 的铌酸锂薄膜调制器，其半波驱动电压为 4.4V，波导传输损耗为 0.2dB/cm，器件插入损耗小于 0.5dB[8]。2019年，中山大学基于硅与铌酸锂混合集成工艺，实现了 3dB 带宽大于 70GHz 的混合集成硅上铌酸锂调制器（如图1所示），并实现了 100Gbit/s OOK 及 112Gbit/s PAM-4 信号调制[9]。

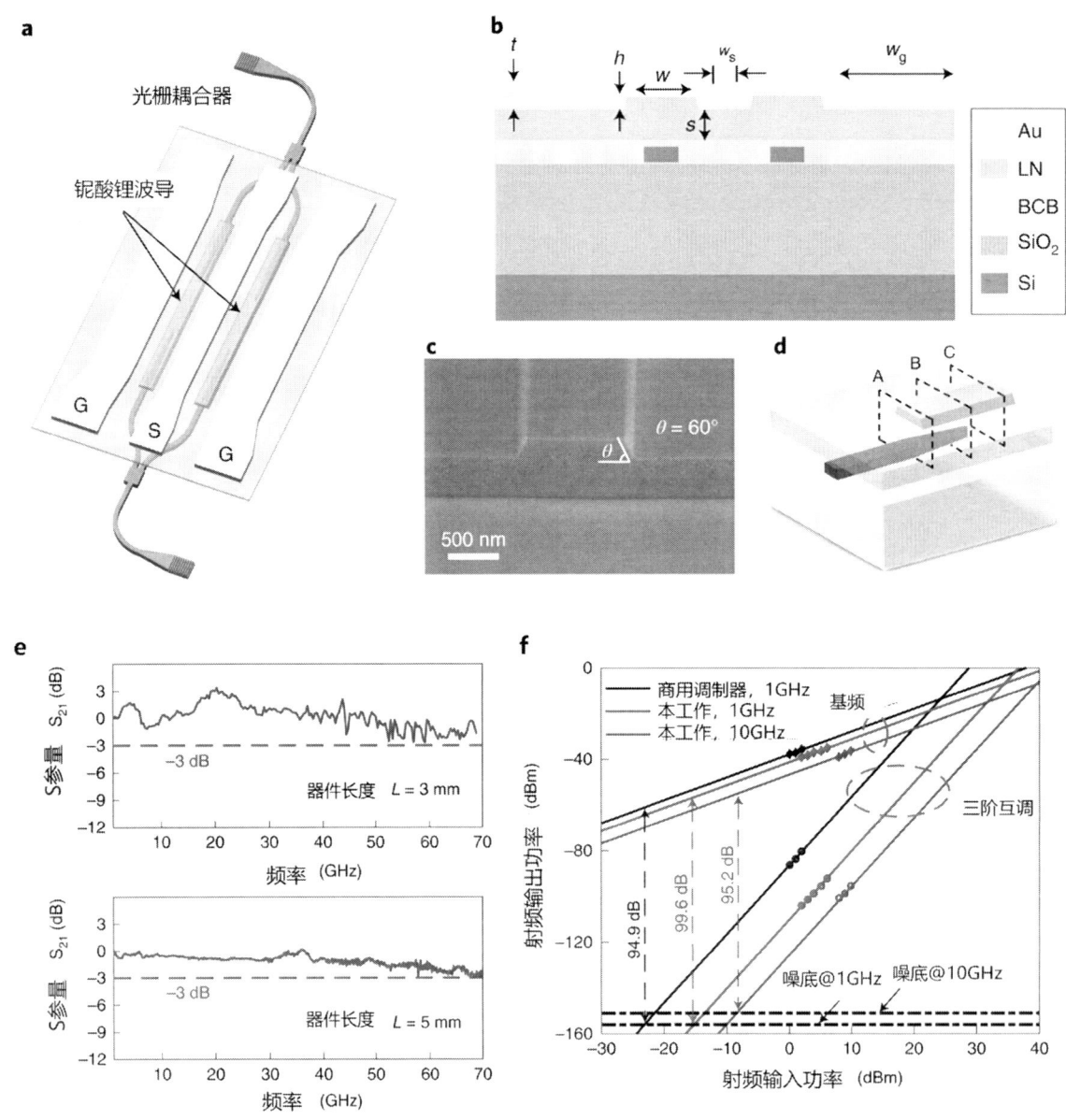

(a) 器件整体结构示意图 (b) 硅/铌酸锂混合波导截面示意图 (c) 硅/铌酸锂混合波导截面SEM图像 (d) 器件波导垂直耦合结构 (e) 长度分别为3mm及5mm的调制器带宽（s_{21}参量） (f) 不同频率下器件与商用调制器基频与三阶交调对比

图1 硅基铌酸锂薄膜电光调制器[9]

2.3 锗硅探测器

高速硅锗波导光电二极管是硅基光电子学平台的关键器件，被广泛应用于大容量数据通信、微波光子学等场景，但是器件电学集成参数限制了锗硅探测器的工作带宽。2016年比利时微电子研究中心展示了带宽达67GHz的硅锗波导光电探测器，其1550nm响应度为0.74A/W，工作暗电流<4nA[10]。2021年华中科技大学张新亮团队

通过综合优化器件寄生参数，在不牺牲响应度与暗电流性能的前提下，实现了高达80GHz带宽的锗硅探测器，如图2所示，响应度为0.89A/W，工作暗电流为6.4nA[11]。

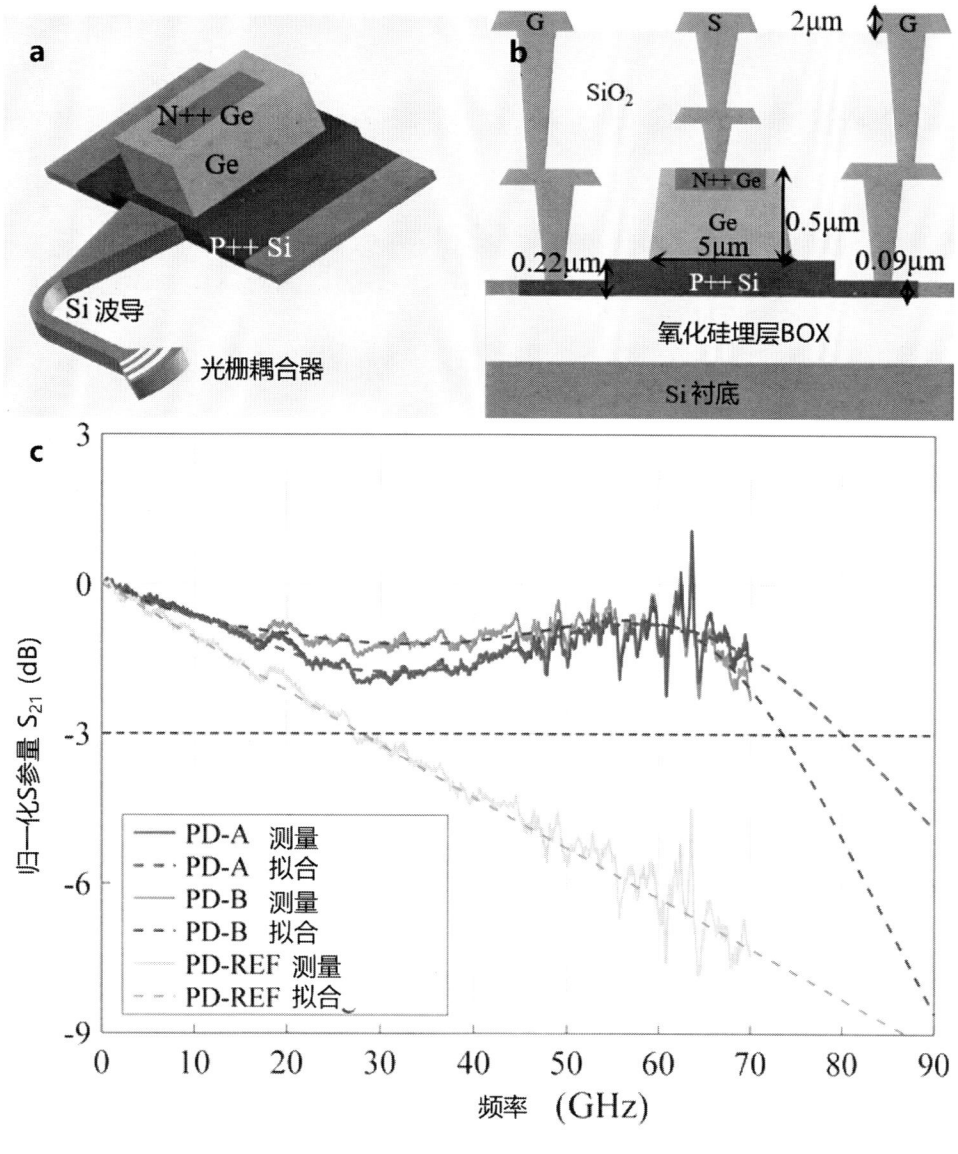

（a）器件结构示意 （b）器件横截面示意图 （c）器件频率响应测试结果

图2　高速锗硅探测器[11]

2.4 波分复用器件

在光通信系统中将携带着不同信息的多波长光信号在同一波导中传播能够倍增传输容量，因此复用/解复用器是波分复用系统中重要的核心器件。在硅基光电子学中实现波分复用的方法主要有阵列波导光栅（Array waveguide grating，AWG）、阶梯衍射光栅（Echelle Diffraction Grating，EDG）、级联马赫 - 曾德滤波器（Mach-Zehnder lattice filters，MZI-LFs)、微环谐振器（Micro-ring interferometers MRI）等。

2017年，浙江大学何建军团队提出一种AWG像差改进方法，使得其边缘通道光谱响应相对于传统设计得到了显著改善[12]。MZI-LFs由多级马赫-曾德滤波器级联而成，有限的损耗来自波导侧壁散射等因素，易于实现具有平坦通道的高效波分复用器，此外各级波导上的热电极为补偿MZI-LFs中心波长漂移提供了更大的灵活性和自由度。2021年浙江大学戴道锌团队基于MZI提出了一种低串扰和制造公差容忍度好的四通道CWDM滤波器，在工作波长范围内，插入损耗小于1.2dB，串扰小于-22dB，宽度误差容差为70nm[13]。2017年何建军团队基于SOI平台实现了65输入129输出的EDG，如图3所示，测量损耗-2dB，串扰低于-20dB[14]。

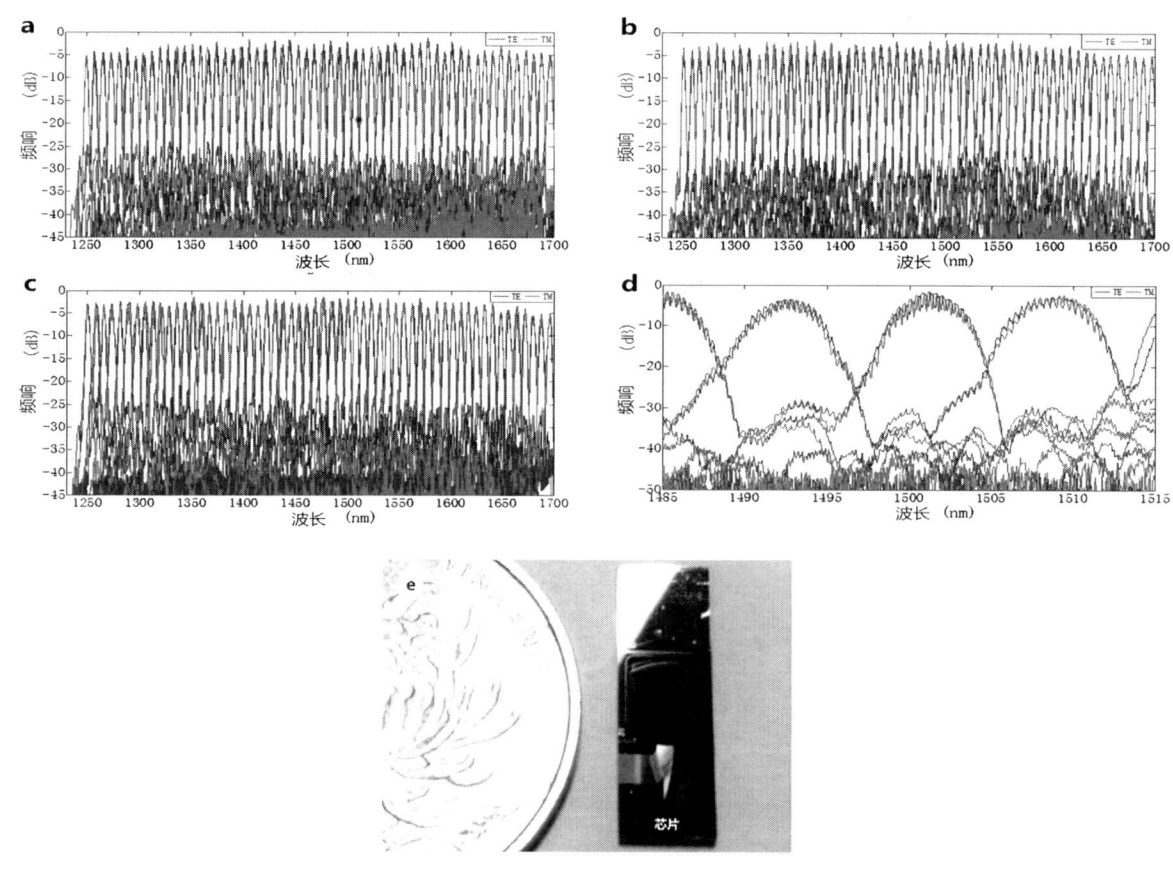

（a）通道1输入测试光谱 （b）通道33输入测试光谱 （c）通道65输入测试光谱 （d）局部光谱偏振特性 （e）芯片照片

图3　65输入129输出EDG芯片[14]

2.5 片上非线性

非线性光学是现代光学的一个分支，研究介质在强相干光作用下产生的非线性现象及其应用。全光信号处理因其高速、带宽、低损耗、抗电磁干扰能力强等优点而受到广泛关注。三阶非线性光学过程是全光信号产生和处理的基础，无需将光信号转换为电信号即可实现超高的处理速度。

硅基材料的二阶非线性光学响应较小，因为硅基中心对称，缺乏反演对称，阻碍了二次谐波产生（SHG）。2021 年 2 月，美国国家标准与技术研究院（NIST）的卡蒂克·斯里尼瓦桑（Kartik Srinivasan）等人在 Si3N4 平台上，设计了利用强有效 χ（2）非线性和共振增强的器件，实现了毫瓦级功率的二次谐波产生（SHG）输出[15]。

硅材料在近红外波段的强双光子吸收限制了其三阶 Kerr 非线性性能。2021 年 6 月，斯威本科技大学的 Yuning Zhang 等人将二维层状氧化石墨烯薄膜集成在硅纳米线波导上，同传统硅纳米线相比，有效非线性参数和非线性优值（FOM）分别提高了 52 倍和 79 倍[16]。

2021 年 5 月，普林斯顿的 Chaoran Huang 课题组将基于微环谐振器（MRR）辅助马赫 - 曾德干涉仪（MZI）的集成器件用于非线性光信号处理如全光阈值和无时钟脉冲雕刻，并将其用于光学互连和光子神经网络中的系统级应用。图 4 给出了器件光路结构和芯片照片，可见片上光学非线性具有极大的应用潜力[17]。

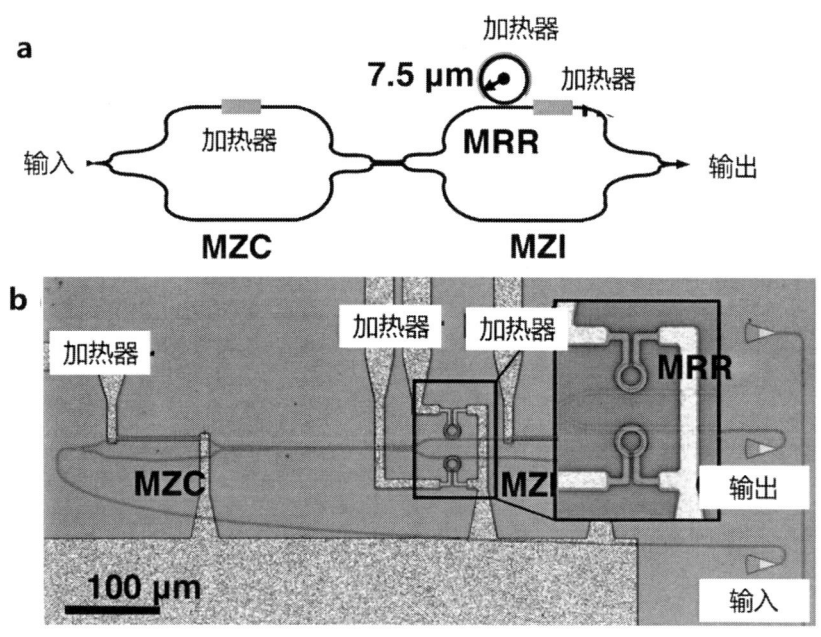

图 4　非线性光学器件结构图和光学显微镜照片[17]

2.6 硅基光量子集成

硅基光量子集成技术的发展有望实现量子态制备、量子信息处理和量子态探测这 3 个量子过程的单片集成，在量子通信、量子计算和量子模拟等领域具有极大潜力。从 2008 年少数几个集成器件的 2 光子非可编程光量子回路（图 1a）[18]，到 2018 年 671 个集成器件的 16 光子可编程光量子回路（图 1b）[19]，硅基光量子芯片的集成度得到了显著提升。2021年加拿大Xanadu公司的J. M. Arrazola和V. Bergholm团队在氮化硅平台上设计并制备了一款可编程光量子计算原型芯片（图1c）[20]，该芯片包含泵浦光分束、压缩光产生、滤波、可编程线性干涉仪网络4个部分，可生成4对双模压缩真空态光子对、并可对其作任意的四维幺正变换。经实验验证，该芯片可用于解决高斯-玻色采样、分子的振动光谱和图相似性问题，并且该芯片集成度易扩展到数百个光子和光学模式，未来有望通过硅基光量子芯片解决经典计算机难以解决的问题。

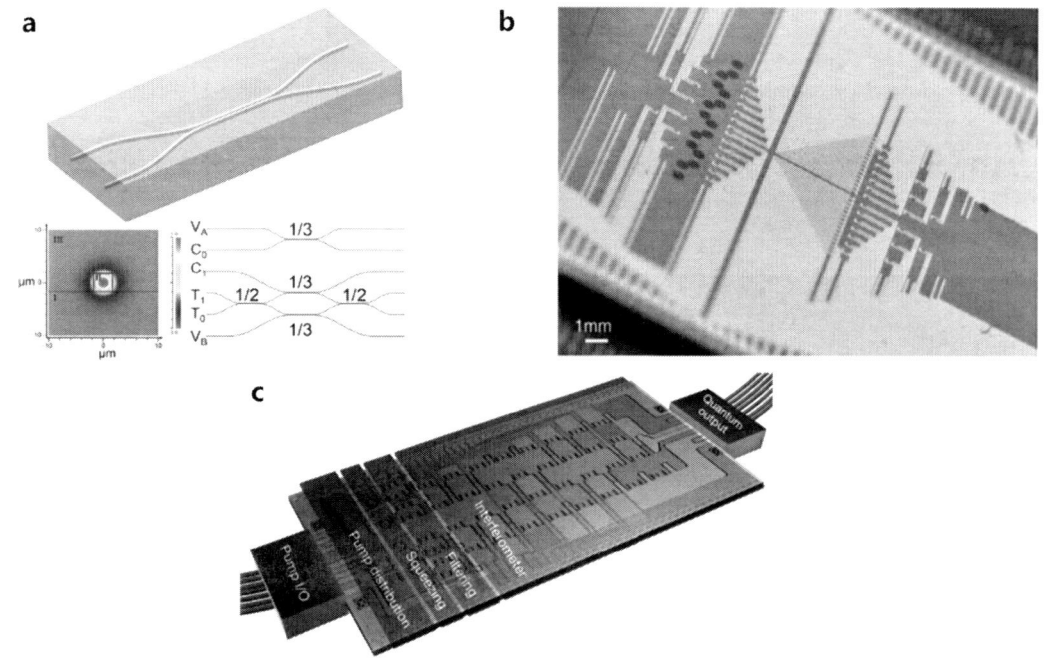

(a)首个在二氧化硅平台上制备的2光子CNOT门芯片[18] (b)671个硅基光子器件单片集成的可编程光量子硅芯片[19]
(c)可编程、易扩展的光量子氮化硅芯片[20]

图5 硅基光量子集成芯片

3. 结束语

因其利用现有CMOS制造和封装技术进行大批量和低成本制造的潜力，硅光子学已在城域和短距离高速数据传输应用场景中得到了广泛应用。围绕应用需求，硅基光子在器件技术方面保持快速发展。在硅基光源方面，人们依然在努力挑战片上集成技术，量子点技术会是主要方向，目前已经取得一定成果。在硅基光调制器方面，随着调制速率的进一步提升，片上铌酸锂正被视为未来高速调制的主要解决方案。此外，III-V族半导体材料尤其是磷化铟，近年来通过异质集成方法将包括激光器、放大器、电吸收和电光调制器和高功率光电探测器等器件制备到SOI晶片[21]，扩展了硅基光子集成套件方案，这也是硅基光子学发展的又一趋势。

参考文献

[1] ShI B, ZhAO H, WANG L, et al. Continuous-wave electrically pumped 1550 nm lasers epitaxially grown on on-axis (001) silicon [J]. Optica, 2019, 6 (12): 1507-1514.

[2] WAN Y, ZhANG S, NORMAN J C, et al. Tunable quantum dot lasers grown directly on silicon [J]. Optica, 2019, 6 (11): 1394-1400.

[3] ZhOU J, WANG J, ZHANG Q. Silicon Photonics for 100Gbaud; proceedings of the Optical Fiber Communication Conference (OFC) 2020, San Diego, California, F 2020/03/08, 2020 [C]. Optical Society of America.

[4] JACQUES M, XING Z, SAMANI A, et al. 240 Gbit/s Silicon Photonic Mach-Zehnder Modulator Enabled by Two 2.3-Vpp Drivers [J]. Journal of Lightwave Technology, 2020, 38 (11): 2877-2885.

[5] LI H, BALAMURUGAN G, SAKIB M, et al. A 112 Gb/s PAM4 Silicon Photonics Transmitter With Microring Modulator and CMOS Driver [J]. Journal of Lightwave Technology, 2020, 38 (1): 131-138.

[6] ZHANG Y, ZHANG H, LI M, et al. 200 Gbit/s Optical PAM4 Modulation Based on Silicon Microring Modulator [C]. 2020 European Conference on Optical Communications (ECOC), 2020: F 6-10.

[7] MELIKYAN A, KANEDA N, KIM K, et al. Differential Drive I/Q Modulator Based on Silicon Photonic Electro-Absorption Modulators [J]. Journal of Lightwave Technology, 2020, 38 (11): 2872-2876.

[8] WANG C, ZHANG M, CHEN X, et al. Integrated lithium niobate electro-optic modulators operating at CMOS-compatible voltages [J]. Nature, 2018, 562 (7725): 101-104.

[9] HE M, XU M, REN Y, et al. High-performance hybrid silicon and lithium niobate Mach–Zehnder modulators for 100 Gbit s−1 and beyond [J]. Nature Photonics, 2019, 13 (5): 359-364.

[10] ChEN H, VERHEYEN P, DE HEYN P, et al. -1 V bias 67 GHz bandwidth Si-contacted germanium waveguide p-i-n photodetector for optical links at 56 Gbps and beyond [J]. Opt Express, 2016, 24 (5): 4622-4631.

[11] ShI Y, ZHOU D, YU Y, et al. 80 GHz germanium waveguide photodiode enabled by parasitic parameter engineering [J]. Photonics Research, 2021, 9 (4): 605-609.

[12] ZOU J, LE Z, HU J, et al. Performance improvement for silicon-based arrayed waveguide grating router [J]. Opt Express, 2017, 25 (9): 9963-9973.

[13] XU H, DAI D, SHI Y. Low-crosstalk and fabrication-tolerant four-channel CWDM filter based on dispersion-engineered Mach-Zehnder interferometers [J]. Opt Express, 2021, 29 (13): 20617-20631.

[14] YANG M, LI M, HE J. Polarization insensitive arrayed-input spectrometer chip based on silicon-on-insulator echelle grating [J]. Chin Opt Lett, 2017, 15 (8): 081301.

[15] LU X, MOILLE G, RAO A, et al. Efficient photoinduced second-harmonic generation in silicon nitride photonics [J]. Nature Photonics, 2021, 15 (2): 131-136.

[16] ZHANG Y, WU J, QU Y, et al. Optimizing the Kerr nonlinear optical performance of silicon waveguides integrated with 2D graphene oxide films [J]. Journal of Lightwave Technology, 2021: 1.

[17] HUANG C, JHA A, LIMA T F d, et al. On-Chip Programmable Nonlinear Optical Signal Processor and Its Applications [J]. IEEE Journal of Selected Topics in Quantum Electronics, 2021, 27（2）: 1-11.

[18] POLITI A, CRYAN M J, RARITH J G, et al. Silica-on-Silicon Waveguide Quantum Circuits [J]. Science, 2008, 320（5876）: 646.

[19] WANG J, PAESANI S, DING Y, et al. Multidimensional quantum entanglement with large-scale integrated optics [J]. Science, 2018, 360（6386）: 285.

[20] ARRAZOLA J M, BERGHOLM V, BRÁDLER K, et al. Quantum circuits with many photons on a programmable nanophotonic chip [J]. Nature, 2021, 591（7848）: 54-60.

[21] DAVENPORT M L, SKENDŽIĆ S, VOLET N, et al. Heterogeneous Silicon/III–V Semiconductor Optical Amplifiers [J]. IEEE Journal of Selected Topics in Quantum Electronics, 2016, 22（6）: 78-88.

作者简介

杨建义，浙江大学信息与电子工程学院院长、教授。主要研究方向为集成光电子、智能感知与信息传输。曾主持多个"973""863"、国家自然科学基金项目，相关研究成果曾获国家技术发明奖二等奖、北京市科学技术一等奖和浙江省科技二等奖等。已发表SCI收录论文100余篇，拥有授权专利20余项。

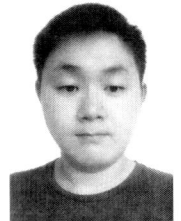

张肇阳，浙江大学信息与电子工程学院博士研究生。主要研究方向为硅基集成光电子、光互连、低相干检测及片上光学相控阵系统。

张肇阳

叶立傲，浙江大学信息与电子工程学院博士研究生。主要研究方向为硅基集成光电子、片上光量子信息处理。

叶立傲

刘笑之，浙江大学信息与电子工程学院硕士研究生。主要研究方向为硅基非线性光学及光学神经网络。

刘笑之

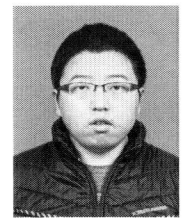

苏梁灏,浙江大学信息与电子工程学院硕士研究生。主要研究方向为分布式光纤传感信号处理及光学神经网络。

苏梁灏

王曰海,浙江大学信息与电子工程学院副研究员。从事信息与通信工程领域的教学与科研工作多年,主要研究方向为多媒体智能处理、机器视觉、光信号处理,在相关领域发表论文20余篇,出版专著1部。

王曰海

唐雄燕

新基建下的光通信发展趋势
Development Trends of Optical Communications for New Digital Infrastructure Construction

唐雄燕

中国联通研究院

摘　要：以5G、工业互联网、数据中心、人工智能等为代表的"新基建"将驱动信息通信网络升级换代，并给光通信创造新的更大的发展机遇。本文分析了新基建背景下的光通信发展驱动力，阐述了光通信发展的高速化、泛在化、智能化、服务化、场景化、开放性等重要趋势，并展望了未来5～10年光通信应用领域不断延伸、赋能千行百业数字化转型的广阔前景。

关键词：新基建　光通信　5G　双千兆　全光底座　FTTH　光业务网　数字化转型

1. 引言

近年来数字经济蓬勃发展，2020年我国数字经济规模达到39.2万亿元，占GDP比重为38.6%，数字经济已成为中国经济增长的关键驱动力。我国"十四五"规划明确提出要加快数字化发展，推进数字产业化和产业数字化，推动数字经济和实体经济深度融合。"新基建"作为支撑经济社会数字化转型的基础设施，是发展数字经济的重要引擎。近年国家出台了一系列推动"新基建"发展的政策，也给光通信发展增添了新动能。在2021年3月国家工信部印发的《"双千兆"网络协同发展行动计划（2021—2023年）》中，提出用3年时间，基本建成全面覆盖城市地区和有条件乡镇的"双千兆"网络基础设施，实现固定和移动网络普遍具备"千兆到户"能力；同时明确了提升骨干传输网络承载能力、优化数据中心互联（DCI）能力和协同推进5G承载网络建设等重要任务。在2021年5月国家发改委印发的《全国一体化大数据中心协同创新体系算力枢纽实施方案》中，明确提出加快网络互联互通，国家枢纽节点之间进一步打通网络传输通道，加快实施"东数西算"工程，提升跨区域算力调度水平，建设数据中心集群之间、以及集群和主要城市之间的高速数据传输网络，优化通信网络结构，扩展网络通信带宽，减少数据绕转时延。在2021年7月国家工信部印发的《新型数据中心发展三年行动计划（2021—2023年）》中，部署了网络质量升级行动，包括提升新型数据中心网络支撑能力、优化区域新型数据中心互联能力和推动边缘数据中心互联组网。

新基建的实施将驱动信息通信网络的升级换代，进一步加速数字经济发展。"双千兆"行动计划、"东数西算"工程和新型数据中心发展行动计划等一系列国家政策的发布，给光通信发展创造了新的更大机遇。本文从服务新基建和推进信息通信行业创新转型的视角，对未来5年光通信发展的重要趋势进行分析和展望。

2. 光通信发展趋势

光通信作为支撑信息通信业务发展和经济社会数字化转型的基础，必将顺应业务需求的新变革而获得发展新动能。5G建设是我国"新基建"的龙头，已成为未来几年信息通信行业的焦点，对经济社会发展和科技竞争有着重大影响。同时，以光纤千兆接入为代表的固网5G（F5G）也在不断进步，与移动5G共同构筑起泛在宽带基础设施，支撑数字经济发展。

2.1 构建高品质传送承载，助力5G发展

截至2021年6月，我国5G基站数已近百万，但发展空间依然巨大，"十四五"期间5G必将成为我国通信建设投资的主体。5G网络不仅承载个人用户通信需求，更重要的是将支撑和赋能千行百业数字化转型，高品质的5G服务离不开高品质的5G承载网络。前传网络成为5G网络建设的重要组成部分，也面临多方面挑战。5G无线接入网将延续C-RAN池组化和云化部署，且集中化比例将更高。5G共建共享能显著降低5G网络建设和运维成本，高效实现网络覆盖，快速形成网络服务能力，但同时对前传资源和建设运维提出了更高要求，尤其是要求更多的光纤光缆资源和更强的网络管理维护能力。5G前传需要采用WDM技术，通过不同波长共享光纤资源，提高纤芯利用率，从而缓解光纤资源消耗。但是具体采用何种WDM技术，是目前业界研究和讨论的热点。成本与可维护性是两大关键决策要素，需统筹考虑网络初始建设成本和全生命周期维护成本。业内目前存在CWDM、LAN-WDM、MWDM和可调谐DWDM（G.698.4）等多种前传WDM方案，方案分散给产业链带来一定困扰，也不利于利用规模优势快速降低成本，后续要根据业务需求和产业成熟度，兼顾短期和长远，进一步聚焦技术方案，凝聚产业共识。对于5G回传网络，三层IP技术是基础，SR、IPv6、FlexE硬切片、确定性网络成为5G回传网络的技术关键，且IP技术与传统光网络技术在理念和技术上互相参考和借鉴，SRv6是未来承载网技术重要方向。

2.2 提升传送与接入速率，打造超高速全光底座

对更高速率、更大容量、更长距离的追求是光通信发展的永恒动力。一是不断通过扩展光纤传输频谱、增加波道数来提升容量，从传统C波段向C+L波段、并进一步向全波段拓展，充分提升光纤频谱利用率，逼近和突破单模光纤容量瓶颈。二是不断

提升单波传输速率，在 100G WDM 广泛部署基础上，基于保持无电中继距离和建网方式不变的要求，200G WDM 成为长途干线传输的现实选择。对于传输距离较短、且容量快速增长的城域网，可逐步引入 400G/800G WDM 及更高速率。中国联通 2021 年已在山东现网上完成了多厂家点到点和简单环形组网下的 Nx800G WDM 系统试点。三是部署兼具大有效面积和低损耗特性的新型 G.654.E 光纤，可显著提升 200G/400G 骨干线路无电中继传输距离，降低总体建设成本。中国联通联合产业链积极推进 G.654.E 光纤标准化和产业化，取得了可喜进展，目前国内外多个光纤公司均已可规模提供 G.654.E 光纤产品，国内外多个运营商均已开始 G.654.E 光纤光缆商用部署。

随着传输速率不断增长，对节点交叉能力的要求也越来越高。大容量电交叉的功耗问题愈加突出，全光组网受到更大重视，基于 OTN/WDM/ROADM/OXC 技术的智能光电混合组网成为组网趋势。采用波长选择开关、光背板等技术的全光交叉设备 OXC，可以实现站内零连纤、即插即用、灵活调度、平滑扩容、超大容量波长调度，从而大幅节约机房空间和功耗。利用波长级光层路由、子波长级电层调度、光电协同组网，再加上 SDN 和 WSON 的智能控制功能，将大大提升光网络效率、品质和服务能力。

在追求高速传输和组网的同时，如何降低设备成本也成为重要考量因素。低成本是推进 WDM 光网络技术下沉、延伸至成本敏感的网络边缘的关键；尤其是对于城域边缘接入层及县乡网络环境，迫切需要引入低成本 100G WDM 技术和低维度边缘 ROADM 技术（以 4 维和 9 维为主），实现简洁灵活动态组网。

在全光接入网全面建成、固定宽带接入速率普遍提升到 100M 的今天，千兆接入成为 FTTH 宽带用户发展的新趋势，也是国家"双千兆行动计划"的目标。2020 年，中国联通推出了包括千兆 5G、千兆 WiFi 和千兆 FTTH 的"三千兆"业务，服务经济社会数字化转型。10G PON 是当前光纤接入主流技术手段，为顺应用户接入速率进一步提升的要求和使 PON 在 5G 小基站接入中发挥作用，产业链正在共同推动 50G PON 标准化和技术成熟。

2.3 增强光网络智能化，迈向自动驾驶光网络

智能光网络实践开始于基于传统网管和分布式控制技术的自动交换光网络（ASON）。近年来 SDN 快速发展为网络智能化提供了有力手段，软件定义光网络（SDON）推动智能光网络迈上新台阶，实现了传送与控制分离基础上的集中控制。智能光网络从 ASON 到 SDON 的演进，推进了光网络扩展性、灵活性、开放性等方面的显著提升。

随着人工智能（AI）发展，引入 AI 技术将能够进一步增强光网络智能化。ASON/WSON/SDON 的控制平面，是光网络智能化的主要加载平台。可以在网元、网络控制器和云端引入 AI，实现多级智能协同，构建智慧光网大脑，提升网络运营效率。通过智能化管控调度、网络动态实时感知和预防性运维，可以显著提高光网络状态和性能感知能力、网络资源管控与故障管理能力，实现业务自动化、资源自动化和维护自动

化,最大化提升用户体验;并通过构建光网络数字孪生,实现光网络全生命周期的智能化管理,最终向自动驾驶光网络(ADON)迈进。

2.4 发展光业务网,服务企业上云和产业互联

长期以来,光传送网主要是作为支撑运营商电话与数据业务的基础网络而存在,是运营商业务网的配套。但随着云服务和产业互联网的发展,政企专线业务快速增长,光传送网作为直接服务于客户的专线业务网络的作用凸显。我们将基于光传送网的资源出租(专线,VPN/切片)网络定义为光业务网。基于传输网络承载专线的光业务网在业务隔离性、安全性、低时延、低抖动、高可靠等方面具有天然优势。为更好地满足企业上云和高品质政企专线业务需求,光业务网需要不断提升络服务的灵活性和敏捷性。SDN技术可以有效提升光网络服务能力,实现快速业务开通、灵活调整带宽和用户自助服务。当前主要通过运营商自主研制OTN协同器加设备厂商提供的管控系统,实现多厂商组网环境下的自动业务编排和协同,在边缘接入和简单组网中会引入运营商自主研制的管控系统。中国联通2019年建成的基于SDOTN的全球政企精品网是典型的新一代光业务网,能够面向政企客户量身定制高带宽(10M-100G)、高可靠、高安全、高私密性的专属智能专线产品。

产业互联网发展对网络确定性、可靠性和高质量的要求加大,光业务网的重要性更加凸显。为适应光网络对各类带宽业务的灵活高效承载需求,产业界正在共同推动基于2Mbit/s颗粒度的光业务单元(OSU)技术的标准化和产业化,以便实现低速业务高效承载,并提供全光底座切片解决方案。同时为进一步增强光网络弹性,还需要发展面向全光业务网的新型智能控制协议来适应超大连接和云光一体服务的新要求。

在接入侧,推动光纤到园区(FTTC)、到桌面(FTTD)、到机器(FTTM),发展工业PON,打造全光工厂。除了增强PON的宽带接入能力外,还应探索实现OLT和ONT的内嵌计算能力开放,与云侧生态协同,实现视频优化、视频监控回传、工业IoT等应用场景的最优化入云。

2.5 推动光网络开放与解耦,激发产业活力

网络开放和解耦成为促进产业创新、降低建网成本的重要趋势。长期以来,光网络设备体系较为封闭,通常都是由传统设备商研发和集成,不利于产业生态繁荣和开放创新。在云服务商推动下,数据中心光互联(DCI)率先采用了开放光网络技术,包括ONF的ODTN项目、Facebook主导的TIP项目和AT&T主导的OpenROADM项目等,都在致力于推进光网络的开放解耦;在海底光缆通信领域,也在不断推进Open Cable模式的标准化和应用,ITU在2020年发布了面向陆地终端和水下部分解耦的G.977.1标准。

光网络开放和解耦便于更快地引入新技术和促进产业竞争,增强产业活力,降低网络成本,同时有助于增强运营商和用户对网络的控制,加速业务和服务创新,也顺应了网络云化大趋势。中国联通已完成接入型OTN管控部署,实现多供应商OTN-

CPE开放组网，同时已商用模块化WDM设备。中国电信在2021年也已开始商用部署开放解耦的数据中心光互联波分产品。未来光网络将朝着更大范围的开放发展，逐步构建开放光网络产业生态。

3. 总结与展望

随着信息通信网络向高速、高频、高性价比的方向发展，长期以来支撑ICT行业进步的摩尔定律遇到瓶颈，传统电子技术开始面临距离、功耗等可持续发展问题。未来5~10年，为提升电子器件的高速处理能力并降低功耗，光与电技术将从各自独立走向光电一体，带来芯片出光、光电合封等新产品形态。光通信技术将从传统通信进一步向各个领域渗透，如：为提升数通设备高速端口的传输距离，将引入相干光通信技术；为实现家庭千兆品质覆盖，光接入将从家庭FTTH延伸到房间FTTR；为实现万物智联，光接入将延伸到机器。

光通信进一步发展离不开光电子和光纤等基础技术的进步，硅光技术为降低器件成本提供了重要手段，已显示出良好的市场前景。作为新一代传输媒介技术，空分复用（SDM）光纤已成为了当前研究热点，有望为光通信开辟新的发展空间。

在空、天、地一体化通信和建设海洋强国战略中，光通信同样发挥着不可替代的作用。除了光纤通信，无线光通信也有很大的发展潜力，如：为实现低轨卫星之间的100Gbps高速数据传输，可以采用激光通信替代微波通信；为满足水下移动设备的通信需求，可以采用穿透力更高的可见光通信替代无线通信。

2021年是中国"十四五"规划开局之年，面对新的产业发展机遇和国际竞争形势，更需要产业链各个环节协同创新，推动我国光通信科技的自立自强，为数字经济腾飞打造自主可控的全光底座，在赋能千行百业、千家万户高质量联接的同时，实现光通信产业自身的高质量发展。

参考文献

[1] 中国信息通信研究院. 中国数字经济发展白皮书. 2021年4月.

[2] 工业与信息化部. "双千兆"网络协同发展行动计划（2021—2023年）. 2021年3月.

[3] 国家发展改革委员会等. 全国一体化大数据中心协同创新体系算力枢纽实施方案. 2021年5月.

[4] 工业与信息化部. 新型数据中心发展三年行动计划（2021—2023年）. 2021年7月.

[5] Recommendation ITU-T G.977.1，Transverse compatible dense wavelength division multiplexing applications for repeatered optical fibre submarine cable systems[S]，2020年10月.

作者简介

唐雄燕，工学博士，教授级高级工程师。任中国联通研究院副院长、首席科学家，中国联通科技委网络专业主任委员，为"新世纪百千万人才工程"国家级人选。兼任北京邮电大学教授、博士生导师，工业和信息化部通信科技委委员，北京通信学会副理事长，中国通信学会理事兼信息通信网络技术委员会副主任，中国光学工程学会常务理事兼光通信与信息网络专家委员会主任，国际开放网络基金会ONF董事。拥有20余年的电信新技术新业务研发与技术管理经验，主要专业领域为宽带通信、光纤传输、互联网、物联网与新一代网络等。

ROADM全光网的应用与研究进展
Recent progress of ROADM all-optical network: application and research

胡卫生

胡卫生
上海交通大学

摘　要：可重构光分插复用（ROADM）是全光网的核心节点技术，支持各种拓扑结构的大容量、大范围的动态光联网。ROADM全光网技术成为国家和省市骨干光网络的战略性选择。自2017年以来，中国三大运营商采用国内三大光通信设备商的ROADM设备，先后建成和运营了近10个国家骨干和多个省市骨干全光网。本文以ROADM为中心，介绍ROADM全光网的应用现状与进一步思考，分析了ROADM的发展趋势，包括波长选择开关（WSS）的叠加和多维集成、全互联光背板、多功能全光节点等，讨论了新型全光网技术的研究展望，包括空分复用光纤及主要功能器件、多粒度全光节点等。

关键词：全光网　可重构光分插复用　空分复用　全光节点

1. 引言

随着数据中心、智能物联、固移融合、云网协同时代的来临，作为全球信息基础设施的光网络不仅需要具备承载更大的容量和覆盖，还需要具备更低的时延和抖动、更敏捷的调度和供给，以及更健壮的生存和可用性。在光传送网层面引入ROADM（可重构光分插复用器）和OXC（光交叉连接）等新一代全光网技术，从而使光通信系统的传输、传送、交换与调度等功能都在光域实现，已成为全光网发展的战略性选择。本文拟从全光网的应用现状、发展趋势、研究展望3个方面进行介绍。

2. 应用现状

在全球光纤骨干网中，普遍采用100Gb/s及以上速率的数字相干光通信系统，骨干互联网的路由器和交换机的接口速率也普遍达到或超过100Gb/s，ROADM全光节点成为现代光纤通信网络的核心节点技术的必然选择。ROADM相当于在全球信息高速公路的"光域立交桥"，实现波长的一跳直达，在物理层就实现高速光信号的直通、上下路和动态调度，可以显著降低时延和抖动、简化联接和运营、节省能耗和成本。

近年来，ROADM 全光网在全球得到一定规模的应用部署，中国三大运营商和三大设备商成为全球 ROADM 全光网应用的先行者和领导者。据报道，自 2017 年起，中国电信陆续在国干的 6 个区域部署了 ROADM 全光网，包括长江中下游、华南、华北、西南、西北、东北等区域，并在上海电信市干、广东电信省干、江苏电信省干、四川电信省干等也都部署了 ROADM 全光网。中国联通则建成京津冀 ROADM 全光网示范工程，覆盖京津冀等 7 个省市区，并建成北京联通市干。中国移动则在甘肃等省干部署 ROADM 全光网。

中国 ROADM 全光网全部采用了国产 ROADM 设备。华为 ROADM 设备属于 OptiX OSN 9800 P 系列，采用 OXC 光背板技术，将传统 ROADM 方案中多个独立的单板集成在一起，简化光层连接，实现 P 比特级别的交叉容量和多达 32 维的光交叉调度能力。中兴推出的大容量 OTN 交叉设备—ZXONE 8700 系列，具备光电混合交叉、智能调度的功能，光层支持 2-20 维 ROADM，支持 N×M 型 WSS（波长选择开关），支持方向无关、波长无关、冲突无关，可实现波长端到端的自动配置。烽火 FONST 6000 系列设备是超大容量智能传送平台，提供 ROADM，Tb/s 级别统一交换，全业务颗粒 100M～100Gbps 任意速率接入交换，超大容量全光背板超宽连接，支持 40 维，可扩展至 2560T（C+L 波段），全光互联，免架内光纤连接。总之，以上 ROADM 设备都具备先进的全光联网功能、优异的光电处理性能和显著的运营竞争优势。

实践表明，ROADM 全光网的应用开启了骨干网从电节点向全光节点，从点到点链路到光层网状组网的战略性升级，不仅从根本上突破了骨干网络节点容量的电瓶颈，也标志着光网络从光纤广覆盖向全光自动连接迈进。与此同时，随着边缘数据中心业务的大量应用和云网协同架构的普及推广，ROADM 全光网也必将从骨干网延伸至城域网乃至接入网，向着更加广域化、智能化、扩展性和开放性的方向迭代和演进。

从当前 ROADM 全光网的应用情况来看，仍然面临着需要进一步思考的实际应用问题。首先，连接业务的实际需求远远大于规划时的预测量，远超网络规划能力，如何更加精准预测和高效扩容成为业界思考的问题。当前 ROADM 全光网国干分区域建设，光域传输半径不能一次性覆盖全国，如何进一步延展高速信号的光纤传输半径成为学界思考的问题。不同运营商采用不同设备商的 ROADM 全光网，通常只能在单一管理域内实现调度，如何实现全网端到端控制，实现不同厂商的互联互通成为行业思考的问题。ROADM 全光网节点庞大，涉及光电协同管控，恢复时间如何达到业务级别要求成为一大挑战。如何控制成本，将 ROADM 全光网推向更大的范围，推向省市城域乃至接入网成为又一大挑战。随着以上问题和挑战的解决，ROADM 全光网必将进入一个更广阔的应用阶段。

3. 发展趋势

3.1 波长选择开关（WSS）

WSS 是 ROADM 系统的核心光模块，普遍采用纯相位型 LCOS（硅基液晶）器件，实现较低的插入损耗，具有高端口数目，支持灵活栅格，成为业界的主流选择。LCOS 器件是由硅基电路背板和液晶光学元件组成的混合光电芯片，可以实现空间光调制的作用。通常 WSS 按照 1×N 规格配置，将输入端口接收到的任意波长信道组合切换至任意输出端口。早期 WSS 支持 1×9 规格配置，近年来 1×20 和 1×32 规格成为业界主流选择。为了提高器件集成度，将多个 1×N WSS 共同封装在一个模块中也成为近些年来业界发展的趋势。目前，将 2 个 WSS 封装在一个 WSS 模块中已经成为业界主流选择，也有将 4 个 WSS、甚至 24 个 WSS 封装在一个模块中的技术方案。多年来，光通信系统长期运行在掺铒光纤放大器（EDFA）工作的 C 波段中，早期 WSS 也只支持 C 波段中的 4THz 频谱范围。近些年来，光通信系统开始向 C+ 甚至 C+L 波段扩展，于是，扩展至 4.8-6.0THz 频谱覆盖范围的 WSS 成为业界的主流；最新发展的 WSS 则可以同时支持 C+L 波段，频谱覆盖范围接近 10THz。

3.2 光交叉连接（OXC）

一个多维度（方向）ROADM 系统通常由多个 WSS 配对级联组成。从 ROADM 设备机架看，全光节点由全光背板、光群路板和光支路板三大部分组成。光群路板完成光信号在群路方向的交叉重构、直通和光功率均衡，集成光层 WSS 和 EDFA 功能。光支路板完成本地波长上下，集成光层复用/解复用和光开关功能，实现光电信号的适配、处理和转发。随着 WSS 端口数的提升，高维度 ROADM 系统的内部光纤连接数量急剧增长，需要采用全光背板技术。全光背板采用集成式连接的方式实现系统级光交叉（OXC），极大地简化了板卡和模块间的光纤连接的复杂性，实现无光纤化互联。OXC 作为新一代全光交叉平台，具备大维度无阻塞交换能力，具有极高的交叉连接容量，赋予 OXC 新的功能和形态，简化了 ROADM 系统运维，引领 ROADM 转型和变革。

3.3 无阻塞交换（CDC-ROADM）

作为"光域立交桥"，ROADM 具备全方位的无阻塞交换能力，在群路侧具备任意方向任意波长的交换和调度，在支路侧具备波长无关、方向无关、冲突无关的任意上下路能力，称为 CDC-ROADM。

群路侧一般采用多组成对的 WSS 互联而构成。WSS 具备任意波长选择的基本功能，还可以具备功率均衡、带宽调整等高级功能。有些全光节点采用多组分光器和 WSS 互联而构成，节省 WSS 部件和成本，不足之处在于分光损耗较大，不利于降低串扰。支路侧一般可以采用多播开关（MCS）或者波长交叉连接器（WXC）。一个 M×N MCS 由 M 个 1×N 分光器和 N 个 N×1 光开关配对级联组成，早在 1998 年就提出了具有组播功能的光开关结构单元和集成连接方式。不过，MCS 会带来更高的光功率损耗，并且随着端口数量的增加而增加，目前 MCS 支持的合适的上下行端口数目一般小于8。WXC使用多个WSS器件取代分光器和光开关,WSS的插入损耗并不会像分光器那样随着端口数目的提升而增加,解决了MCS方式中由插入损耗带来的扩展性问题,但会带来更高的器件成本。

WSS既可以用于线路侧,也可以用于支路侧,它将所需要的任意波长分配至目标上下行端口对应的光开关。基于WSS组合的WXC称为M×N WSS,采用WSS阵列,目前业界领先的WXC可以支持8个ROADM传输维度和24个上下路端口。另外,在光学设计过程中,WXC中的光开关可以集成至WSS的光路中,进一步提升系统集成度。随着ROADM系统对WSS集成度要求的提升,可以将更多的WSS器件集成至单个光学系统中。

LCOS器件的应用为WSS和ROADM带来了更灵活的功能。基于LCOS器件的WSS能够以6.125GHz甚至更小的精度调节其滤波通带宽度,提升了传输和传送网的频谱利用效率,增强了传输和传送网的多粒度带宽配置,适合于应用10G、40G、100G、400G甚至800G等多速率多波长业务。此外,基于LCOS技术的WSS可以通过全息光场控制的方式将一个输入波长信道同时分配至两个输出端口,且能量分配比例可调,实现多播功能。

4. 研究展望

由于受到光纤非线性噪声、光器件频谱带宽和光放大器增益带宽等因素的限制,单芯单模光纤日益逼近香农公式所限定的物理极限。当前,采用高阶调制、波分复用和数字相干检测的单芯单模光纤传输系统容量达到100Tb/s水平,传输容量距离乘积超过100Pb/s·km。根据香农公式,光纤容量的增长取决于信噪比(SNR)、可用带宽(B)和可用通道数(N),表示为:

$$C = N \times B \times \log_2(1 + SNR) \qquad (1)$$

根据公式,在提高信噪比日益逼近单通道光信号香农限而增长越来越困难的情形下,拓宽光纤的通信带宽(B)和拓展光纤的空分复用维度(N)是更加行之有效的两个途径。本节将简要介绍和展望此两个途径的研究情况。

4.1 新型光纤

当前,标准单模光纤(型号G.652)主要在1 310 nm(O波段)和1 530～1 625 nm(C波段)两个波段运行,干线系统由于需要EDFA光放大而集中在1 550 nm窗口,接入系统可以采用O和C波段分别提供单纤双向上下行传输。位于1 310 nm和1 550 nm之间的1 400 nm波段由于水峰(OH根离子)的存在,在早期的光通信系统中未得到应用。针对消除水峰而发展的低水峰光纤或零水峰光纤,结构上和G.652无异。但是,它采用一种新的光纤生产制造技术,尽可能地消除OH根离子在1 383nn附近的"水吸收峰",使光纤损耗完全由玻璃的本征损耗决定,从而在1 280～1 665 nm的全部波长范围内都可以用于光通信，覆盖了 O、E、S、C、L、U 等 6 个波段，也称为全波光纤或真波光纤。

为了进一步增加光纤的传输通道数量，在单芯单模光纤的基础上发展起新型空分复用光纤（SDM）。主要有 3 种增加传输通道数量的方式：一是多芯光纤（MCF），即在光纤包层内合理排布多个纤芯；二是少模光纤（FMF），根据光波本征矢量模式叠加方式的不同，细分为线偏振（LP）模式和轨道角动量（OAM）模式；三是多芯和少模两个维度相结合的少模多芯光纤（FM-MCF）。

SDM 不同物理通道之间的导波通常存在或强或弱的能量耦合。以多芯光纤为例，分为弱耦合和强耦合多芯光纤。弱耦合多芯光纤的芯间距一般大于 30μm，每个单模纤芯可以作为独立的物理通道传输信号。如果纤芯间距逐渐缩小、纤芯密度增大，弱耦合多芯光纤将演变成强耦合多芯光纤，将增加芯间的能量耦合，从而导致超模的产生，可以将其视为多模光纤的一种形式。在高相对空间效率和低串扰之间存在平衡。为了更有效地降低 MCF 的芯间串扰，人们提出了折射率沟槽结构辅助、折射率孔结构辅助、相邻纤芯折射率差、相邻纤芯反向传输等方法，都能够更有效地抑制芯间串扰。

FMF 是指在同一个纤芯中传输多个模式。理想情况下，模式传播相互正交，模式之间不会发生能量耦合。然而实际应用中，光纤的随机弯曲和扭转以及器件引入等因素使得不同模式之间的正交性被破坏，进而导致不同模式发生耦合。其中，同一个线性偏振模中的简并模传播常数比较相近、耦合更强，而不同模式之间的耦合相对来说比较弱。为了避免光纤传输中模式间的串扰，人们提出了一些特殊构造的 FMF，如椭圆芯、双环或多环结构等方法，来提高光纤中各模式之间的有效折射率差，减轻模式间的耦合。

4.2 新型全光节点结构

如果说新型光纤是"新路"，那么，新型全光节点便是"新桥"。"新桥"在"新路"的物理基础上演进和变革。可以从两个方面分析：一是在全光节点中增加空分复用的功能和维度，二是增加光信号的粒度和种类，既包括 ROADM 中的光纤和波长粒度，还包括纤芯和模式等粒度。于是，人们提出了一些新型的全光节点结构，包括单纯处理纤芯或模式粒度的结构，也包括同时处理纤芯、模式和波长等多粒度的结构。通常，可以按照粒度的大小依次进行相应粒度的解复用、光交换、上下路、变换、复用等功能，这就需要研究各种新型的纤芯、模式、波长等粒度的复用器/解复用、光交换、光变换、光均衡等功能型器件。

4.3 新型功能器件

在多芯光纤和单芯光纤之间，由于几何排布和结构尺寸的差异，需要一个光学耦合器件，称为扇入扇出（FIFO）器件。其制作方法主要有熔融拉锥法、光纤束法、自由空间光法和三维集成波导法等 4 种类型。①熔融拉锥法是指将多根除去涂覆层的光纤靠拢并在高温下熔融，同时向两端拉伸，最终在高温熔融区形成双锥体结构，通过控制光纤的扭转角度或拉伸长度实现设定的光耦合或分光功能，通过优化设计光纤的折射率分布和拉锥工艺，可以将插损和串扰分别控制到 1db 和 -60dB 以下，带宽达 300nm 以上。②光纤束法是指先将多个单芯光纤的外径通过刻蚀、定制或其他方法，将之消减到与 MCF 的芯间距相等，然后再将多个单芯光纤按照 MCF 相同的几何排布和结构尺寸固定，再将端面抛光，最后将光纤束与 MCF 熔接或通过物理对接等方式形成 FIFO 器件，可以将插损和串扰分别控制到 1dB 和 -50dB 以下。③自由空间光法是指利用体光学方法，即利用透镜、准直器、棱镜和调整架等体光学元件调节并优化 MCF 与多个单芯光纤的耦合，最后将光路固定形成 FIFO 器件，主要优点是 MCF 中每个芯与各个单芯光纤的对接可以独立调节。④三维集成波导法是在玻璃、聚合物、平面光波导、硅基或氮化硅等各种平台上，通过不同波导结构将 MCF 各个芯的光导出到多个单芯光纤的器件，主要优点是通过波导工艺实现 FIFO 器件的一次成型，装配精度高，不易受芯数的限制，可扩展性好。

FMF 光纤纤芯中的不同模式之间的转换通过模式选择耦合器（MSC）完成，而将不同的模式送入同一根 FMF 则通过模式复用器来实现。目前，主要有自由空间光、硅基集成平面波导、全光纤等 3 种方法。其中，自由空间光方法主要利用相位板和空间光调制器等光学器件来实现模式转换与复用；硅基集成平面波导器件通过对芯片或平面波导的结构与材料进行设计来实现模式转换与复用；全光纤型模式转换与复用器可以几乎无损或低损耗地接入到光纤通信系统中，在插入损耗、模式相关损耗、工作带宽、器件尺寸等方面，全光纤型的光子灯笼都展现出明显的优势，成为模式复用的首选。

近年来，人们报道了多种基于超表面概念的光学功能器件，如超透镜、光学分束器、偏振控制器、模式复用器和光学功能全息片等。超表面是指按照周期性排列的二维亚波长共振结构，它能够控制光波的相位、振幅和偏振等光学特性。与传统的光学器件相比，超表面光器件具有结构紧凑和亚波长分辨的优点。在自由空间光方法中也可采用超表面光学元件，可以减小光学系统的空间和降低复杂度。另外，在集成工艺中，人们还引入 3D 激光直写方法，主要是利用激光与物质发生相互作用的非物理接触和高效的精细材料去除工艺，用于加工多种丰富结构和材料系统的 3D 微纳光学结构，如光子引线等，展现出很大的潜力。

4.4 新型光纤放大器

与单芯单模光纤通信系统一样，SDM 系统的中继节点也需要采用具有较大增益和较小噪声指数的光纤放大器。不同之处在于，SDM 系统中，不同通道信号光的损耗和增益不同，其通道功率差将随着传输距离的增加而逐步累积，造成光纤通信系统的传输损伤。少模光纤传输系统中，导模的模场分布不同导致大的模式增益差，不同模式下的泵浦效率亦存在差异。因此，SDM 光纤放大器既要考虑多芯情况下不同纤芯内传输信号的增益均衡，又要考虑少模情况下不同模式的增益均衡，只有严格控制不同信道中各信号光的增益差，才能保持长距离传输过程的增益均衡。

多芯掺铒光纤放大器（MC-EDFA）实现信号光增益均衡的关键在于精确控制各纤芯的泵浦光功率。根据泵浦方式的不同，可分为纤芯泵浦与包层泵浦两大类，以及两种泵浦方式相结合的混合泵浦方式。纤芯泵浦的信号光与泵浦光经波分复用器共同进入单模光纤，通过 FIFO 器件实现 MCF 与多根单模光纤的复用连接，利用掺铒光纤实现信号光的放大，通常需要与多芯光纤纤芯数量相同的泵浦光源。包层泵浦通常采用包层侧面泵浦的方式，以熔融拉伸形成锥形过渡区为例，泵浦光由多模光纤经双包层光纤的侧面进入内包层，再耦合到各个纤芯内，实现信号光放大，主要优点是只需单个泵浦源且集成度较高。结合两者的优点，可将纤芯泵浦和包层泵浦两种方式相结合，即采用混合泵浦方式控制各个纤芯的泵浦光功率，一方面可增强均匀泵浦下单个纤芯的增益可控性，另一方面能够有效提高泵浦效率。单芯少模掺铒光纤放大器（FM-EDFA）中，不同信号光模式间的增益状况与少模掺铒光纤的交叠积分因子息息相关，通过优化交叠积分因子的差值可实现不同模式间的增益均衡。

5. 结束语

ROADM 全光网技术以高速数字相干光纤传输的"信息高速公路"为基础，引入波长选择开关和可重构光波交换，实现波长粒度的灵活交叉连接、动态上下路调度、快速光层故障恢复等，成为光网络部署的战略性选择，为国家骨干网和省市骨干网带来了带宽、容量、时延、生存性、运维等方面的显著提升。为了进一步提高 ROADM 的集成度和建设运营成本，工业界发展了全光互联的光背板、多维 WSS 叠加和集成等新技术。为了支持空分复用光传输系统，学术界研究了空分复用功能器件、光纤放大和多粒度交换结构等新技术。

致谢：本文参考了若干中英文文献，不及一一列出，在此对所有文献作者表示感谢！

作者简介

胡卫生，博士，上海交通大学电子信息与电气工程学院教授，先后担任区域光纤通信网与新型光通信系统国家重点实验室主任和电子工程系党总支书记。为国家"863"计划高性能宽带信息网总体组专家、国家自然科学基金委信息学科评审组专家等。担任 *Optics Express*、*Lightwave Technology* 等编委。享受国务院政府特殊津贴，曾主持国家杰出青年科学基金项目，入选"百千万"人才工程国家级人选，为全国优秀博士学位论文指导教师、教育部创新团队负责人等。参研成果获国家科学技术进步二等奖 2 项、上海市科学技术进步一等奖 1 项。从事光通信研究与教学 20 余年，发表论文 500 余篇，申请国家发明专利 50 余项。

800G+数据中心光互联技术发展趋势
Trend of Optical Transmission for 800G+ Data Center Interconnect

诸葛群碧

诸葛群碧　胡卫生
上海交通大学电子工程系

> **摘　要**：随着人工智能、云计算等技术的发展，数据中心通信流量迎来持续的爆发式增长。为满足这一需求，数据中心光互连需要达到单模块800Gb/s及以上的传输速率。本文主要介绍了目前直调直检系统进一步提升传输速率面临的挑战和低成本相干技术的发展现状，以及光电协同封装这一新型封装形式对未来数据中心光互连发展的影响。
>
> **关键词**：数据中心光互连　光模块　直调直检　相干探测　光电协同封装

1. 引言

随着人工智能、云计算等技术的持续发展，数据中心流量呈现持续的快速增长趋势，对大带宽和低延迟的需求推动了数据中心光互连市场的发展。华为在2020年发布了业界首款800G可调超高速光模块，支持200G～800G速率灵活调节，单纤容量达到48T，比业界方案高出40%[1]。在2021年的OFC中，亨通洛克利展示了基于EML的800G QSFP-DD800 DR8光模块，采用内置驱动器的7nm DSP和COB结构来实现，模块总功耗约为16W[2]。为了满足未来更大的流量增长，关于下一代的数据中心光模块技术研究正在如火如荼地进行，IEEE计划在2023年左右推出1.6TbE的Ethernet标准。直调直检（IMDD）系统受到色散、多径干涉等因素限制，进一步提高速率面临很大挑战；相干系统因为高频谱效率和良好的损伤补偿能力等优点逐渐展现出在数据中心互连场景中的优势，通过进一步降低相干模块的成本和功耗，相干技术有希望下沉到短距互连场景。在收发机方面，光电芯片协同提升，集成一体化将推动光模块速率的快速升级。本文对比分析了直调直检系统在进一步提升速率上面临的挑战和相干系统的优势，并主要介绍了目前低成本相干技术的研究进展和光电芯片协同封装这一新型封装技术。

2. 直调直检和相干系统发展现状

目前，在几百到上万公里的长距离光通信场景中，数字相干光通信系统已经实现了商用和部署；但在几公里左右的数据中心内部互连场景中，直调直检系统以其成本低、功耗小的优势，仍然占据主体地位；在介于两者之间的几十公里左右的城域数据中心光互连场景中，根据具体的不同需求，相干和直调直检系统都具有商业化部署的潜力。数据中心互连场景对光模块的要求随着通信速率的提升而不断提高，近15年来直调直检光模块不断地进行了技术更新。以Google的数据中心光互连技术为例[3]，第一代10Gbps小尺寸可插拔模块SFP采用NRZ调制格式；第二代和第三代在此基础上通过增加通道数和通道速率来实现传输速率的增长；第四代OSFP则改用更高阶的PAM4调制格式，波特率保持在25GBaud，光通道数增加到8个，使数据传输速率达到400Gbps；第五代OSFP在第四代基础上保持PAM4调制格式，波特率变为50GBaud，通道数仍为8个，达到800Gbps的传输速率。根据发展趋势，通过进一步提高波特率、增加通道数或者使用更高阶的调制格式，预计在2023年左右将实现1.6Tbps的单模块速率。

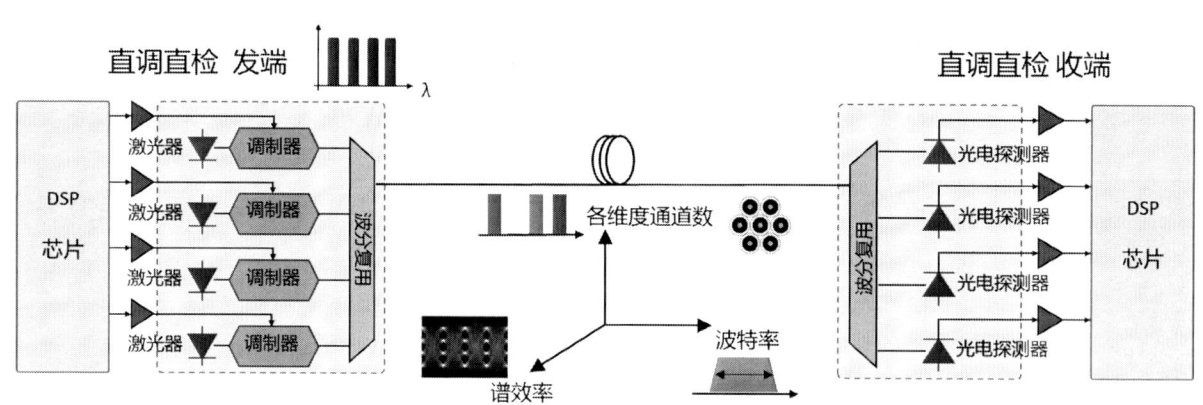

图1 直调直检系统架构图

图1展示了直调直检系统的架构和提高传输速率的不同维度。尽管高阶调制格式、波特率和通道数的增加使直调直检系统的通信速率得到了提高，系统传输速率的继续提升会受到色散和多径干涉（MPI）等因素的限制，代价越来越大。由于直调直检系统无法进行色散补偿，所以随着传输速率的提高，系统受色散的影响越来越大：波特率提升一倍，色散容忍度将下降为原来的四分之一。因此，高速直调直检系统的传输距离将十分有限，如速率提高到1.6Tbps，系统将只能在2km以内的范围正常工作[4]。除此之外，直调直检系统受到多径干涉的影响，使用更高阶调制格式的功率代价更大，不利于传输速率的提高。考虑到色散和多径干涉等问题对直调直检系统的限制，业界开始考虑相干技术应用于中短距数据中心光互连的可能性。

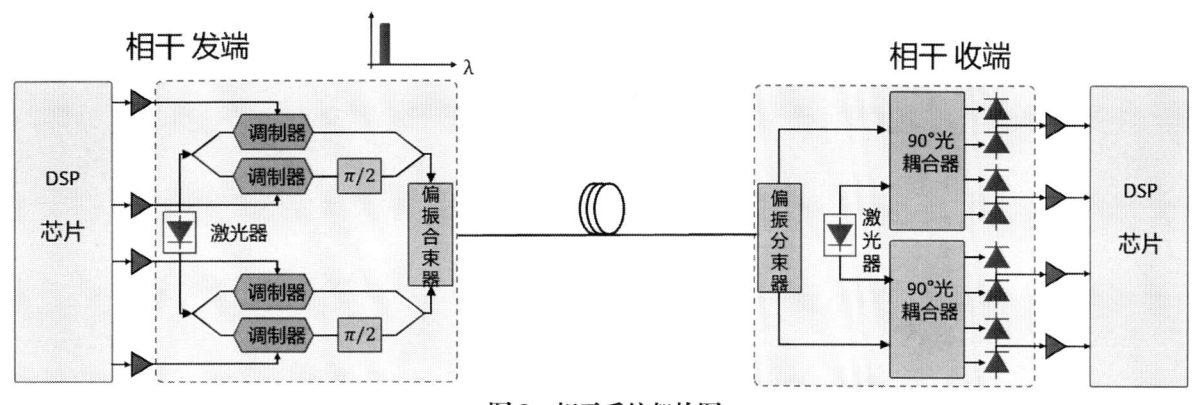

图 2　相干系统架构图

图 2 展示了相干系统的架构图，相较于 IMDD，相干探测具有以下优点：①更高的接收机高灵敏度：相干 QAM 调制比直调直检的 PAM 接受光灵敏度高 14dB 左右[3]；②更高的频谱效率：相干系统充分利用了光信号在光纤里的 4 个维度，即幅度、相位和两个偏振，而 IMDD 只利用幅度一个维度；③可以有效补偿各种线性损伤，比如色散导致的码间串扰。这些优点使相干系统可以达到远高于 IMDD 的单波传输速率，并且随着数字信号处理技术和集成光子学的发展，相干光模块的成本和功耗也在快速下降。文章[3]中总结了近 10 年来相干和 IMDD 收发机每 Gbps 功耗和线性密度（以 mm/Gbps 表示）的变化情况。结果表明，相干模块的功耗大幅下降，由 2010 年的 4W/Gbps 下降到了 2020 年的 0.03W/Gbps 左右；而 IMDD 模块的功耗仅从约 0.06W/Gbps 下降到 0.02W/Gbps；两者的功耗在 400G 的 OSFP 已经基本相同，未来相干和 IMDD 模块的功耗差距有可能继续减小。相干模块的成本也有类似的变化曲线，相干模块的线性密度从 2010 年的 5mm/Gbps 下降到了 2020 年的 0.04mm/Gbps 左右；而 IMDD 模块的线性密度仅从约 0.5mm/Gbps 下降到 0.02mm/Gbps 左右。从相干技术的优点和成本、功耗的下降趋势来看，中短距数据中心的互连有望采用相干技术。

3. 低成本相干技术

尽管相干系统的成本和功耗随着工艺的进步已经有了明显的下降，但在对成本、功耗较为敏感的短距数据中心互连场景中，相干系统和 IMDD 系统相比仍然没有明显的优势。

限制相干技术成本和功耗继续下降的因素主要有以下两个方面（如图 3 所示）：在器件方面，用于相干系统的激光器要求线宽窄、频偏稳定，需要通过温控技术实现，这使得激光器成本相较于 IMDD 系统更高；相干模块中的射频驱动器无法基于 ASIC 集成，这也进一步增加了器件成本；此外还有高采样率的 DAC 和 ADC 也限制了成本的下降；相干发射机中调制器的调制损耗很大，这导致了相干模块的链路预算降低。在 DSP 算法方面，传统的相干系统中包括色散补偿、时钟恢复、频偏补偿、载波相位恢复、均衡和FEC解码等算法，这些复杂的算法导致了DSP的功耗占比很高。对DSP算法进行一定的简化来降低系统功耗也是推动相干系统下沉到数据中心互连的一个关键方向。目前，业界也在积极探索简化的低成本低功耗相干系统架构。

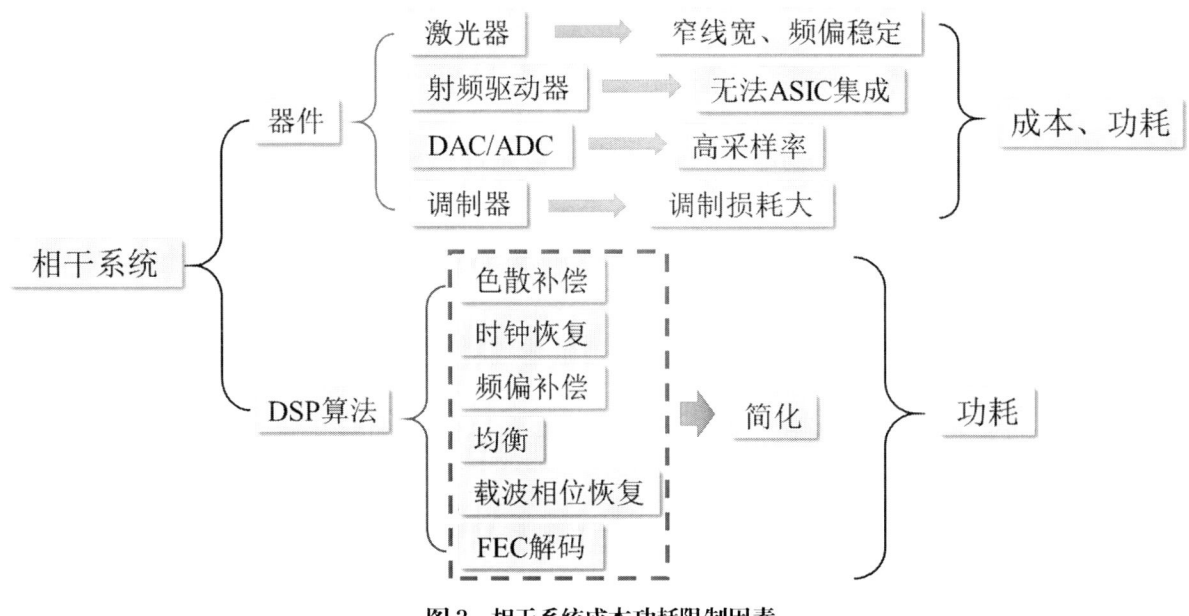

图3 相干系统成本功耗限制因素

3.1 模拟相干架构

考虑到DSP在相干接收机中占用了大量的功耗，美国斯坦福大学研究组提出了基于模拟电路的相干接收架构[5]，该架构使用模拟电路代替DSP实现偏振解复用、载波恢复等信号处理。偏振解复用由多个光学移相器组合实现，通过低频电路控制。载波恢复通过光/电锁相环（高频模拟电路）来实现，主要由3个部分组成：相位估计器、环路滤波器和振荡器。据估计，在90 nm的CMOS中，偏振解复用和高速模拟电路的功耗接近4W。在文章[6]中，加利福尼亚大学研究组使用50GBaud的QPSK调制信号分析证明了模拟相干检测达到5～10 pJ/bit的功耗是有可能的，并且能够增加未分配的链路预算，有潜力实现新的网络设计。

3.2 零差自相干架构

使用模拟相干架构代替DSP减小了接收机的功耗，业界也正从器件成本角度对相干系统进行优化。华中科技大学研究组和华为优化了自相干系统，将来自同一激光器的调制信号和未经调制的载波信号通过全双工光纤的不同通道发送到接收端，并利用接收的载波信号作为本振进行相干检测[7]。相较于标准相干架构，自相干架构对激光源的要求明显降低，可以采用线宽较大、没有波长锁定功能的激光器，比如低成本DFB。他们利用线宽高达1.5 MHz的低成本DFB激光器实现了实时600G DP-64QAM

的双向传输零差相干探测系统。此外，这个结构可以简化 DSP 中的载波恢复和时钟恢复，因为本振和信号一同从发送端传输而来，所以在理想情况下，本振和信号有相同的中心频率和参考相位，可以减小激光器相位噪声的影响，消除频偏影响。尽管如此，自相干架构仍然面临一些挑战，比如载波传输过程中偏振态改变导致解偏振时的功率衰减、实际载波和信号传输路径不同造成的相位延迟等问题。

4. 新型封装形式

传统的可插拔光模块在进入 800G+ 传输时代后遇到了技术瓶颈，功耗、散热、尺寸成了限制因素。为了降低系统级功耗，支持更高密度、更高容量的光链路，业界提出了数据中心交换机内部光接口和电接口的协同封装（CPO）。光电协同封装模块的中心是一个核心数字芯片，周围环绕着光模块芯片，这些芯片与交换机端口连接从而形成多芯片模块，这样的封装形式可以减少连接长度、降低损耗，并提高集成度[8]。比如，在共同封装系统中引入外部光源可以极大地促进基于本振激光器的相干检测，因为具有低相位噪声和精确控制频率的光源可以作为一个或多个光收发器的光源，分摊其成本。

目前还没有关于光电协同封装的全球性标准，最近成立的标准化小组旨在填补这一空白，比如由 Facebook 和微软支持的共同封装光学协作发布了 3.2T 联合封装光模块的产品需求文档[9]，描述了构建 8x400G 光模块的要求，旨在提高网络交换机密度和电源效率，文档中定义了联合封装光模块的两种变体，一种支持 400GBASE-DR4（总共 32 个收发光纤对），另一种支持 400GBASE-FR4（8 个收发光纤对）；OIF 共同封装框架 IA 项目提出了外部小型可插拔激光器模块，定义一种新的外形尺寸，优化封装激光器以支持共同封装的光学模块[10]；COBO 共同封装光学工作组讨论了硅光联合封装和制造技术，诸如并行光纤组装和兼容聚合物界面方法等[11]。完整的光电协同封装标准还包括电信号接口、光模块管理接口、光纤耦合形式等在内的重要内容，需要进一步规范化。

5. 总结

随着数据中心流量的持续快速增长，光模块的速率需要进一步提升。直调直检系统受到色散、多径干涉等因素的限制，在 800G+ 时代传输距离受到极大限制。在 2 公里及以上的数据中心互连场景中，相干系统有希望投入应用，但成本和功耗还需要进一步降低来实现其商用化。此外，光电协同封装的出现可能替代可插拔光模块从而成为未来新型的封装形式，但目前尚未制定合理的技术标准，仍有一系列技术挑战和产业链挑战需要面对。

参考文献

[1] HUAWEI. 800G tunable ultra high speed optical module[R/OL].（2021）[2021-07-08]. https://www.huawei. com/cn/news/2020/2/800g-tunable-ultra-high-speed-optical-module.

[2] Hengtong Rockley Technology. 800G QSFP-DD800 DR8 Optical Transceiver[R/OL].（2021）[2021-07-08]. https://www.ofcconference.org/en-us/home/virtual-exhibit/2021/hengtong-rockley-technology-co-,-ltd/.

[3] ZhOU, XIANG, RYOHEI URATA, HONG LIU. Beyond 1 Tb/s intra-data center interconnect technology: IM-DD OR coherent?. Journal of Lightwave Technology, 2020, 38（2）: 475-484.

[4] XIE, ChONGJIN, JINGCHI ChENG. Coherent Optics for Data Center Networks. 2020 IEEE Photonics Society Summer Topicals Meeting Series（SUM）. IEEE, 2020.

[5] JOSE KRAUSE PERIN, ANUJIT SHASTRI, JOSEPH M. KAHN. Coherent Data Center Links [J]. Lightwave Technol, 2021（39）: 730-741.

[6] TAKAKO HIROKAWA, et al. Analog Coherent Detection for Energy Efficient Intra-Data Center Links at 200 Gbps Per Wavelength [J]. Lightwave Technol, 2021（39）: 520-531.

[7] GUI, TAO, et al. Real-Time Demonstration of Homodyne Coherent Bidirectional Transmission for Next-Generation Data Center Interconnects [J]. Journal of Lightwave Technology, 2021,39（4）: 1231-1238.

[8] SPYROPOULOU, MARIA, et al. The path to 1Tb/s and beyond datacenter interconnect networks: technologies, components, and subsystems [C]// Metro and Data Center Optical Networks and Short-Reach Links IV: Vol. 11712. International Society for Optics and Photonics, 2021.

[9] Co-Packaged Optics Collaboration. 3.2 Tb/s Copackaged Optics Optical Module Product Requirements Document[R/OL].（2021）[2021-07-08]. http://www.copackagedoptics.com.

[10] OIF Co-packaging Framework IA Project. External Laser Small Form-Factor Pluggable（ELSFP）Module [R/OL].（2021）[2021-07-08]. https://www.oiforum.com/technical-work/current-work/#ELSFP.

[11] COBO co-packaged optics working group. Efficient Manufacturing for Photonics/Electronics Co-Packaging [R/OL].（2021）[2021-07-08]. https://www.onboardoptics.org/presentations.

作者简介

诸葛群碧，博士，上海交通大学电子工程系副教授，博士生导师。2009年获浙江大学光电系学士学位，2012年和2015年分别获加拿大麦吉尔大学硕士和博士学位，2018年入职上海交通大学。主要研究方向为核心骨干网光通信、数据中心光互联和光无线融合等。在国际一流期刊和会议上发表论文160余篇。主持和参与多项科技部重点研发计划和自然科学基金。入选2020年《麻省理工科技评论》中国区"35岁以下科技创新35人"，指导学生获得2020年OFC康宁杰出学生论文奖等。

胡卫生

胡卫生，上海交通大学特聘教授，鹏城实验室双聘教授。历任区域光纤通信网与新型光通信系统国家重点实验室主任，国家"863"计划高性能宽带信息网总体组专家，国家自然科学基金委信息学科评审组专家，*Optics Express*、*Lightwave Technology* 编委。享受国务院政府特殊津贴，曾主持国家杰出青年科学基金项目，入选"百千万"人才工程国家级人选，为全国优秀博士学位论文指导教师、教育部创新团队负责人等。参研成果获国家科学技术进步二等奖 2 项、上海市科学技术进步一等奖 1 项。

迟 楠

面向6G的可见光通信关键技术
Key technologies of visible light communication for 6G

迟 楠　王 杰

复旦大学通信科学与工程系电磁波信息科学教育部重点实验室

摘　要：未来6G将覆盖集星间、空中、水下和陆地网络为一体的综合网络，为满足超高通信速率的要求，有必要探索新的频谱源以突破当下频谱资源稀缺的瓶颈。可见光通信采用400～800THz的频段进行通信，具备实现高速通信的能力，是解决以上问题的极具前景的可行方案。本文具体介绍了可见光通信领域的关键器件和关键技术，并重点对人工智能在非线性补偿、调制方式识别、相位估计、信道估计等可见光通信研究方向中的应用进行了探讨。结合人工智能的可见光通信技术有望成为未来超高速、智能化的6G时代的重要组成部分。

关键词：可见光通信　6G　人工智能　非线性补偿　调制方式识别

1. 引言

随着5G逐渐商用，针对6G的研究迈出了新步伐。6G移动网络有望提供超快速度、更大容量和超低延迟，以支持新兴应用的可能性。通信技术的迅猛发展使得研究人员意识到目前的频段可能不足以满足日益增长的需求，例如一个未压缩的超高清视频可能达到24 Gb/s，一些3D视频可能达到100 Gb/s。因此未来6G可能会利用比前几代更高的频谱，以提高数据速率，预计比5G快100～1 000倍[1]。探索新的频谱源是解决目前频谱资源稀缺问题的重要研究方向。

可见光通信（Visible Light Communication, VLC）是一种利用频段为400～800THz的可见光进行信息传输的无线通信技术，具有频谱资源丰富、频段无需授权、高传输速率和不受电磁干扰等优势[2]。可见光通信技术主要采用常见的发光二极管（Light Emitting Diode, LED）作为发射光源，使得日常生活中常见的LED兼具照明和通信的功能，在未来室内通信中将扮演重要角色，有效节约成本的同时实现高速通信。车联网作为"万物互联"发展的关键一环，利用车灯实现车与车通信有望成为可见光通信技术中率先实现的范例。此外，在星间、空中和水下等通信领域中，传统的无线通信速率较低，制约了以上领域的进一步发展，将可见光通信作为传统无线通信技术的补充，可以满足高传输速率的要求。因此，可见光通信是适合于上述 6G 场景的可行有效的解决方案，如图 1 所示。

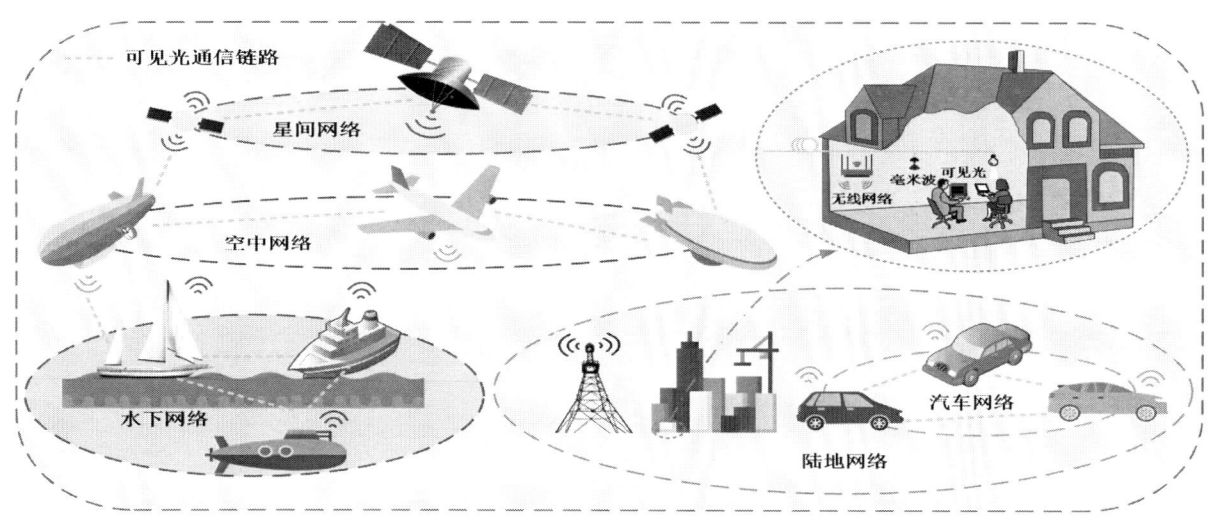

图 1　可见光通信在星间、空中、水下、室内和汽车网络中的应用

本文基于可见光通信最新研究进展，首先对可见光通信中的关键器件和关键技术进行了介绍，接着重点探讨了人工智能在可见光通信中的应用。

2. 可见光通信中的关键器件与技术

对可见光通信技术的研究主要集中于关键器件和关键技术两方面，如图 2 所示。关键器件主要涉及位于发射端和接收端的实现光与电相互转换的器件，这些器件本身对可见光通信系统的性能具有重要影响。同时，通过采用先进调制技术、复用技术、均衡技术和 MIMO 技术等关键技术可以进一步改善 VLC 系统的性能。

2.1 关键器件

可见光通信种的关键器件主要包括位于发射端的发射器件和位于接收端的光探测器。常见的发射器件包括发光二极管（LED）、激光二极管（Laser Diode，LD）和超辐射激光二极管（Super-Luminescent Diode，SLD），其中，LED 在可见光通信中应用最为广泛。LED 是 21 世纪极具发展潜力的绿色光源，具有生产成本低、功耗低、寿命长和对人眼安全等优势，成为可见光通信中的主要发射光源。商业白光 LED 主要分为两种，一种是由红绿蓝（RGB）三种颜色混合产生白光，另一种是利用蓝光激发黄绿色荧光粉产生白光。第一种 RGB 混合型 LED 具有较高的光谱带宽，有利于提高传输速率，但其造价较高。第二种 LED 存在黄绿色荧光粉响应速度慢的问题，导致其调制带宽很低，一般只有几十 MHz，但这种 LED 成本很低，常被用作可见光通信系统的主要发射光源。LD 所产生的光相干性高，不存在效率跌落（droop effect），且其 3dB 调制带宽大于 1GHz，采用 LD 作为发射光源的 VLC 系统很容易实现远距离和高速通信。然而 LD 的发展仍然存在局限性，由于 LD 本身发散角很小，所以基于 LD 的 VLC 系统需要将 LD 和接收器严格对准才能保证系统的性能。并且激光对人眼有害，不适合日常中照明，其相干性会产生散斑效应等。SLD 是一种新型光源，它结合了 LED 和 LD 的部分特性，具有相干性弱、光谱宽、方向性好、对人眼安全等特点。2016 年新研制的 InGaN 基 SLD 可产生高功率蓝光，其调制带宽高达 800 MHz，有望成为未来可见光通信系统的发光器件。

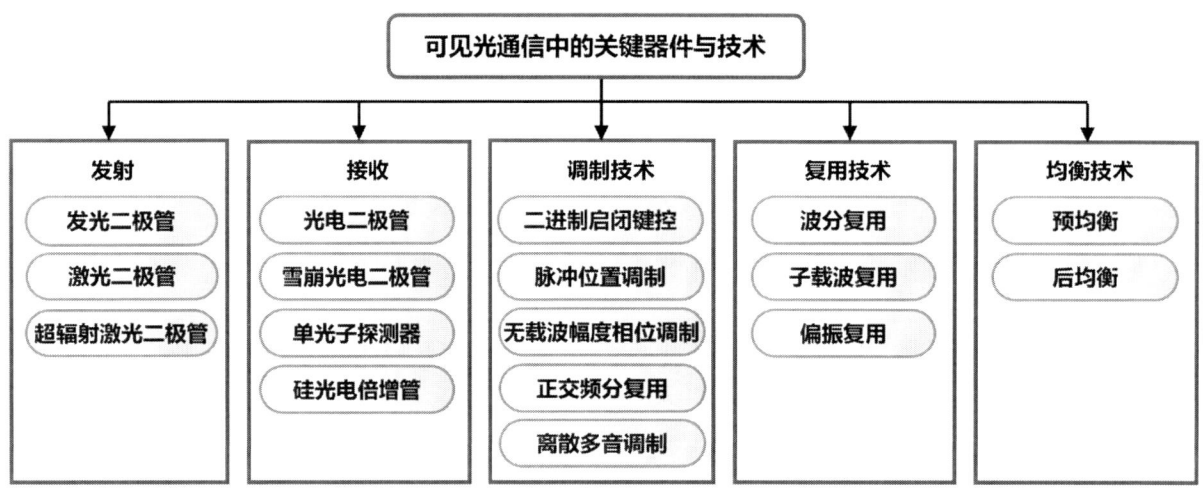

图 2 可见光通信中的关键器件与技术

在可见光通信系统接收端，需要实现光电转换的探测器来接收信号。一般对光电探测器的基本要求是响应度高、响应速度快、噪声低、线性关系强和工作寿命长等。常用的光电探测器有 PIN 光电二极管和雪崩光电二极管（Avalanche Photon Diode, APD）。PIN 光电二极管成本低，技术成熟，在可见光通信中应用最为广泛。相比于 PIN 光电二极管，APD 具有更高的响应灵敏度和更宽的响应带宽，但其成本较高，且需要很高的偏置电压，故应用相对较少。为了提升基于 PIN 的接收性能，2015 年，复旦大学的研究人员提出了了 3×3 的集成 PIN 阵列[3]，单个 PIN 带宽小于 25MHz，在可见光通信实验中实现了 1.2Gb/s 的传输速率，并证明性能优于单个 PIN 光电二极管。将上述可见光通信常见的光发射器和探测器的基本特点进行总结，如表 1 所示。此外，研究人员提出了一些新型的探测器件，如单光子探测器（Single-Photon Avalanche Diode, SPAD）和硅光电倍增管（Silicon Photo Multiplier, SiPM），因其超高的灵敏度，可用于探测极微弱的光信号。

表1 可见光通信中关键器件的特点

器件	位置	优点	缺点
发光二极管	发射端	成本低；功耗低；寿命长；对人眼安全	3dB 带宽 < 100 MHz
激光二极管	发射端	相干性高；无效率跌落；3dB 带宽 > 1GHz	散斑效应；对人眼有危害
超辐射激光二极管	发射端	效率高；对人眼安全；方向性好；3dB 带宽为 400 MHz~800 MHz	没有可靠性评估模型；存在联接失败的风险
光电二极管	接收端	成本低	灵敏度低；响应带宽有限
雪崩光电二极管	接收端	灵敏度高	成本高；额外的噪声

2.2 关键技术

除了关键器件以外，为了进一步提升可见光通信系统的性能，研究人员也对一些关键技术进行了大量研究，如调制技术、复用技术和均衡技术。

先进的调制技术可以有效提高光谱效率，实现高速通信。在可见光通信系统中，主要从振幅、相位、频率和偏振 4 个方面进行调制。常见的调制技术有二进制启闭键控（On-Off Keying, OOK）、脉冲位置调制（Pulse Position Modulation, PPM）、正交频分复用（Orthogonal Frequency Division Multiplexing, OFDM）、离散多音（Discrete Multi-Tone, DMT）和无载波幅度相位调制（Carrierless Amplitude and Phase, CAP）等。OOK 最为基础，通过单极性不归零码来控制载波的开启和关闭来进行调制，PPM 则通过改变脉冲位置实现调制，OOK 和 PPM 实现成本低，结构也较为简单。OFDM 是一种多载波调制方式，利用多个正交子载波并行传输数据，具有较强的抗多径干扰和频率选择性衰落的能力，实现了较高的频谱效率。但 OFDM 也存在峰值平均功率比（Peak to Average Power Ratio，PAPR）大和对频偏敏感的问题。DMT 调制属于 OFDM，其利用快速傅里叶逆变换（Inverse Fast Fourier Transform, IFFT）将时域信号的复数表示转换为实数表示，避免了 LED 无法直接传输常规 OFDM 产生的复数信号的问题。同样地，DMT 也存在 PAPR 大的缺陷，容易导致信号的非线性失真。CAP 调制在发射端采用两个相互正交的数字滤波器，避免了复数信号到实数信号的转换，其结构简单，并且可以提高频谱效率，实现高速传输。

多维复用技术是一种克服 VLC 系统调制带宽受限的技术之一，主要包含波分复用（Wavelength Division Multiplexing, WDM）、子载波复用（Subcarrier Multiplexing, SCM）和偏振复用（Polarization Division Multiplexing, PDM）。波分复用（WDM）一般采用 RGB 混合型 LED 作为发射光源，在发射端将信号分别调制到对应红、绿、蓝三种不同颜色波长的光载波上进行传输，如图3（a）所示，以上三种颜色的光在信道中混合产生白光，在接收端采用对应颜色的滤光片进行光载波分离，最后进一步对接收信号进行处理。采用这种类型的WDM技术，可将VLC系统容量提升3倍。2013年，有研究者采用红绿蓝三色波分复用系统进行信号传输，其中每个波长的调制带宽为156.25MHz，利用256QAM调制实现了每个波长1.25Gb/s的传输速率，总传输速率达到3.75Gb/s。子载波复用（SCM）是一种将信号调制到中心频率不同的子载波上，然后利用同一可见光波长进行传输的复用技术，该技术可以有效解决信道频响不平坦的问题。在SCM中，可以根据信道响应情况和需求单独对不同子载波的调制阶数、带宽和中心频率进行动态调整，具有很大灵活性。一般情况下，VLC系统中频率越高，则衰落越大、响应越差，故常在较低频率采用更高阶的QAM调制方式，如图3（b）所示。偏振复用即将信号调制到不同偏振方向的光上进行多路传输。虽然LED发出的光是非相干光，但仍可利用偏振片来获得不同偏振方向的线偏振光，如图3（c）所示。在VLC系统中实现PDM时，要求发射端的起偏器和接收端的检偏器一一对应。复旦大学的研究人员成功利用相互正交的偏振复用器实现了偏振复用，在一个2×2的可见光偏振复用系统中实现了1Gb/s的传输速率，传输距离为80cm。

　　均衡技术主要包括预均衡和后均衡两大类，其中预均衡主要是为了补偿可见光通信系统对信号造成的失真，通过提高LED响应带宽来实现高速率传输。预均衡又分为硬件预均衡和软件预均衡。硬件预均衡即通过设计相应的硬件实现预均衡，2015年，复旦大学的研究人员提出了桥T幅度均衡器[4]，该均衡器线性度高且阻抗匹配性能好，可有效补偿可见光信道。图4是其双级联结构，根据均衡器2种元器件数值与均衡器

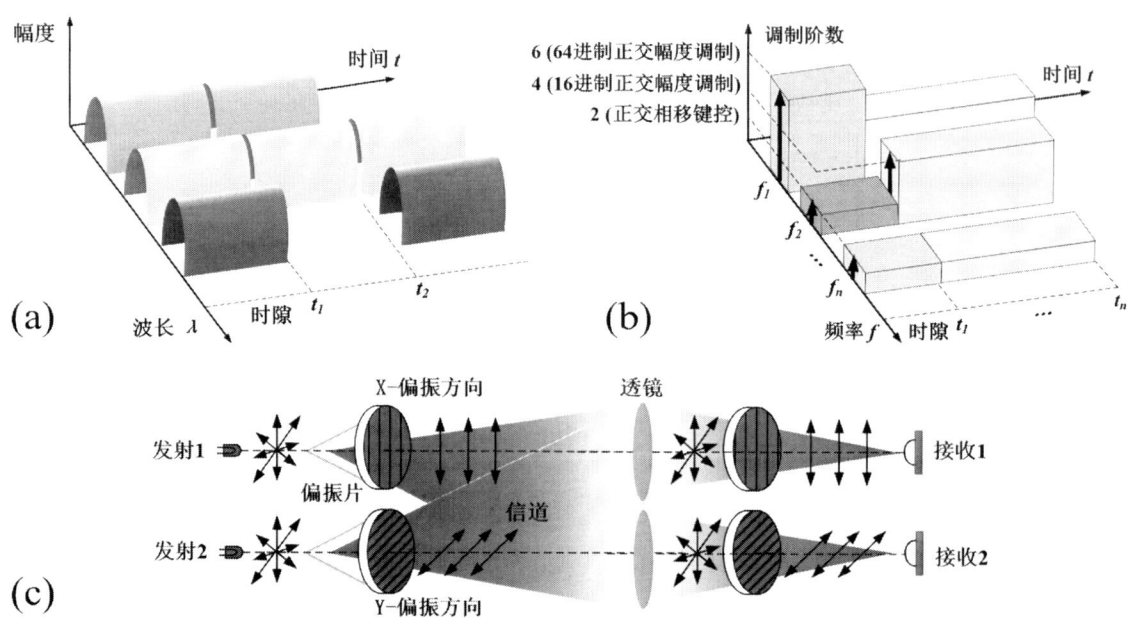

图3　三种复用技术原理图　（a）波分复用　（b）子载波复用　（c）偏振复用

1是否相同,可分为两个相同的单级幅度均衡器(双级联同构幅度均衡器)和两个不同的单级幅度均衡器(双级联异构幅度均衡器),异构均衡器比同构均衡器可调参数更多,灵活性更强。相比于单级幅度均衡器,双级联结构具有更强的信道补偿作用。软件预均衡避免了硬件预均衡中存在的模拟电路时间抖动、抗干扰能力弱、带宽受限等问题,灵活性更高。2014年,基于FIR滤波器的软件预均衡技术被提出。通过采用窗函数法或频率抽样法进行FIR滤波器设计,并且FIR滤波器具有任意的幅频特性、严格的线性相位、稳定等一系列优点。实验表明通过提高FIR滤波器的阶数,可以达到很好的均衡效果。除了发射端的预均衡技术外,接收端的后均衡技术也对VLC系统性能提升至关重要。由于VLC系统中信号经过信道传输后会因为多种原因产生畸变,故需要在接收端采用一些列后均衡算法对信道进行估计和补偿,可有效提高接收信号的质量。常见的后均衡算法包括恒模算法(CMA)、级联多模算法(CMMA)、改进的级联多模算法(M-CMMA)和判决辅助最小均方(DD-LMS)算法。

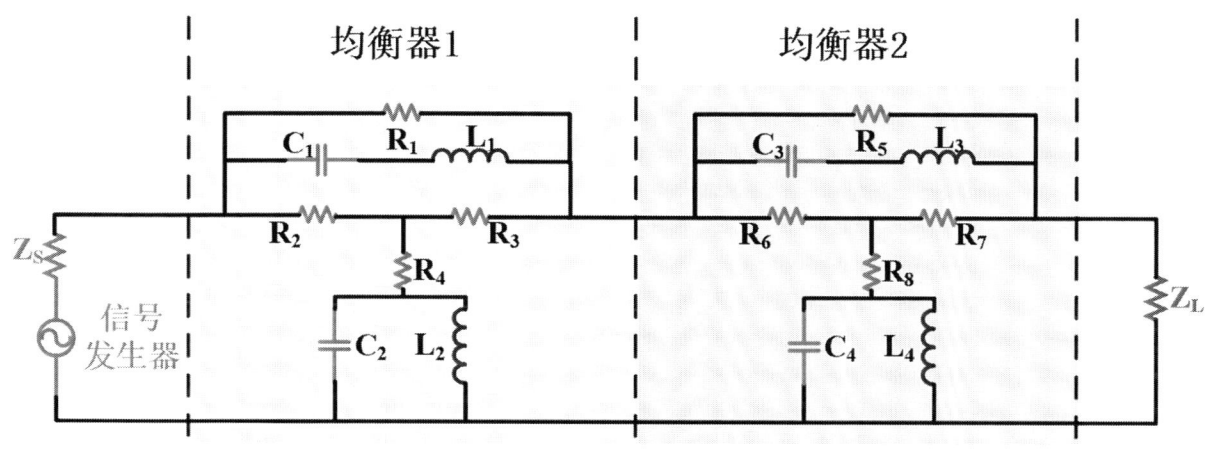

图4 双级联桥T幅度均衡器

3. 人工智能在可见光通信中的应用

随着人工智能飞速发展,凭借其在预测、分类、模式识别和数据挖掘等领域的突出性能,已经被广泛研究和应用。近年来,可见光通信领域逐渐结合人工智能相关算法来尝试解决一些可见光通信中的难题,进一步提升VLC系统的性能。在VLC系统中,人工智能算法常被用于系统非线性补偿、调制方式识别、相位估计、信道估计和室内VLC定位等任务中,如图5所示。

在VLC系统中,传输信号总是会受到线性和非线性失真的影响,导致误码率的升高,严重影响VLC系统的性能。非线性效应主要来源于VLC系统中的非线性器件,如驱动电路、LED和PIN等。近年来人工智能被广泛用于补偿VLC系统中信号的非线性失真,例如聚类算法和神经网络。常用的聚类算法如K均值聚类算法和基于聚类的感知决策(Clustering Algorithm based Perception Decision, CAPD)算法。2017年,

CAPD 被应用于多带 CAP VLC 系统中,与单一线性补偿相比,VLC 系统的 Q 因子提高了 1.6dB～2.5dB。2018 年,一种基于 K 均值的预失真方法被提出,实验证明使用该方法实现了至少 50% 的性能提升。考虑到神经网络可以通过其强大的非线性映射能力来学习系统的特性,研究人员开始尝试将神经网络应用于 VLC 系统中以补偿系统的非线性失真。几种类型的人工神经网络被证明可用作均衡器,包括多层感知机(Multi-Layer Perceptron,MLP)、径向基函数(Radial Basis Function,RBF)和函数链接型人工神经网络(Functional Link Artificial Neural Network,FLANN)。MLP 是一个复杂度较低的人工神经网络,MLP 均衡器在 VLC 系统中的应用于 2015 年提出。在此基础上,2019 年新提出的双分支多层感知机(Dual-Branch Multi-Layer Perceptron, DBMLP)的后均衡器具有比 MLP 均衡器更好的性能;同一年有研究人员提出并实验验证了一种基于 FLANN 的非线性补偿方案,通过单带和多带的 CAP64 信号传输实验均证明了 FLANN 在非线性抑制方面的突出性能,可实现多达 9 个子带的 CAP64 传输,部分子载波误码率降低 50%～99%。深度神经网络也被认为是实现 VLC 系统均衡和减轻非线性的有效方法。2018 年,一种基于高斯核(Gaussian kernel)的多层神经网络 GK-DNN 被用于水下可见光通信中的数据后均衡。高斯核的加入提高了网络收敛速度,减少了 47.06% 的训练次数。2019 年,长短期记忆(Long Short-Term Memory,LSTM)在 VLC 系统中被首次应用。相比于传统的均衡方法,基于 LSTM 的均衡器将系统的 Q 因子提高了 1.2dB,并延长了传输距离,同时降低了系统复杂性。2020 年,基于时频联合图像分析的神经网络(joint time-frequency post-equalizer based on deep neural network and image

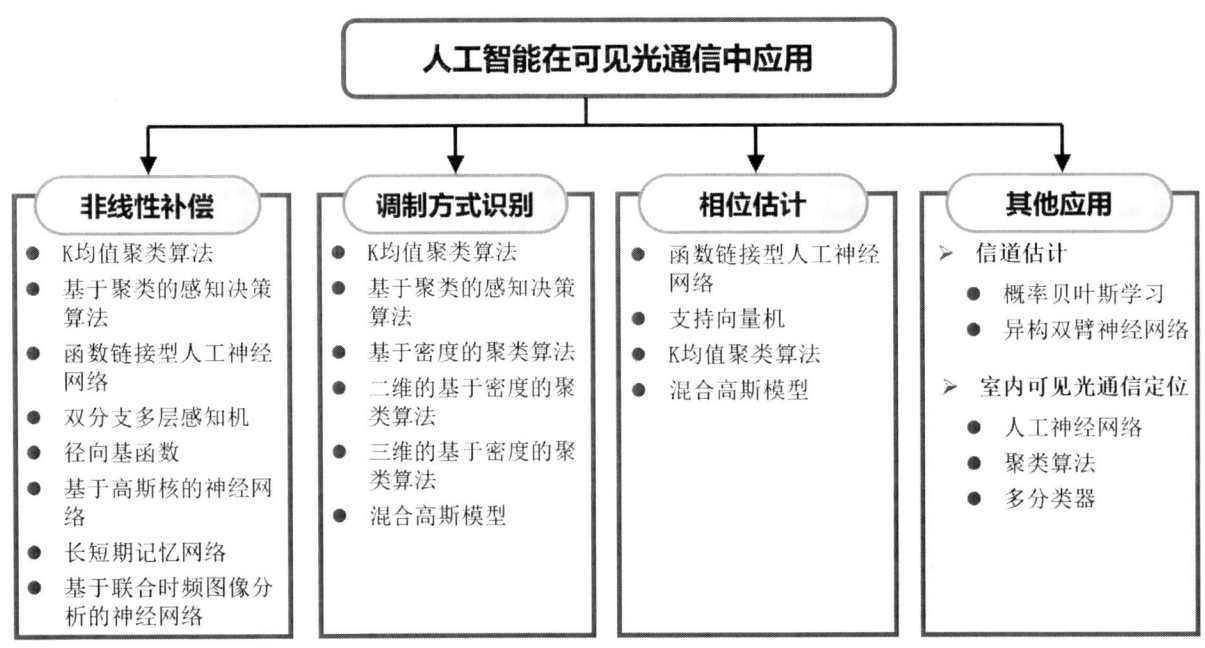

图 5　人工智能在可见光通信中的应用

analysis, TFDNet)开始把信号的频域特征也加入到神经网络的训练中,首次将时频图像分析应用于水下可见光通信系统中的非线性补偿。实验结果表明在补偿非线性失真方面,TFDNet 优于基于 Volterra 和 DNN 的方法。

人工智能算法也常被用于 VLC 系统中的调制方式识别,以减少接收信号的误判。上文提到的 K 均值聚类算法和 CAPD 也适用于 VLC 系统中的调制方式识别。除此之外,基于密度的聚类算法(Density-Based Spatial Clustering of Applications with Noise,DBSCAN)以及对应更高维的 2D DBSCAN 和 3D DBSCAN 也可用于进行调制方式识别。2018 年,一种基于 DBSCAN 的方法被用来区分 PAM VLC 系统中的不同信号电平,该方法在 2019 年进一步扩展到同相/正交二维空间和同相/正交/时间三维空间,分别被称为 2D DBSCAN 和 3D DBSCAN。也有人利用混合高斯模型(Gaussian mixture model,GMM)再生 QAM 信号的判决边界,有效地补偿了星座不匹配引起的误判。

在 VLC 系统中,非线性会导致接收信号的相位偏差。通过使用人工智能算法,如支持向量机(Support Vector Machine,SVM)和 K 均值聚类算法,可以有效地补偿由相位偏差引起的 VLC 系统的非线性恶化。2019 年,基于 K 均值聚类的算法被用于校正相位偏差,用于校正 8QAM 星座的相位偏差,应用该算法后最高数据速率得到了较大提升。2020 年,有研究者采用 SVM 进行星座分类,在 960Mb/s 的总容量下,Q 因子提高了 11.5dB。

此外,人工智能还可以用于 VLC 系统的其他应用。概率贝叶斯学习(Probabilistic Bayesian Learning,PBL)和异构双臂神经网络(Two Tributary Heterogeneous neural networks,TTHnets)已经被提出并用于信道估计。2017 年用作 VLC 信道估计器的 PBL 技术显著降低了所需的训练开销。2019 年,新提出的异构双臂神经网络 TTHnets 被用于水下可见光信道估计。与传统神经网络相比,TTHnets 信道仿真器只有 1 932 个可训练参数,极大地降低了网络参数数目,并实现了更高的估计准确性。在室内可见光通信定位应用中,人工智能算法也是一个强大的工具,ANN、聚类和多分类器都可以用来实现室内可见光通信定位。

4. 结束语

本文结合最新的可见光通信研究进展,介绍了可见光通信系统中的关键器件和关键技术,目前关于可见光通信发射、接收器件和调制、复用、均衡等技术的研究已经取得了许多显著的成果。我们还重点对人工智能在可见光通信领域中应用进行了探讨,包括非线性补偿、调制方式识别、相位估计、信道估计和室内 VLC 定位。近年来,人工智能在可见光通信中的研究已经取得了一定进展,但仍处于起步阶段,还有很多与人工智能相结合的可见光通信技术值得去探索。我们有理由相信,将人工智能与可见光通信技术相结合,用以解决可见光通信领域的一些难题,既是实现可见光通信快速发展的可行方案,也是适应 6G 智能化网络和技术的发展趋势的重要研究方向。

参考文献

[1] YANG P, XIXO Y, XIZO M, et al. 6G Wireless Communications: Vision and Potential Techniques[J]. IEEE Network, 2019, 33（4）:70-75.

[2] ChI N, ZhOU Y, WEI Y, et al. Visible Light Communication in 6G: Advances, Challenges, and Prospects[J]. IEEE Vehicular Technology Magazine, 2020, 15（4）: 93-102.

[3] LI J, HUANG X, JI X, et al. An integrated PIN-array receiver for visible light communication[J]. Journal of Optics, 2015, 17（10）: 105805.

[4] HUANG X, ShI J, LI J, et al. 750Mbit/s visible light communications employing 64QAM-OFDM based on amplitude equalization circuit[C]// 2015 Optical Fiber Communications Conference and Exhibition （OFC）. Los Angeles, CA, USA, 2015: 1-3.

作者简介

迟楠，复旦大学信息学院院长，教授，博士生导师。国家杰出青年科学基金获得者，美国光学学会OSA Fellow。长期从事高速光通信和高速可见光通信方面的研究，主要研究高谱效率多维多阶光调制技术和数字信号处理技术。发表SCI检索论文260余篇，Google引用8000余次，4篇ESI高被引论文，出版专著6部。5次担任光通信国际会议主席，近5年应邀在国际会议作大会主题报告5次、特邀报告30余次。获教育部自然科学二等奖、中国产学研合作创新一等奖、国际工业博览会创新奖等各1项。

王 杰

王杰，2020年在厦门大学获学士学位，目前在复旦大学攻读硕士学位。研究兴趣为可见光通信。

光纤传感技术在长距离输水隧洞结构监测中的应用
Application of optical fiber sensing technology in structure monitoring of water conveyance tunnel with long distance

赵 霞

赵 霞 陆骁旻 方 玄 冯唯一
江苏法尔胜光电科技有限公司

摘 要：长距离输水隧洞作为大型引调水项目的主要组成部分，肩负着合理配置水资源的重要任务。为了实时掌握隧洞结构安全状况，保证输水隧洞的正常运营，需要在传统监测手段的基础上，增加隧洞结构的实时在线监测系统。本文以引洮供水工程为例，介绍了光纤传感技术在长距离输水隧洞结构安全监测中的应用情况。通过分析传感器与应变光缆的安装敷设方式、长期监测数据，验证了光纤传感技术在长距离输水隧洞结构监测中的有效性与可行性。

关键词：长距离输水隧洞 光纤传感技术 光纤光栅传感器 分布式应变感测光缆

1. 引言

我国水资源呈东南丰富、西北不足的特点，为打破水资源分配不均衡等问题，越来越多引调水工程开工建设并投入使用。在国家大力支持下，大型跨流域调水工程已经成为我国重要的基础性建设之一，仅"十三五"期间的172项重点水利工程，总投资规模已超过1万亿。随着引调水范围不断扩大与项目施工技术不断进步，作为引调水工程中重要组成部分的输水隧洞，建设规模不断加大。在引汉济渭、引洮工程、滇中引水等大型引调水工程中，已经出现了数十公里的超长输水隧洞。这些长距离输水隧洞在建设过程中常穿越多种复杂地质构造段，自身结构易受周边地质环境变化的影响。由于输水隧洞在整个引调水工程中的不可或缺性，隧洞结构一旦发生破坏，将会直接影响引调水工程的安全性与耐久性。因此需要对长距离输水隧洞全线结构的安全状况进行把握。

由于长距离输水隧洞内电类传感器无法实现对隧洞深处结构情况的感知，传统巡检的方式也受停水周期的影响，因此传统手段无法满足对长距离输水隧洞全线结构安全监测的需求。光纤传感技术的出现，打破了传统监测手段的壁垒，使长距离输水隧洞结构全线监测成为可能。光纤传感技术具有寿命长、可靠性好、现场无源、抗电磁干扰等特点，特别适合长距离输水隧洞结构的长期在线监测。

本文以甘肃引洮供水工程中的长距离输水隧洞作为主要研究对象，重点探究光纤光栅传感技术与分布式光纤传感技术在长距离输水隧洞结构监测中的应用。

2．长距离输水隧洞结构监测

引洮供水工程作为国家重点水利工程之一，共分为两期。一期总干渠工程以隧洞为主，共设输水隧洞15座92.97km，占全长的84.2%，其中3、6、7、9隧洞的长度分别为13.2km、15.1km、17.2km、18.2km，大于10km的隧洞占总干渠长度的57.6%。二期工程全长95.1km，其中隧洞20座，长度90.6km，占渠线总长的95.25%。为保障工程周边数百万人的用水需求，引洮供水工程在日常运营过程中无法保证特定的停水周期，临时性的停水很难满足全线人工巡检的需求。因此，需要在隧洞内部安装各类安全监测仪器，用于采集隧洞内重点参数的动态变化值。通过对监测数值的处理与分析，对监测区域内结构的当前状态有一个较为详细及客观的了解，并作为结构安全发展趋势的重要依据。

本项目中主要采用了光纤光栅传感器与分布式应变光缆作为感测单元，通过安装不同类型传感器，对特定区域内隧洞结构的收敛、应力、温度、渗压等参数进行长期实时监测；通过在16#、31#、32#隧洞全线布设应变感测光缆，了解上述3条隧洞全线结构变化趋势与重点区域结构收敛情况。

2.1 项目实施方案

根据相关规范要求，在运营期内，为保证对输水隧洞结构状态的监测，需要在隧洞内设置永久监测断面。为区分监测区域的重要性，在重点监测部位安装光纤光栅点式传感器，其中包括了光纤光栅多点位移计、光纤光栅埋入式测缝计、光纤光栅渗压计、光纤光栅钢筋计、光纤光栅应力计等，用于监测结构的收敛变形、衬砌位移、渗水压力、钢筋应力等参数。主要传感器的安装如图1所示。

采用开槽预埋的方式敷设分布式应变感测光缆，用于对隧洞全线结构的变化情况有一个初步的了解与判断。对于重点监测部位，采用增加环向光缆的方式，监测隧洞的收敛变形。应变感测光缆敷设方式如图2所示。

当监测区域内隧洞结构出现变化时，传感器与应变光缆的监测数值将发生改变，通过计算变量可以了解各监测区域内不同监测参数的变化情况。通过全线应变光缆监测曲线的变化，可以实时了解全线隧洞不同区域内结构的变化趋势。

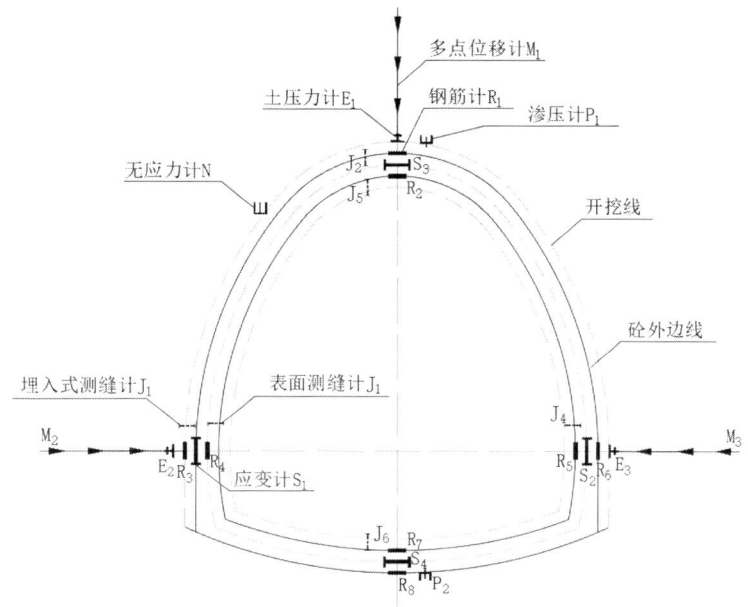

图 1 光纤光栅传感器安装示意图

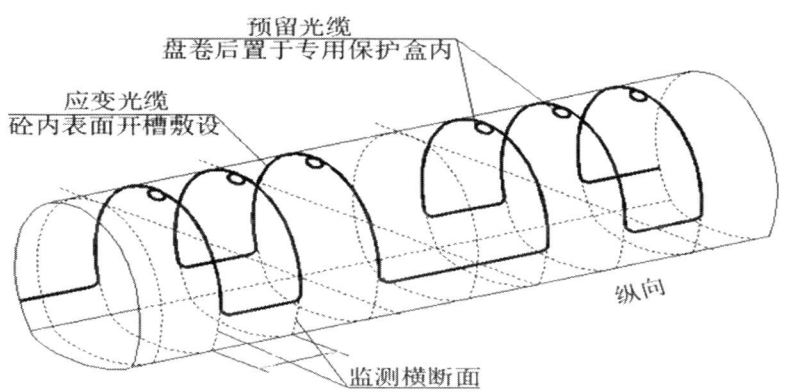

三心圆型隧洞断面应变光缆布置纵向示意图
1∶100

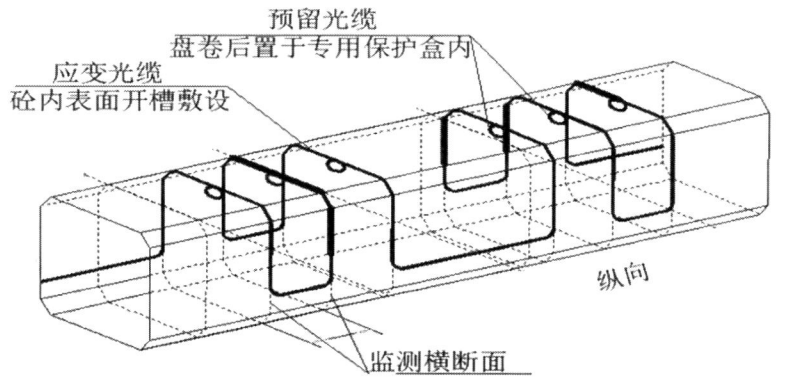

矩形暗渠断面应变光缆布置纵向示意图
1∶100

图 2 应变感测光缆敷设示意图

3. 光纤传感技术应用效果分析

3.1 安全监测系统平台

监测系统平台以引洮供水一期、二期工程内各类传感设备的监测数据（光纤光栅传感器、分布式应变光缆）为基础，将数据分析处理后，以图形、数据表格等直观的方式展示发布；通过集成综合信息展示与查询、报警策略设置、统计报表发布、用户管理等方面实现信息化的综合管理。整套系统方便营运单位管理人员对输水隧洞结构的运行情况进行实时监控、浏览、查询与控制，提高现场管理人员的工作效率，有利于实现项目整体的信息化管理，推动以"集约化、信息化、多元化"为核心的智慧水利的建设。

截止目前，甘肃引洮一期供水工程安全监测系统平台已正常运行超5年，监测数据稳定，未出现系统BUG、系统误报等问题，为隧洞结构的运营管理提供了大量数据支持。引洮供水一期工程安全监测系统平台如图3所示；二期供水工程安全监测系统平台已完成初步架构，系统测试稳定，待现地站完成建设后将完成现场布置。引洮供水二期工程安全监测系统平台如图4所示。

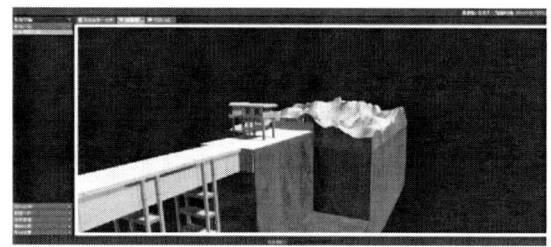

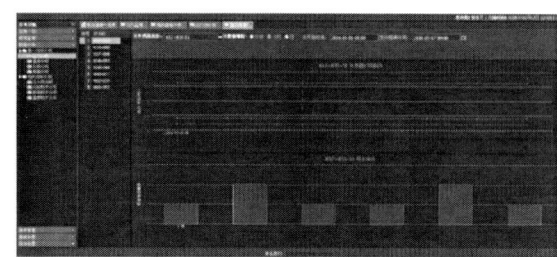

图3 引洮供水一期工程安全监测系统平台

图4 引洮供水二期工程安全监测系统平台

3.2 监测结果

截止目前,引洮供水一期工程系统平台已采集超过5年的数据,从长时间监测数据可以了解到,应力变化区间为:-0.5～1.1MPa;位移变化区间为:-0.3～0.7mm;温度变化区间为:-5～15℃;监测区域内沉降变化区间为:-1.5～0.6mm。监测数据表明,监测参数处于一个相对较小的范围内,监测区域内结构处于相对稳定的状态。通过对长期数据的分析可以了解到,监测数据呈周期性变化,且变化周期以年为单位,表明监测结构会受到气候变化的影响。该趋势与现实监测数据一致,表明了监测系统的真实有效性。其中,引洮供水一期工程部分数据情况如图5、图6所示。

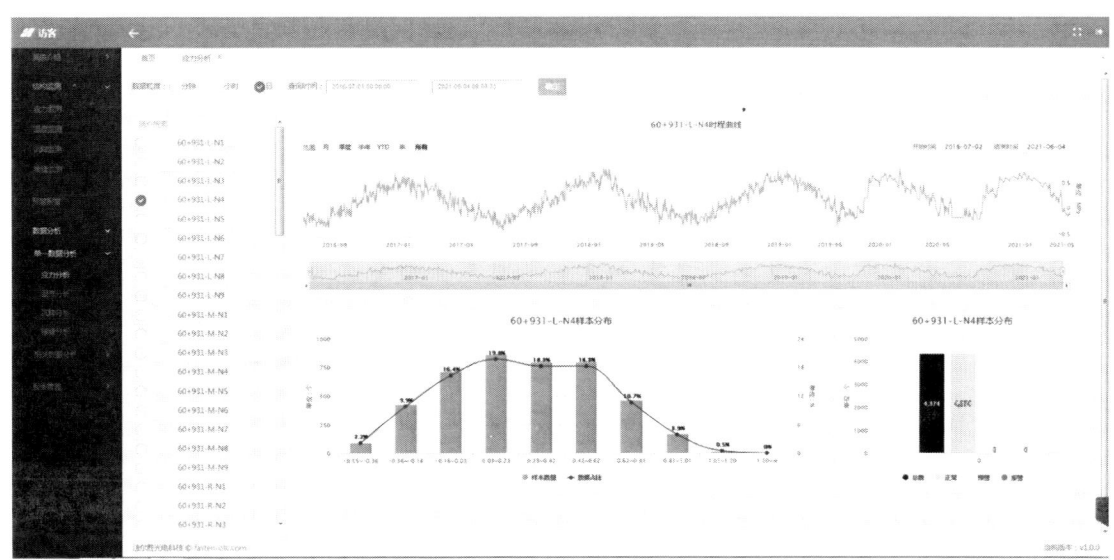

图5 引洮供水一期工程应力传感器监测曲线图

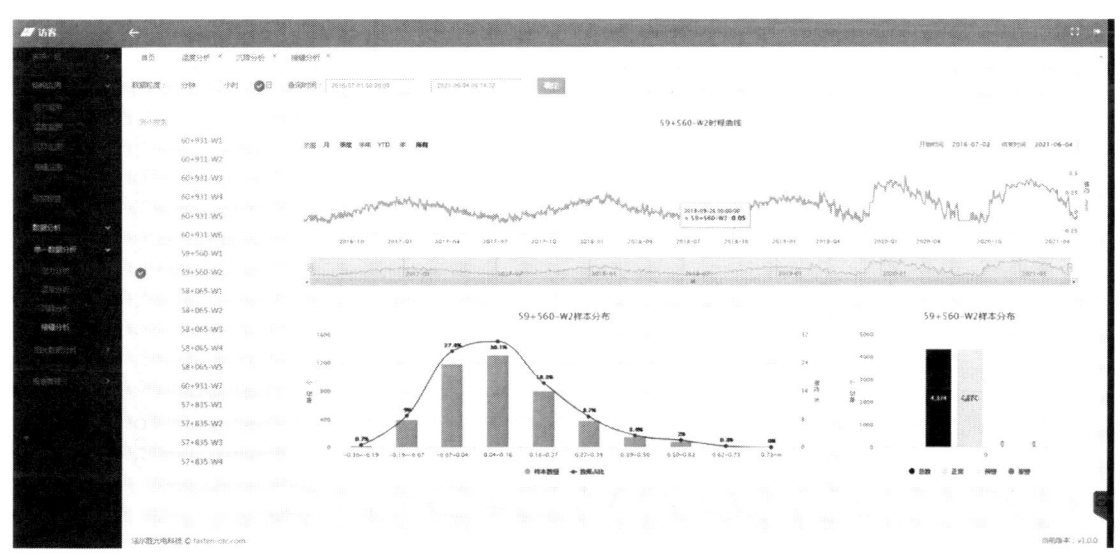

图6 引洮供水一期工程位移传感器监测曲线图

现阶段，引洮二期工程部分隧洞仍处于施工阶段，对隧洞结构的数据的获取仅能通过人工数据采集，尚未实现数据的自动化采集。通过长期多次数据的采集分析，部分传感器的监测数据如图7所示。

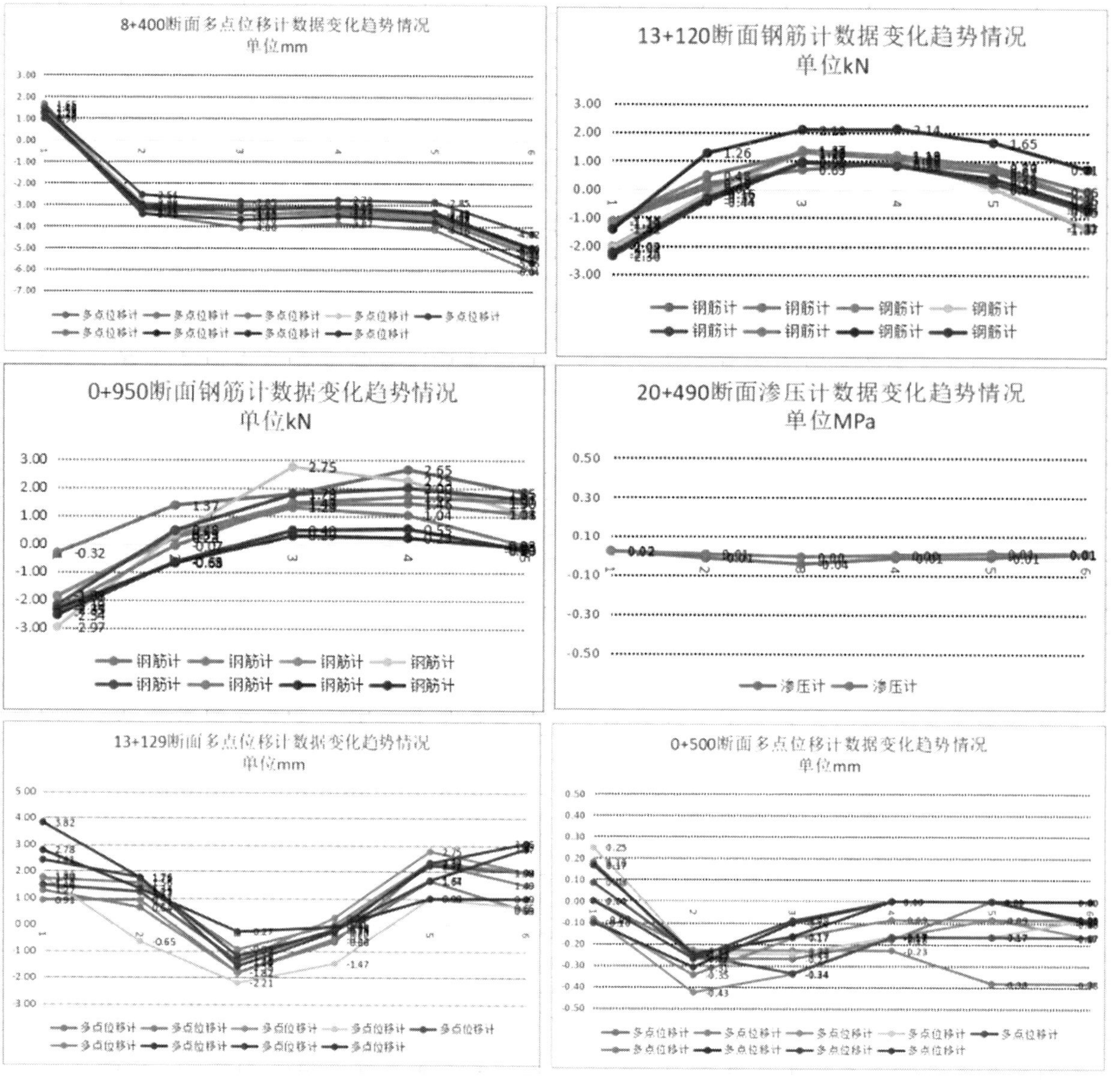

图7 引洮供水二期工程部分传感器监测曲线图

引洮供水二期工程监测数据从相对较大的变化向着平稳趋势过度，相同位置同类传感器的监测数据逐渐统一，反映出隧洞结构在经历开挖、衬砌后逐渐趋于稳定。监测数据与结构实际变形情况相符，表明安装完成的传感器与隧洞结构能够很好地协同变形，监测数据真实有效反映出隧洞结构的变化情况。

由上述监测数据可知，以光纤传感技术为核心的隧洞结构监测系统平台对引洮供水工程监测区域内的结构变化情况有一个直观且真实的反馈。

4. 结束语

光纤传感技术在引洮工程中的成功应用，表明光纤传感技术能够满足对长距离输水隧洞结构的监测需求。通过监测信号与结构形式相结合的方式，结合智能化的分析手段，最终为用户方提供结构运营管理的决策依据，在发生事故的时候便于分析事故原因，保证结构的正常运营，减少非不可抗力破坏带来的经济损失，为结构本身或信息化系统设计的发展提供方向性支持。在输水隧洞全线结构安全监测成为"智慧水利"建设过程中不可或缺的组成部分的当下，光纤传感技术在长距离输水隧洞结构监测中将拥有很好的应用前景。

参考文献

[1] 唐江凌，胡君辉. 浅谈光纤传感技术的应用与发展[J]. 科技视界，2019（02）:52-53.

[2] 杜泽快，胡长华. 滇中引水工程输水隧洞安全监测设计原则研究[J]. 人民长江，2019，50（10）:157-161，170.

[3] 何勇军，范光亚，徐海峰，李铮. 输水隧洞安全监控与预警技术研究进展[J]. 东北水利水电，2014，32（10）:48-50，56，72.

[4] 张玉坤. 光纤光栅传感器在长距离输水工程中的应用[J]. 吉林水利,2012（05）:28-29，35.

作者简介

赵霞，博士，正高级工程师，江苏法尔胜光电科技有限公司总经理。先后获得中国专利优秀奖、中国材料研究学会科学技术奖一等奖、江苏省科学技术奖二等奖、江苏省有突出贡献中青年专家、江苏省十大青年科技之星、江苏省青年双创英才、江苏省333高层次人才培养工程培养对象、无锡市劳动模范、无锡市有突出贡献中青年专家、无锡市十大杰出青年等荣誉和奖项。从事光纤传感技术及特种光纤技术研究10年。带领团队先后承担了15项国家和省部级重点项目，其中包括中央军委装备发展部预研、型谱、工程替代及共性支撑项目4项，国家重点研发专项4项，省级保偏光纤重点项目5项。申请PCT1件，获7个国家或组织授权；获授权国家专利84件，其中发明专利14件。发表专业论文42篇，主持科技成果鉴定及新产品鉴定7项。

陆骁旻，江苏法尔胜光电科技有限公司监测系统部项目负责人。多次承担桥梁、隧道、水利、石油石化、电力等领域监测项目的项目经理。主要负责光纤传感监测项目的实施及各类传感器、特种光缆的应用工艺优化。

陆骁旻

方　玄

方玄，江苏法尔胜光电科技有限公司监测系统部经理。从事光纤传感技术及特种光缆技术研发多年，作为项目负责人多次承担国家级省市级重点研发项目。带领团队先后参与并完成"沪苏通长江大桥索力监测""甘肃引洮供水一期工程安全监测""甘肃引洮供水二期工程安全监测""滇中引水工程安全监测"等多个国家重点项目的安全监测任务。

冯维一

冯维一，博士后，江苏法尔胜光电科技有限公司监测系统部技术负责人。先后承担中国博士后基金项目、江苏省科技成果转化等重大项目。目前已参与并完成多项以光纤传感为核心的安全监测工程，涉及多个应用领域。已发表论文20余篇，授权专利8件。

中国光纤通信业界
2021～2022年成就展示

长飞公司成就展示

● 重大项目

1. 长飞超低衰减 G.654.E 光纤再次应用于国家电网特高压工程（2021.8.6）

工程简介

陕北—湖北 ±800 千伏特高压直流输电工程北起陕西省榆林市，南止湖北省武汉市，连接陕西、山西、河南、湖北 4 省，线路全长 1127km，是推进西部大开发与中部地区崛起的重点工程。工程投运后将有效缓解华中地区中长期电力供需矛盾，对推动陕北能源基地集约开发和电力大规模外送、实现区域协调发展具有重要意义。

2021 年 8 月 6 日，国家电网陕北—湖北 ±800 千伏特高压直流工程启动送电，这一条输电大通道实现了陕北能源基地与华中负荷中心的直接连通，将陕北的绿色电能直接送到湖北。该工程采用长飞光纤光缆股份有限公司（以下简称"长飞公司"）远贝®超强超低衰减 G.654.E 光纤，实现了单跨距 467km 的无中继长距离传输的突破，助力特高压工程通信技术高质量发展。

作为全球光通信行业的领军企业，长飞公司依托强大的光纤研发实力，已开发多元的光纤系列产品；其中，远贝®超强超低衰减 G.654.E 光纤、全贝®超强超低损耗 G.652 光纤、为特高压直流输电系统提供的智能工控解决方案等已在雅中—江西 ±800 千伏特高压直流输电工程、张北 500 千伏柔性直流项目、北京西到石家庄 1000 千伏交流特高压工程、阿里联网工程、锦苏—苏南 ±800 千伏特高压直流输电工程、昌吉—古泉 ±1100 千伏特高压直流输电工程、巴西美丽山项目等多个项目中使用。

2. 长飞助力中国电信建成全球首条全 G.654.E 陆地干线光缆、完成首次 400Gb/s 超长距现网传输试验（2021.9.23）

中国电信已在上海—广州间建成国内首条全 G.654.E 陆地干线光缆，全长 1970km。该线路采用长飞公司远贝®超强超低衰减 G.654.E 光纤，完成了国内首次在 G.654.E 光缆上的 400Gb/s 超长距 WDM 传输商用设备现网试验，实现了超过 1900km 的无电中继传输。

长飞公司远贝®超强超低衰减 G.654.E 光纤具有更低的衰减系数，可以延长传输距离，减少中继站数量，降低建设成本；更大的有效面积，可以提高入纤光功率，降低非线性效应。中国电信积极探索并在业内率先引入长飞公司远贝®超强超低衰减 G.654.E 光纤，现网试验显示，在 G.654.E 光纤环境中，100G、200G、400G 等速率均可实现上海—广州的全程无电中继传输，12小时以上连续测试无误码，三周测试期间系统运行稳定。现网对比测试结果表明，G.654.E光缆的应用可以使得系统OSNR（光信噪比）相较G.652D纤芯环境提升3.5dB，起到减少电中继数量和节能降耗等实际效果，为未来单波1T及更高速率传输系统的发展演进提供了有力支撑。

多年来，长飞公司积极推进G.654.E国际标准制定，并致力于推动G.654.E新型光纤产业化规模应用、助力高品质网络建设。除了远贝®超强超低衰减G.654.E光纤，长飞公司还推出了覆盖从接入网到骨干网，从陆地到海洋的全场景、优品质的各类光纤产品，形成了以易贝、超贝、亮贝、全贝、强贝等自有光纤品牌为代表，具有自主知识产权、质量竞争力强的全系列光纤品牌产品家族，为光传输夯实了基础。

3. 长飞半有源波分解决方案助力广西移动多地完成集中式网管试点（2021.10.29）

2021年10月，在广西移动桂林公司和广西移动其他地市公司的配合下，长飞公司在广西多地完成了半有源设备的集中式网管测试验证。测试表明，通过服务器级的网管系统，可完成对多套半有源设备的远程管理和网络保护，极大提高网络的安全性与维护的便利性。

伴随着5G建设组网场景从D-RAN到C-RAN的演进，5G前传技术也从4G之前的传统灰光模块光纤直驱方案演进到无源WDM、有源WDM等多种WDM方案，但其也分别存在无管控和高成本等问题，对数据安全性和网络稳定性要求高的场景，如

政府机关、大型智造工厂、医院、科研机构等的网络安全带来极大的挑战。

为了应对上述场景应用的迫切需求，长飞公司深度参与中国移动半有源Open-WDM方案及标准制定，迅速响应开展技术攻关和产品研发。目前，长飞公司已研发完成全套半有源Open-WDM系统，包括MWDM彩光模块、局端半有源WDM设备及板卡、远端无源合分波器以及可实现服务器级集中式网管的网管系统，可有效解决无线前传网络无管控、无保护、故障定位难、业务维护难的痛点，同时也破解了前传哑资源管理、光纤资源紧张、低成本需求等难题。

现阶段，长飞公司的半有源Open-WDM系统，已参加并通过中国移动半有源Open-WDM现网测试，全面验证了设备传输性能、OAM功能、管控接口的核心能力以及支持标准接口的网管系统，检验了相关关键技术和设备及网管系统的成熟度。

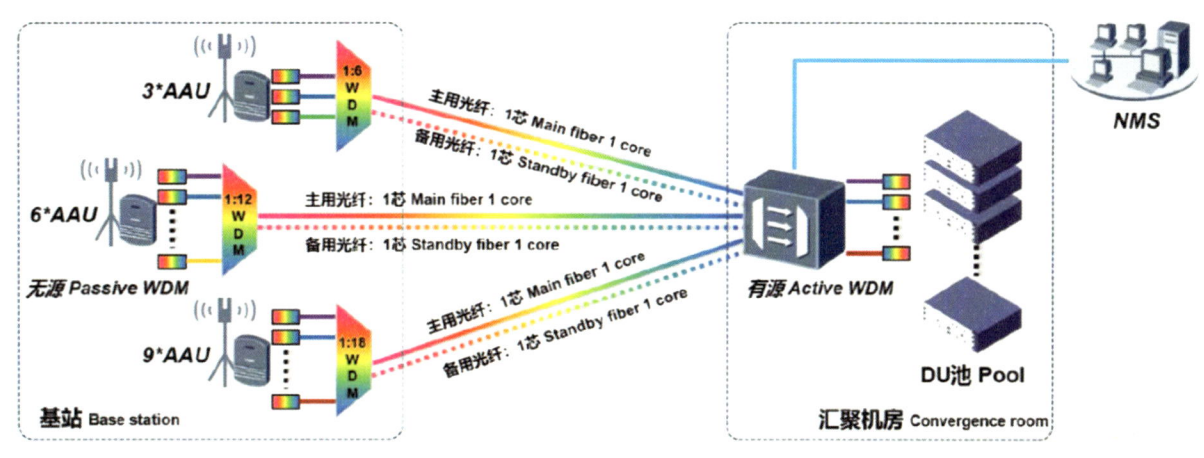

（图片源自C114官网）

本次广西多地的集中式网管测试验证，组网采用上图所示的组网结构，该组网采用波分复用技术，实现多波道在单芯光纤上的传输，一个前传站点（BBU/3*RRU）只需要1芯光纤就能完成，可大量节省光纤资源；同时，该组网还将局端5G DU或4G BBU侧的半有源设备接入了备纤网络，实现了1+1链路保护、主备光纤功率实时监测、自动保护倒换等保护功能；此外，该结构还实现了半有源波分设备在服务器上的集中可视化网管，能提供故障诊断定位、告警显示、告警统计、告警处理等功能，极大降低了维护工作量，提高了重点区域的网络安全。

● 创新产品与技术

1. 长飞助力中国移动完成骨干传送网单载波400G关键技术研究验证（2021.9.22）
由中国移动研究院牵头，联合长飞公司、华为技术有限公司、上海诺基亚贝尔股份有限公司等业界合作伙伴，共同完成基于单载波 400G OTN（光传送网）的关键技术验证，实现了总长度为 1700km 的超高速传输，快速推动了超长距超大容量光传输技术研究的进步。验证试验采用长飞公司远贝®超强超低衰减 G.654.E 光纤，这是远贝®超强超低衰减 G.654.E 光纤继今年 3 月助力 800G 系统 1100km 传输后，在大容量、长距离光传输技术研究领域的新突破。

单载波 400G OTN（光传送网）是下一代骨干传送网的核心技术，但仍然存在传输距离不足、编码方式各异、频谱定义不一、系统总容量受限等诸多关键技术问题。在 2019 年的测试中，单载波 400G 仅能达到约 600km 传输距离，无法满足现网使用需求。

为了应对这一问题，在本次关键技术研究中，中国移动依托长期研究超 100G 光传输的良好技术基础与应用经验，联合业界合作伙伴，通过对 400G 系统各部分损伤的精确评估，开展了对 400G 系统的波特率与通道间隔、编码格式与调制方案、新型光纤衰减特性与非线性损伤、基于 EDFA+ 拉曼的混合放大器的噪声抑制及频谱波段扩展等诸多关键技术的深入研究，并对传输系统性能进行了综合优化。

其中，通过引入长飞公司远贝®超强超低衰减 G.654.E 光纤，替代 G.652.D 光纤，其具有更低的衰减系数，可以延长传输距离、减少中继站数量、降低建设成本；具有更大的有效面积，可以提高入纤光功率、降低非线性效应。同时联合使用其他多种技术优化手段，最终实现了在超长距 1700km G.654.E 光纤链路上传送 10 路 400G 超高速 OTN（光传送网）信号。

长飞公司远贝®超强超低衰减 G.654.E 光纤以其优良的性能，可支持当前 40G 和 100G 系统，满足未来 400G 甚至 800G 的系统需求，是高速率、长距离、大容量光传输的最优选择。

本次单载波 400G 关键技术研究全面对比和验证了各类模型的性能，为骨干网由 100G 向 400G 的代际演进积累了宝贵的数据并提供了重要参考。秉持"智慧联接　美好生活"的使命，长飞公司将坚持创新驱动发展，与上下游合作伙伴开展更加广泛和深入的合作领域，助力国家 5G 网络的快速建设与发展，不断为行业客户创造新价值、提供新动能。

2. 聚焦前沿创新｜长飞助力中国移动完成骨干网传输关键技术研究验证（2021.10.14）

由中国移动牵头联合北京大学、华为技术有限公司、长飞公司，共同攻关基于弱耦合少模光纤的骨干网传输技术，实现了总长度为 300km 的 3 模式 ×4 波长 ×200Gb/s 实时弱耦合模分复用传输实验验证；相较于此前同类实验，可用模式数增加至 3 个，传输距离提升至 3 倍，为目前世界纪录，为面向未来的多维复用光传输技术发展提供了重要参考。

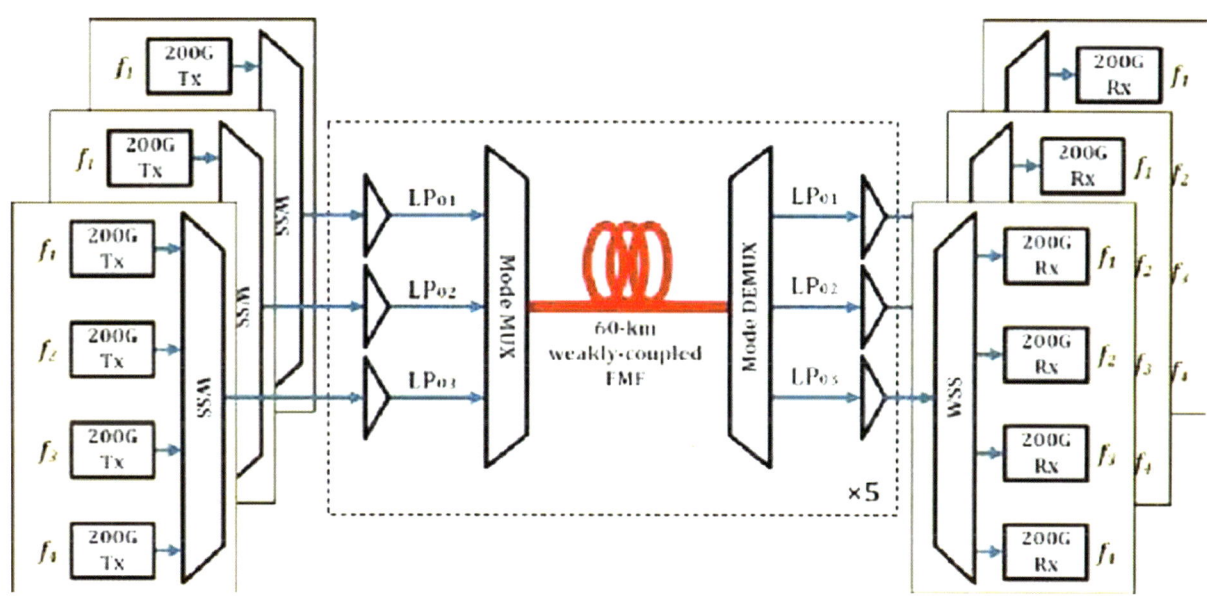

随着云计算、大数据、物联网等高带宽要求新兴业务的不断发展，由此带来的高增长网络带宽需求呈现指数级上升趋势。目前基于商用单模光纤的超高速光传输系统已经接近非线性香农极限。为了打破容量瓶颈，可通过传输多个独立模式实现传输容量倍数级增长的少模光纤在近年来成为研究的热点，并得到了学术界和工业界的广泛关注。其中，弱耦合少模光纤及其模分复用传输系统具备与现有实时 OTN 设备兼容的优势，有较好的实用化前景。此次实验中的光纤，由中国移动与北京大学联合完成超低串扰弱耦合十模光纤的设计、长飞公司实现此种少模光纤的批量制备。

相较于传统单模光纤通信，少模光纤用一根光纤的不同模式实现了多根单模光纤的功能，极大地提高了光纤容量。少模光纤技术的出现，为未来突破光通信系统容量瓶颈提供了有效途径。近年来，长飞公司一直致力于空分复用的少模及多芯光纤制备及应用技术的研究，并连续推出了多种少模光纤产品，产品涵盖多种模式及多种应用类型。同时，长飞公司也深入开展了少模光纤测试及应用的研究，采用产学研结合及合作开放机制，加快产品研发及产业化进程。

● 长飞公司知识产权软实力

1. 长飞公司 2021 年 6 月—2022 年 5 月授权专利共计 108 项，授权申请专利共计 188 项，以下展示部分专利

序号	专利名称
1	一种气吹微缆，其制备方法及气吹施工方法
2	一种柔性光纤带、高密度光缆及固化树脂应用
3	预制棒融缩炉及其石墨保温桶
4	具有曲线松套管的二次被覆光单元、制备方法及光缆
5	一种层绞式大芯数干式光缆制造装置
6	一种用于光纤拉丝炉的稳压系统
7	气吹光缆固定装置和气吹光缆系统
8	一种光缆外护套，包括其层绞式光缆和中心管式光缆
9	一种大芯数柔性光纤带光缆及其中护套加工装置
10	一种大芯数扇形光纤带光缆
11	一种色散优化弯曲不敏感光纤
12	一种大模场直径弯曲不敏感单模光纤
13	一种用于光缆弯折的测试装置
14	一种用于光纤预制棒沉积的蒸发料瓶
15	光纤预制棒物料恒温加热系统
16	一种光缆及其制备方法
17	一种蝶形光缆，其形成用护套条、形成方法及形成装置
18	一种骨架式光缆及其制备方法
19	光组件耦合夹具和光组件耦合系统

续表

序号	专利名称
20	一种光纤绕线盘夹持机构
21	一种双芯光纤连接器
22	一种光模块的返修加热工装夹具
23	一种新型耐高温波导管
24	用于轨道交通通信系统 5G 升级的辐射型漏缆及敷设模块
25	一种处理污水的 MBR 平板膜组件
26	一种分段耦合型辐射型泄漏电缆的设计方法及系统
27	一种直槽骨架式光缆
28	一种骨架式混合光缆
29	一种中心束管式大芯数带状光缆
30	多芯光纤连接器
31	一种基于 MPO 接口的单扇入扇出的多通道光模块
32	一种基于 MPO 接口的双扇入扇出的多通道光模块
33	一种基于单 LC 接口的多通道光模块
34	一种多芯光纤连接器
35	一种光纤连接器
36	一种光纤快接插头

2. 长飞公司 2021 年 6 月—2022 年 5 月制定、修订的标准共计 27 项，以下列举部分标准

序号	标准组织	类别	标准名称
1	IEC	国际标准	Optical fibre cables –Part 1-219: Generic specification–Basic optical cable test procedures–Material compatibility test 光缆 - 第 1-219 部分：通用规范 - 光缆基本试验方法 - 材料相容性测试，方法 F19
2	CCSA	国家标准	光缆总规范第 23 部分：光缆基本试验方法光缆元构件试验方法
3	CCSA	国家标准	光纤用二次被覆材料第 2 部分：改性聚丙烯
4	CCSA	国家标准	掺稀土光纤特性第 2 部分：双包层掺铥光纤特性
5	CCSA	国家标准	掺稀土光纤特性第 3 部分：双包层铒镱共掺光纤特性
6	CCSA	国家标准	光纤试验方法规范第 31 部分：机械性能的测量方法和试验程序 - 抗张强度
7	CCSA	国家标准	光缆总规范第 21 部分：光缆基本试验方法 - 机械性能试验方法
8	CCSA	国家标准	光纤试验方法规范第 47 部分：传输特性和光学特性的测量方法和试验程序 - 宏弯损耗
9	CCSA	国家标准	通信用建筑物引入光缆第 1 部分：管道和直埋用引入光缆（报批稿）
10	CCSA	国家标准	通信用建筑物引入光缆第 2 部分：自承式架空用引入光缆（报批稿）
11	CCSA	通信行业标准	弯曲损耗不敏感单模光纤特性
12	CCSA	通信行业标准	非金属加强件的特性第 7 部分：纤维增强塑料柔性杆
13	CCSA	通信行业标准	数据中心综合布线用组件第二部分：预制成端双工单芯连接器光缆组件
14	CCSA	通信行业标准	通信用引入光缆第 1 部分：蝶形光缆
15	CCSA	通信行业标准	25 Gb/s b 波分复用（WDM）光收发合一模块第 1 部分：CWDM
16	CCSA	通信行业标准	25 Gb/s b 波分复用（WDM）光收发合一模块第 2 部分：LWDM
17	CCSA	通信行业标准	绿色设计产品评价技术规范光缆
18	CCSA	通信行业标准	绿色设计产品评价技术规范通信电缆
19	CCSA	通信行业标准	非金属加强件的特性第 7 部分：纤维增强塑料柔性杆
20	CCSA	通信行业标准	数据中心综合布线用组件第二部分：预制成端双工单芯连接器光缆组件

亨通公司成就展示

● 重大项目

亨通发布面向多维大容量通信的多芯光纤

在国家 5G、双千兆、大数据等战略引导下，国内信息应用与消费呈现快速增长趋势。在后疫情时代，海洋通信、线上办公、线上会议、云上服务器、云计算、云存储、视频等信息数据业传输的通信需求越来越大。而单模光纤传输最大容量由于非线性等因素限制在 100Tb/s，亟需新的大容量通信技术支撑信息数据的增长需求。

亨通瞄准未来海底和陆上通信需求，自主研发制造空分复用系列光纤，已研发成功并发布弱耦合四芯光纤、弱耦合七芯光纤两款典型产品。其基于空分复用理念设计，在一根光纤中同时传输多路光信号，可极大地提高通信容量。光纤的串扰水平达到 -50 dB/100 Km，并且串扰及直径等参数可根据需求进行设计，以满足长距离大容量传输系统、传感及激光等领域应用需求，是面向未来超宽带光纤通信技术的新一代光纤产品，目前已入选长三角国家技术创新中心作为常设展品。

图 1　亨通四芯光纤

图 2　长三角国创中心展出产品

亨通光纤获评工信部国家级绿色工厂

2022 年 1 月，工业和信息化部正式公布了 2021 年国家级绿色工厂名单，江苏亨通光纤科技有限公司的新一代光纤制造绿色工厂成功上榜。

亨通新一代光纤制造绿色工厂项目自 2020 年起列入国家绿色工厂创建计划中，公司秉承"绿色生产、循环利用、生产绿色产品、建设绿色工厂"的宗旨，近年来，通过实施多项节能减排项目，努力提高节能减排管理水平，建立了能源管理体系并持续运行，使公司能源管理环节实施全过程管理控制机制，推动公司可持续绿色发展。经过多年的努力，公司生产的光纤单位产品能耗逐年下降，单位产品主要原材料消耗量大幅改善，各项指标均处于行业前列。

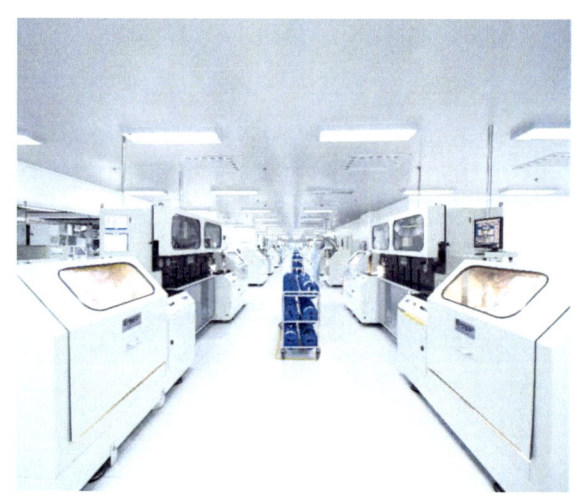

图 1　绿色工厂实景图

亨通在"京雄量子加密干线"上成功完成区块链 BaaS 及应用 + 量子通信的验证测试

物联网这些年来保持快速发展，但海量终端接入进而带来许多安全问题，包括技术标准的统一与协调、管理平台问题、成本问题以及安全性问题，其中安全性问题更加突出。基于量子通信在理论上是无条件安全的特性，通过分发真正随机的量子密钥构建更为可靠的具有内生安全功能的量子物联网系统，可提升自我免疫力。

公司针对工业互联网、无人机控制、车联网安全等场景，开发了量子随机发生器、量子业务网关、量子密码机、量子语音 / 视频加密平台等一系列应用终端，推出了具备低时延、轻终端、低成本、强安全的产品解决方案。

（1）亨通光电与中国联通研究院、中国联通河北分公司及安徽问天量子合作，在"京雄量子加密干线"上成功完成区块链 BaaS 及应用 + 量子通信的验证测试。在量子信息安全保障下验证区块链账本数据同步、共识、账本数据读写、智能合约管理、区块链节点管理等区块链及应用操作，相关功能及稳定性达到业务运行预期，充分验证了量子通信 + 区块链结合的安全性、可行性与稳定性，为量子通信 + 区块链技术在金融、政务、供应链、智慧城市等多领域的落地提供了全新的应用示范。

（2）联合中国联通泛终端研究中心，在 2021 年初启动 5G+ 量子技术研究，目前已推出 5G+ 量子一站式解决方案，率先实现量子加密在 5G 模组的加载应用，并完成无人机场景下的 DM 设备管理功能落地验证，向实现泛低空领域的安全增强又迈进一步。

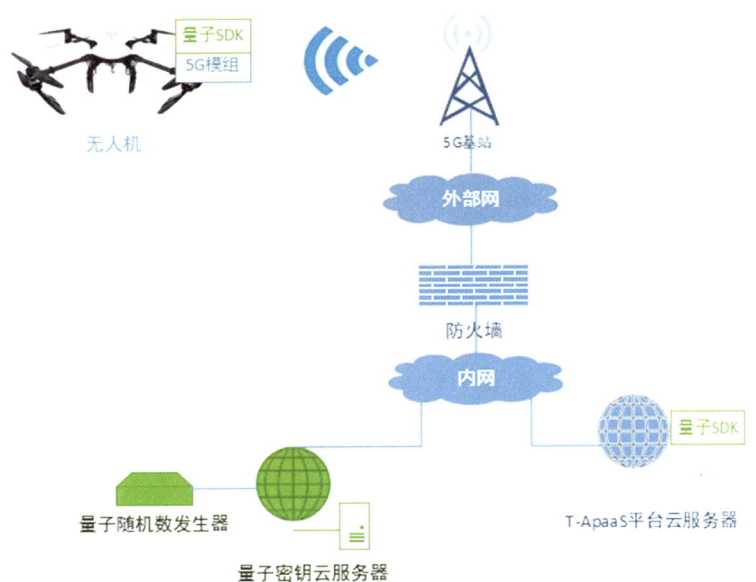

该方案接入门槛低，实施周期短，可满足应用方后向兼容、便捷使用需求；同时该方案与联通 5G 网络高度适配，可根据业务场景差异化需求量身定制，同时集成量子密钥云等多项服务，快速形成组合型产品，满足行业多样化应用需求。未来，采用量子加密的 5G 通信模组还将在无人机、车联网、智慧家庭、工业安防等领域开展深度合作，以高可靠的安全传输赋能 5G 行业发展，助力 5G 赋能千行百业战略，迅速形成物联网生态战略布局。

（3）定制开发基于内生安全体系的"六恒智量轻云平台"，该平台实现异构网络的高效同源化处理，可直接利用移动手持终端即可通过控制中心对系统各控制执行器进行远程操控，同时各传感器也能实时采集相关数据并主动上报控制中心，实现全域态势感知，解决了管理系统和数据标准不一难题，支撑建筑能耗总量和强度"双控"目标的分解实施，并且多源数据共享，实现建筑用能监测、建筑负荷预测、用能系统调适、优化运行、数据挖掘和建立能源信息可溯源体系，赋能节能目标，助力碳中和、碳达峰。

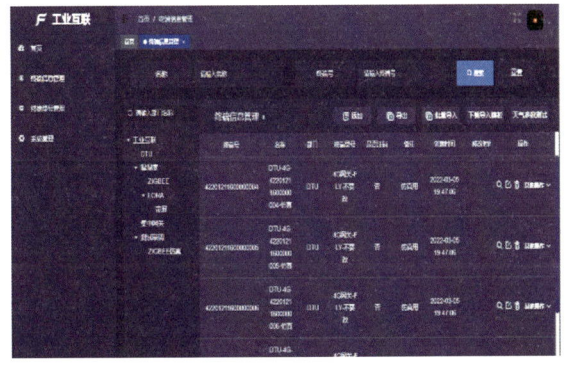

● 亨通知识产权软实力

亨通光纤授权发明专利

序号	专利名称	专利类型	专利号	权利人	授权时间
1	一种用于获取测试样本光纤卷的绕纤装置	实用新型	ZL202020982525.0	江苏亨通光纤科技有限公司 江苏亨通光导新材料有限公司 江苏亨通光电股份有限公司	2021.4.2
2	一种有色光纤的制造装置、有色光纤生产线以及有色光纤	实用新型	ZL202021465539.1	江苏亨通光纤科技有限公司 江苏亨通光电股份有限公司	2021.3.23
3	一种光纤涂料配色装置及光纤涂覆生产线	实用新型	ZL202021465335.8	江苏亨通光纤科技有限公司 江苏亨通光电股份有限公司	2021.5.25
4	光纤在线着色装置、生产线以及光纤	实用新型	ZL202021465393.0	江苏亨通光纤科技有限公司 江苏亨通光电股份有限公司	2021.5.25
5	一种光纤拉丝装置	实用新型	ZL202021471601.8	江苏亨通光纤科技有限公司 江苏亨通光电股份有限公司	2021.4.2
6	一种光纤预制棒保护的装置	实用新型	ZL202122390165.2	江苏亨通光纤科技有限公司 江苏亨通光电股份有限公司 江苏亨通光导新材料有限公司	2022.3.22
7	一种有源无源交替光纤,其制备方法和光纤激光器	发明	ZL202010937106.X	江苏亨通光纤科技有限公司 江苏亨通光电股份有限公司	2022.5.10

亨通主持/参与制定标准

序号	标准名称	标准类别	标准号	发布日期	标准归口单位
1	光纤特性测试导则第3部分：有效面积（Aeff）	国家标准	GB/T 33779.3-2021	2021.04.30	中国通信标准化协会
2	通信用光纤预制棒技术要求第3部分：波长段扩展的非色散位移单模光纤组装预制棒	行业标准	YD/T 2797.3-2019	2019.11.11	中国通信标准化协会
3	光纤预制棒智能制造车间通用要求	团体标准	T/WJGDXLXH 002-2020	2020.11.17	苏州市吴江区光电线缆协会

亨通注册商标

序号	申请日期	注册日期	商标名称	注册证号	注册人
1	2021-8-5	2022-02-21	CALMCom®	58261377	江苏亨通光纤科技有限公司

烽火通信知识产权软实力

1. 烽火通信 2021～2022 授权发明专利（光纤光缆部分）

专利名称	授权证书号	授权公告号
干式光纤松套管生产设备、生产方法及干式光纤松套管	第 4277099 号	CN108859052B
用于制造光纤带的涂覆轮、涂覆装置、系统及方法	第 4278481 号	CN110665740B
一种隐形光电复合 HDMI 光缆及其制造方法	第 4301047 号	CN109782403B
一种基于光信号的识别光缆及其制备方法	第 4302026 号	CN110850539B
一种低串扰弱耦合空分复用光纤	第 4302257 号	CN110109219B
光纤拉丝塔中的系统设计方法	第 4302853 号	CN108516678B
一种光纤光栅及其制造方法	第 4337030 号	CN107085262B
一种用于光纤拉丝的套管棒的生产方法及套管棒	第 4343833 号	CN108640501B
一种低衰减环形纤芯光纤	第 4369173 号	CN110244404B
一种基于 OCR 的线缆字符检测方法及系统	第 4390706 号	CN110197181B
一种提高 PCVD 原料气体沉积均匀性的系统、方法和应用	第 4407755 号	CN111517634B
多芯光缆掏接力值测试装置及测试方法	第 4519171 号	CN108507886B
一种检测光纤着色质量的装置及其检测方法	第 4587489 号	CN110954295B
一种掺镱光纤	第 4595276 号	CN108828711B
一种无扎纱层绞式光缆及其制造方法	第 4604938 号	CN110333585B
一种用于光纤预制棒的智能化烧结系统及烧结方法	第 4880123 号	CN110330221B
一种松套管内光纤余长调整系统及方法	第 4970081 号	CN111458820B
高弹柔性光缆和用于制备高弹柔性光缆的装置	第 4986512 号	CN111458821B
一种耐辐照保偏光纤及其制备方法和应用	第 4991511 号	CN111443423B
光纤束套管及其制备方法、多芯光纤耦合器的制备方法	第 5025269 号	CN112099156B
一种用于一次 SZ 绞合多层松套管的绞合装置	第 5064702 号	CN111443445B
一种预制棒锥头的加工装置及加工方法	第 5080492 号	CN110668691B
一种共轨式光纤拉丝装置及其拉丝方法	第 5117890 号	CN110885184B
一种柔性光纤带及光缆	第 5119915 号	CN113359230B
一种光纤带及光缆	第 5156248 号	CN113311535B
一种柔性光纤带、带缆及制备方法	第 5164786 号	CN114280748B
一种超强抗弯耐辐照光纤及其制备方法	第 5171253 号	CN111458788B

2. 烽火通信 2021-2022 年国际 / 国家 / 行业标准

国际标准	名称
IEC 60794-1-306	Ribbon torsion
IEC 60794-1-308	Ribbon residual twist test
国家标准	**名称**
GB/Z 41287.2-2022	通信用建筑物引入光缆第 2 部分：自承式架空用引入光缆
GB/Z 41287.1-2022	通信用建筑物引入光缆第 1 部分：管道和直埋引入光缆
GB/T 15972.47-2021	光纤试验方法规范第 47 部分：传输特性的测量方法和试验程序宏弯损耗
GB/T 7424.22-2021	光缆总规范第 22 部分：光缆基本试验方法环境性能试验方法
GB/T 7424.20-2021	光缆总规范第 20 部分：光缆基本试验方法总则和定义
GB/T 33779.3-2021	光纤特性测试导则第 3 部分：有效面积（Aeff）
GB/T 15972.54-2021	光纤试验方法规范第 54 部分：环境性能的测量方法和试验程序伽玛辐照
GB/T 15972.45-2021	光纤试验方法规范第 45 部分：传输特性的测量方法和试验程序模场直径
GB/T 15972.43-2021	光纤试验方法规范第 43 部分：传输特性的测量方法和试验程序数值孔径
GB/T 15972.42-2021	光纤试验方法规范第 42 部分：传输特性的测量方法和试验程序波长色散
GB/T 15972.41-2021	光纤试验方法规范第 41 部分：传输特性的测量方法和试验程序带宽
GB/T 15972.30-2021	光纤试验方法规范第 30 部分：机械性能的测量方法和试验程序光纤筛选试验
GB/T 15972.20-2021	光纤试验方法规范第 20 部分：尺寸参数的测量方法和试验程序光纤几何参数
GB/T 15972.10-2021	光纤试验方法规范第 10 部分：测量方法和试验程序总则
行业标准	**名称**
YD/T 3535.2-2022	数据中心综合布线用组件第 2 部分：预制成端双芯连接器光缆组件
YD/T 1997.1-2022	通信用引入光缆第 1 部分：蝶形光缆
YD/T 1954-2022	弯曲损耗不敏感单模光纤特性
YD/T 1181.7-2022	光缆用非金属加强件的特性第 7 部分：纤维增强塑料柔性杆
YD/T 3833-2021	无线通信小基站用光电混合缆
YD/T 3832-2021	通信电缆光缆用阻燃聚乙烯材料
YD/T 3132.4-2021	光纤入户放装器材第 4 部分：架空及吊挂固定件
YD/T 2339.1-2021	射频同轴电缆敷设用附件第 1 部分：馈线卡具
YD/T 1999-2021	通信用轻型自承式室外光缆
YD/T 1181.2-2021	光缆用非金属加强件的特性第 2 部分：芳纶纱
YD/T 1020.1-2021	电缆光缆用防蚁护套材料特性第 1 部分：聚酰胺

法尔胜有源光纤软实力——知识产权

专利：

公司拥有与有源光纤业务相关的专利共 20 项，其中发明专利 16 项，重要者有：

《一种适用于高功率的掺镱有源光纤全光纤激光测试系统及其测试方法》

《一种掺镱有源光纤及其制备方法》

《一种高功率激光器用有源光纤及其制备方法》

《一种双包层有源光纤及其制备方法》

《一种高功率用保偏型光纤及其制备方法》

…………

实用新型专利 4 项：

《一种保偏光纤》

《一种基于 MCVD 工艺特种光纤的疏松体管的溶液浸泡装置》

《一种高功率激光测试用光纤涂覆层剥除装置》

《一种光纤涂覆同心度的纠偏装置》

四川汇源塑料光纤有限公司知识产权及荣誉展示
Sichuan Huiyuan Plastic Optical Fiber Co., Ltd.

四川汇源塑料光纤有限公司成立于2005年1月，注册资本2000万元人民币，厂区面积80亩，坐落于四川省成都市崇州经济开发区崇阳大道61号。公司是一家长期专业从事低损耗PMMA塑料光纤、塑料光纤光缆、光纤跳线、光器件及其应用产品研发生产与销售的高新技术企业。产品应用涵盖短距离通信的工业传感与控制器、电力控制柜、智能抄表系统、消费电子、汽车飞机、军事领域和装饰照明等领域。

2009年经国家发改委批准，公司成立了"塑料光纤制备与应用国家地方联合工程试验室"。2014年成立成都市院士（专家）创新工作站。2016年自主研发的"650nm塑料光纤收发器件"科技项目成果，通过了成都市科学技术局技术成果鉴定，获得四川省科学技术厅科技成果登记证书。2018年"工业智能用10MBd塑料光纤通信链路"获得四川省科学技术厅技术成果登记证书。参与制定国家行业标准8项，获得授权的专利20余项。

参与国标、行标标准制定

标准号	标准名称	标准类别
YD/T1258.6-2006	室内光缆系列第6部分：塑料光缆	行业标准
YD/T1447-2013	通信用塑料光纤	行业标准
GB/T31990.1-2015	塑料光纤电力信息传输系统技术规范第1部分：技术要求	国家标准
GB/T31990.1-2015	塑料光纤电力信息传输系统技术规范第3部分：光电收发模块	国家标准
YD/T2554.2-2015	塑料光纤活动连接器第2部分：SC型	行业标准
GB/T12357.4-2016	通信用多模光纤 第4部分：A4类多模光纤特性	国家标准
GB/T 31990.5-2017	塑料光纤电力信息传输系统技术规范第5部分：综合布线	国家标准
DL/T 1933.4-2018	塑料光纤信息传输技术实施规范第4部分：塑料光缆	行业标准

专利成果

专利号	专利名称	专利类别
200910059260.5	连续反应共挤法制备侧光塑料光纤的方法	发明专利
201020135905.7	具有色条标识的塑料光纤光缆	实用新型
201020575693.4	具有色条标识的多芯塑料光纤光缆	实用新型
201310385281.2	塑料光纤接收器	发明专利
201310400870.3	具有双光电二极管差分输入的塑料光纤接收器和实现方法	发明专利
201410424507.X	一种使用单色光传输还原白光提高照度的方法及其装置	发明专利
201420430415.8	具有塑料光纤标识的室内光缆	实用新型
201520586433.X	用塑料光纤标识的石英光纤跳线	实用新型
201620327702.5	易于耦合的用塑料光纤标识的石英光纤跳线监测装置	实用新型
201610217467.0	一种照明装饰光纤光缆	发明专利
201610215290.0	一种易于定型的光纤装饰物	发明专利
201620292802.9	一种照明装饰光纤光缆	实用新型
201721635034.3	光纤接收器具有抗电源干扰的电荷泵电路	实用新型
201920416266.2	绞合通体发光光缆	实用新型
201920424556.1	一种塑料光纤收发模块	实用新型
ZL202020203405.6	一种基于塑料光纤体的智能太阳能路灯	实用新型
ZL202020427869.5	一种光纤发饰	实用新型
ZL202020401092.5	一种喷泉灯	实用新型
ZL202020400837.6	一种新型隧道灯	实用新型
ZL202020537871.8	一种光纤跳线损耗测试装置	实用新型

科技成果和荣誉展示

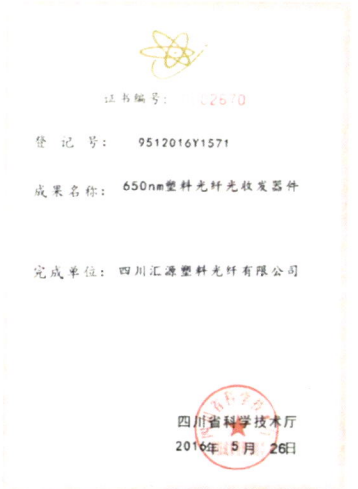

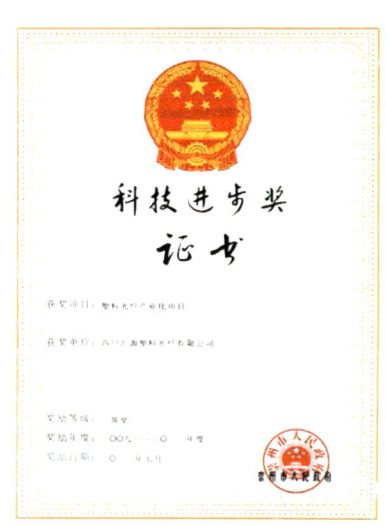

特发信息公司 2021—2022 成就展示

勠力同心、奋楫笃行的特发信息

2021年，面对前所未有的困难局面，特发信息全体员工上下一心、鼓足干劲，推动新基建、智慧服务等新业务发展，稳定光纤光缆等传统业务基本盘。

●市场经营

运营商市场：首次中标中国铁塔光缆产品集采。

电力市场：参与"一带一路"重点工程中老铁路的建设和白鹤滩—江苏 ±800KV 特高压直流电线工程。

海外市场：光网越南工厂投产，积极发挥光网越南工厂布点价值，通过泰国 True 皮线的工厂认定。

●创新驱动能力

2021年，成都傅立叶公司获专精特新"小巨人"称号；四川华拓公司获四川省光通信器件智能制造与测试工程技术研究中心认定；特发信息光网科技入选2021年"全国企业标准——领跑者"；"基于相位敏感光时域反射的同步多路光缆安全预警技术研究及应用"获广东省电子信息科学技术一等奖；"分布式风墙技术在数据中心的规模应用"获中国工程建设标准化协会2021年度数据中心科技成果三等奖；多路光缆安全预警设备获第二十三届高交会优秀产品奖。

●重大项目

1. 劳动最光荣！特发信息王晓锋同志获2021年广东省五一劳动奖章

2021年4月29日，广东省庆祝"五一"国际劳动节暨劳模表彰大会在广州举行，隆重表彰300个获得广东省五一劳动奖状单位和318名广东省五一劳动奖章获得者。特发信息东莞分公司

技术检测中心主任王晓锋同志,被授予2021年广东省五一劳动奖章。

2. 特发信息入选《通信产业报》"赋能数字化转型先锋TOP30"及"加速数字化转型优秀产品技术方案"

2021年,数字化成为推动经济社会发展的重要战略手段,产业升级和数字化转型成为企业的探索重点。5月17日,《通信产业报》(网)全媒体从数字技术、服务的能力与创新,赋能数字化转型的适用性和效果以及市场影响力三个维度评出"517世界电信日榜:赋能数字化转型先锋TOP30",特发信息凭借丰富的技术积累和创新的解决方案综合实力荣登榜单;公司的"边云融合数据中心综合解决方案"获"517世界电信日:加速数字化转型优秀产品技术方案"奖。

3. 亚洲电力展 | 特发信息赋能电力系统转型升级，助力"绿色电网"目标实现

由南方电网传媒有限公司主办的第五届亚洲电力电工暨智能电网展览会在中国进出口商品交易会展馆盛大举行。作为全球电力行业的顶尖盛会，此次展会以"智慧能源、绿色电网"为主题，集中展示了国内外电力电工、智能电网、电线电缆产业发展的最新成果。特发信息携多种电力通信光缆及输电在线监测解决方案、变电/配电在线监测解决方案、电力通信在线监测解决方案精彩亮相本次展会。

4. 特发信息获"两化融合管理体系-3A流程级"认证

为贯彻党中央、国务院关于深化新一代信息技术与制造业融合发展的重要决策部署，实现产业结构优化升级和高质量发展，持续推进信息化和工业化深度融合，一直以来，特发信息持续完善并推广两化融合管理体系，通过贯标引导自身加快数字化战略转型步伐，解决数字化转型的痛点难点。特发信息顺利通过国家工业和信息化部信息化和工业化融合（简称"两化融合"）管理体系现场审核，获得两化融合管理体系"3A流程级"评定，是国内首批、也是深圳市第一家被评定为两化融合管理体系3A级的企业。

5. 四川华拓荣获省级工程技术研究中心认定

由特发信息参与共建、依托特发信息控股企业——四川华拓光通信股份有限公司（以下简称：四川华拓）的四川省光通信器件智能制造与测试工程技术研究中心（以下简称：工程研究中心）荣获认定。

随着我国电子信息产业的飞速发展，光模块的应用将越来越广泛。该工程研究中心旨在打造以光模块系列产品开发、光器件开发、光模块智能制造装备、先进测试技术等系统集成、工程化技术服务及应用推广为主要任务目标的科研优势平台。

工程研究中心的组建将加快科研成果转化和产业化速度，促进产业结构调整，带动相关产业发展；集聚四川省人才与产业资源优势，完善和加强本地配套服务，加快光通信器件行业工业发展；推动四川省突破光模块全过程智能制造技术、硅光集成等关键技术壁垒，力求打破国外企业的垄断，填补国内空白；促进新一代网络相关产业技术优化升级、中国制造业转型升级，提升行业整体技术水平。

6. 特发信息港数据中心喜获国家级绿色低碳技术荣誉

2021年11月24日，由CDCC（中国数据中心工作组）主办的2021中国数据中心标准峰会在上海拉开帷幕。本次大会以"双碳目标"背景下数据中心产业的绿色转型为主题，重点表彰奖励了数据中心行业一系列先进的、可落地的节能降碳技术，为数据中心高质量实现"碳中和"的最终目标打下了坚实的技术基础。

会上颁布了IDC行业大奖——数据中心科技成果奖，特发信息数据科技公司的"分布式风墙技术在数据中心的规模应用"，经过形式审查、工作组评审、专家评审、评审委员会审定等多轮"闯关"，荣获本次科技成果三等奖。

7. 四川华拓与腾讯云签署战略合作协议，打造光模块行业智慧工厂标杆

2021年12月29日，特发信息控股子公司四川华拓与腾讯云在四川绵阳签署战略合作协议。根据协议，双方将对位于绵阳涪城的华拓总部和江油的现有工厂与二期项目，以及新设立的大客户OEM光模块制造基地等多地产线进行信息化改造、数字化转型以及智能工厂的全方位规划，联合打造光模块行业智慧工厂标杆。

8. 特发信息喜获广东省电子信息科学技术一等奖

2021年12月，由广东省电子学会举办的"2021年度广东省电子信息科学技术奖"评选结果揭晓，特发信息研制的"基于相位敏感光时域反射的同步多路光缆安全预警关键技术研究及应用"项目喜获广东省电子信息科学技术一等奖。

"基于相位敏感光时域反射的同步多路光缆安全预警关键技术研究及应用"项目为特发信息承接的广东省科技厅重点领域研发计划项目，项目采用基于相位敏感的光时域反射（Φ-OTDR）的干涉原理和高速信号采集与数据处理技术应用于防入侵、防外破监测，是一种行业领先的无源传感技术。项目首次实现了同步多通道的光缆振动监测，并通过多种智能算法实现了光缆振动信号的行为源识别，有效提升了预警准确率，是光纤振动传感技术的重大突破。2021年8月，该项目通过了专家鉴定，专家组一致认为该成果填补了国内同步多路光缆安全预警技术和产品的空白，达到国内领先水平。

9. 乘风破浪 | 特发信息斩获 2021 年度通信产业金紫竹奖

2021 年 12 月 29 日，以"面向数字经济：能力再造与商业创新"为主题的 2021 通信产业大会暨第十六届中国通信技术年会在线上召开，会上正式发布"2021 年度通信产业金紫竹奖"系列奖项。特发信息"通信线路耐火耐腐蚀防鼠光缆"凭借在各种恶劣极端环境下的优异性能表现和突出优势，实力斩获"2021 年度金紫竹奖——年度优秀产品技术方案"。

10. 特发信息荣获 2021 年讯石英雄榜"品牌推荐奖"

2022 年 1 月 11 日,讯石 2021 年度总结暨第八届英雄榜颁奖仪式以线上直播的方式举行。行业专家与国内光通信产业链企业在线上相聚,共同总结 2021 年光通信市场情况,探讨 2022 年市场机遇。

会议同期公布了第八届讯石英雄榜获奖名单,特发信息"新型智能化 5G 光网络线路系统方案"和特发信息控股子公司四川华拓"25G Tunable DWDM 光模块"荣获 2021 年度讯石英雄榜"品牌推荐奖"。

11. 特发信息顺利通过 2021 年国家企业技术中心复审

2022 年 1 月,经过国家发展改革委、科技部、财政部、海关总署、国家税务总局五部委联合评审,特发信息顺利通过国家企业技术中心 2021 年复评审核,评定等级为良好。

此次通过复评审核,是对特发信息科技创新能力及创新成果的认可,也是对公司推进自主创新体系、加快自主创新能力建设工作的肯定。未来特发信息将不断加大技术投入,提升企业创新能力,加快创新成果转化,为企业核心竞争力注入新动能、激发新活力。

国家企业技术中心2021年评价结果

序号	国家企业技术中心所在企业名称（发生更名的标记*）	地区	评价结果
二、评价为良好			
718	深圳市特发信息股份有限公司	深圳市	77.7
719	中国化学工业桂林工程有限公司	广西区	77.7
720	中国石油集团渤海石油装备制造有限公司	天津市	77.7
721	北京大豪科技股份有限公司	北京市	77.6
722	沈阳飞机工业（集团）有限公司	辽宁省	77.6
723	澜起科技股份有限公司	上海市	77.6
724	马应龙药业集团股份有限公司	湖北省	77.6
725	云南煤化工集团有限公司	云南省	77.6
726	中国石油化工股份有限公司	北京市	77.5
727	上海和黄药业有限公司	上海市	77.5
728	中冶华天工程技术有限公司	安徽省	77.5
729	福建永荣锦江股份有限公司	福建省	77.5
730	山东鲁抗医药股份有限公司	山东省	77.5

12. 特发信息获第二十三届高交会优秀产品奖

2021年12月27日—29日，由商务部、科技部、工业和信息化部、国家发展改革委、农业农村部、国家知识产权局、中国科学院、中国工程院等国家部委和深圳市人民政府共同举办的，以"推动高质量发展、构建新发展格局"为主题的第二十三届高交会在深圳会展中心和深圳国际会展中心同时举办，特发信息参与的先进制造展在深圳国际会展中心11号展馆展出。会上，特发信息的广东省重点领域研发计划项目《多路光缆安全预警设备研制》获评"优秀产品奖"。

13. 特发信息获第十九届中国企业管理高峰会精益标杆大奖

2021年12月，特发信息受邀参加中国先进制造者联盟、中国管理科学学会、企业管理出版社主办的第十九届中国企业管理高峰会，与来自世界500强、上市公司、中大型国有企业和优秀民营企业的管理人员共同探讨创新管理经验。特发信息凭借多年的精益生产经验获得"精益标杆大奖""精益生产项目优胜奖""精益TPM项目优胜奖""精益匠人""精益改善达人"等多项荣誉。

● 知识产权软实力

1. 专利

截至2021年底，特发信息累计获得专利521项，2021年度新申请专利52项，新获得专利授权79项，其中获得发明专利授权14项。

发明专利：

序号	专利名称
1	基于相位敏感光时域反射用工程施工通讯光缆定位系统
2	一种高速数据采集设备安装用定位支撑装置
3	光纤振动传感检测用可任意调节光、电器件布局的放置柜
4	一种基于无线传感器自动采集监测装置及系统
5	一种多通道光纤预警设备的安装机构
6	一种光纤振动传感检测用具有降噪功能的光、电器件用放置柜
7	一种通讯工程施工通讯光缆振动实时在线传感系统
8	一种基于光缆安全用振动波形和数据库样本分析系统
9	一种通过分析多种环境振动信号的光纤破坏监测系统
10	风墙控制系统
11	风电数据中心能耗监测系统
12	带TEC光模块启动方法
13	一种用于预绞丝金具的自动制弯装备
14	一种通讯光缆振动实时在线监测系统

2. 标准

特发信息参与制/修定并于 2021 年发布的标准有：国家标准 1 项：《光纤用二次被覆材料第 2 部分：改性聚丙烯》；国军标 1 项目：《军用光缆填充膏规范》；行业标准 4 项：《电缆光缆用防蚁护套材料特性第 1 部分：聚酰胺》《光缆用非金属加强件的特性第 2 部分：芳纶纱》《通信用轻型自承式室外光缆》《无线通信小基站用光电混合缆》等。

江西大圣的知识产权软实力及荣誉

● 知识产权软实力

➢ 专利：

公司拥有与主营业务相关的专利共 28 项

✧ 授权发明专利 5 项：《低强度超声波辐照引发甲基丙烯酸甲酯本体聚合的方法》《一种无卤、抑烟、阻燃型塑料光纤护套的制备方法》《一种用于治疗黄疸的塑料光纤蓝光毯》等。

✧ 实用新型专利 18 项：《一种用于汽车数据传输的通信塑料光纤》《一种阻燃塑料光纤光缆跳线》等。

✧ 另有 5 项外观专利：

《包装盒（智能炫彩发光口罩）》等。

➢ 国家标准：

参与《通信用多模光纤第 4 部分：A4 类多模光纤特性》国家标准的制定。

➢ 行业标准：

参与《通信用塑料光纤》行业标准的制定。

● 获奖及荣誉

➢ 获得奖项：2011 年，江西大圣荣获江西省科学技术进步一等奖；2019 年，荣获江西省优秀新产品三等奖。

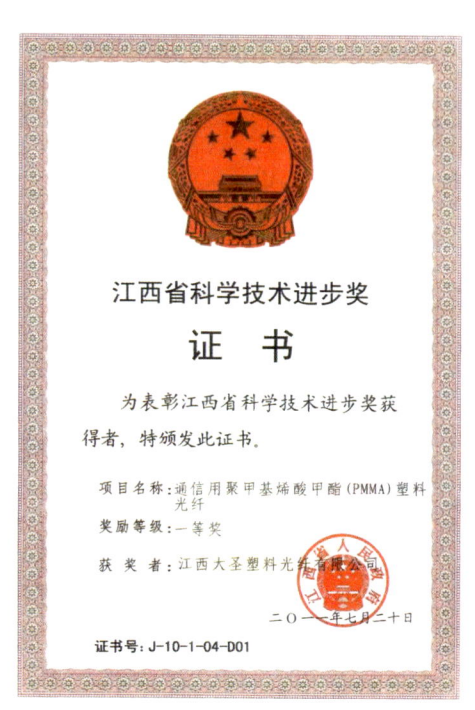

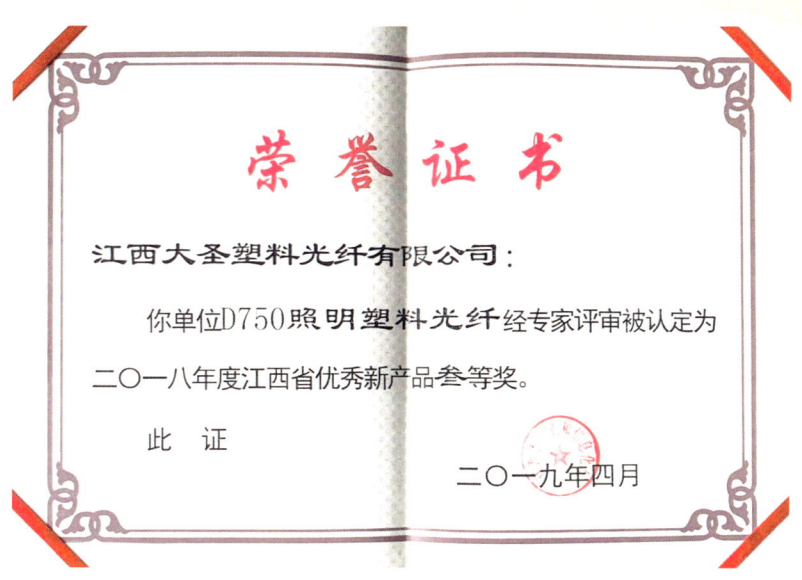

➢ 企业认证：2019 年获得高新技术企业认证；2021 年获得吉安市专利示范企业认证；2022 年 3 月获得江西省工业和信息化厅颁发的"专精特新"中小企业认证。

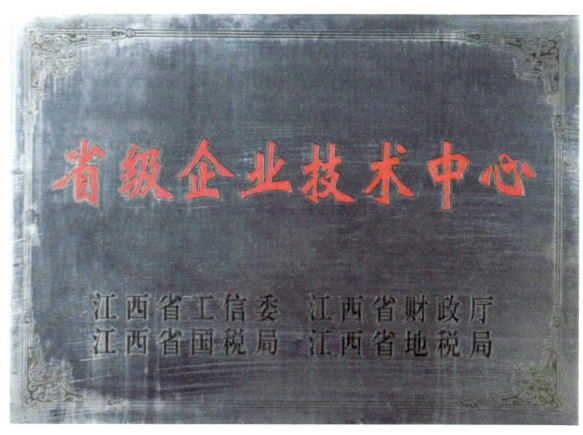

砥砺奋进中的中化高纤

芳纶是世界三大高性能纤维之一，具有高强度、耐高温、耐酸碱、重量轻等诸多优异性能，是发展新一代信息通信技术，建设重大国家工程、国防工程、海洋工程、高科技工程，以及重大科研项目等高端领域至关重要的战略性应用材料。作为一种战略性材料，目前其主要生产技术仍然掌握在跨国公司巨头手中。芳纶项目是中化集团新材料行业转型的排头兵，中化高纤的高模产品研发及应用关键技术已被国家科技部列入"十四五"规划。

为此，中化高纤致力于攻克芳纶制造"卡脖子"难题，以期打破跨国巨头的长期垄断局面，克服产业化难、技术壁垒高等难点，实现产能国内第一、产品质量国际一流、填补国内高端应用空白的目标；同时利用自有资源，协同打造从原料到下游高附加值产品的完整产业链。

为攻克芳纶核心技术，中化高纤集中专家力量，实现了聚合产品黏度、纺丝产品强度稳步提升，高强高模产品指标均已突破，并实现了"四个唯一"的技术突破：国内唯一拥有多纺位芳纶生产装置、唯一完成了"低分子浆料回收创新技术"、唯一实现钙离子资源化利用、唯一采用纤维纺织"槽式水洗创新节能技术"的高新技术企业。研发团队2021年全年完成小试项目3项、中试项目1项、技术改造169项，为生产决策提供了技术性依据。此外布局芳纶下游产业链，确定UD项目核心工艺，浆粕、短纤项目突破工艺难点，产品开发获得成功。

目前在光纤光缆、耳机线、个人防护、橡胶胶管等产品领域，中化高纤均已与行业TOP5客户签订战略合作协议，高模产线达产达效后每年可新增产值近2亿元，产品盈利能力得到了进一步的巩固和提升。

● 中化高纤的软实力——知识产权

➢ 专利：

◇ 公司拥有与主营业务相关的专利共23项，其中授权发明专利14项：《聚对苯二甲酰对苯二胺树脂的制造方法》《均一性聚对苯二甲酰对苯二胺纤维的制造》《聚对苯二甲酰对苯二胺聚合用溶剂回收的方法》等。

◇ 实用新型专利9项：

《一种阻燃芳纶纤维生产用水洗设备》《一种用于芳纶线生产流水线中的滤胶装置》等。

◇ 另有8项发明专利已受理申请并进入实审阶段。

➢ 国家标准：

参与《对位芳纶长丝》国家行业标准的制定。

● 中化高纤的荣誉

➢ 获得奖项：中化高纤2019年荣获中国纺织工业协会科学技术进步奖一等奖；2020年荣获中国化工集团科技进步二等奖。

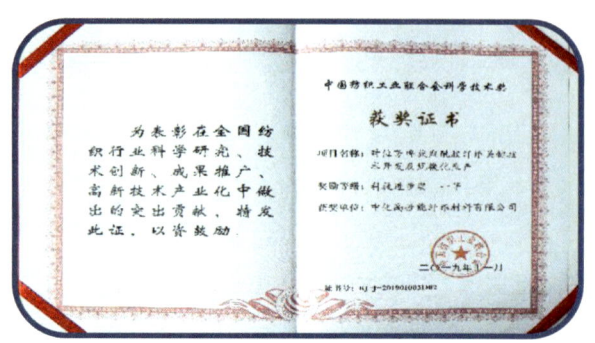 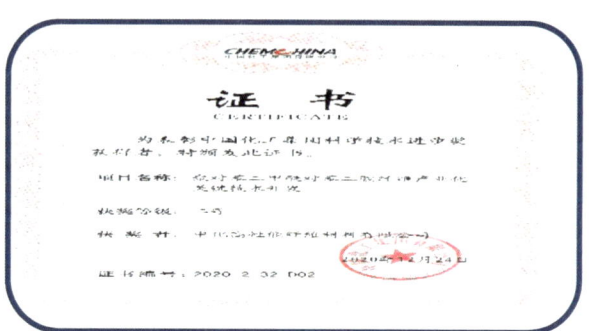

➢ 企业认证：2020年12月获得扬州市企业技术中心、江苏省高性能纤维应用工程研究中心资质认证；2021年11月获得高新技术企业认证；2021年12月获得扬州市工程技术中心认证。

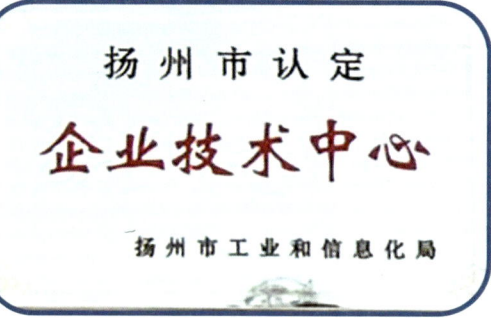

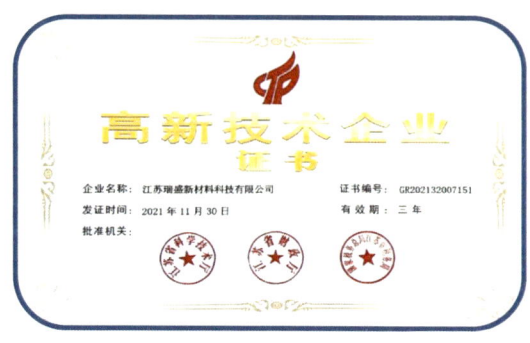